東方文心

顧大風題端

朱方诚

著

东方文心

明式文人家具文化研探

（修订版）

Chinese Literati's Ambition

Literature Research on Ming Dynasty Furniture

江苏凤凰科学技术出版社

图书在版编目（CIP）数据

东方文心：明式文人家具文化研探 / 朱方诚著. ——
修订本. —— 南京：江苏凤凰科学技术出版社，2019.6
　ISBN 978-7-5713-0178-1

　Ⅰ. ①东… Ⅱ. ①朱… Ⅲ. ①家具－文化研究－中国
－明代 Ⅳ. ①TS666.204.8

　中国版本图书馆CIP数据核字(2019)第046834号

东方文心　明式文人家具文化研探（修订版）

著　　　者	朱方诚
项 目 策 划	凤凰空间/刘立颖
责 任 编 辑	刘屹立　赵　研
特 约 编 辑	刘立颖

出 版 发 行	江苏凤凰科学技术出版社
出版社地址	南京市湖南路1号A楼，邮编：210009
出版社网址	http://www.pspress.cn
总 经 销	天津凤凰空间文化传媒有限公司
总经销网址	http://www.ifengspace.cn
印　　　刷	北京博海升彩色印刷有限公司

开　　　本	965 mm×1 270 mm　1 / 16
印　　　张	25.75
插　　　页	2
版　　　次	2019年6月第1版
印　　　次	2019年6月第1次印刷

标 准 书 号	ISBN 978-7-5713-0178-1
定　　　价	398.00元（精）

图书如有印装质量问题，可随时向销售部调换（电话：022-87893668）。

序

中国古典家具是华夏文明的重要载体，也是全人类的文化遗产，其丰厚的文化内涵，有待我们去深入地发掘、探讨和研究。

《东方文心——明式文人家具文化研探》是近年所见的一本很有学术价值的研究专著。作者用严谨的科研思路，对明式家具的成因背景、文化内涵、形式特点、发展流变等问题做了科学细化的探讨研究。

作者运用广博深厚的文化储备和科学素养，对各时期各种类的古典家具用类比、对比、数字统计、图表等科学有效的方法进行了系统的剖析研究，得出了诸多真实可信的、有价值的科学结论。 如作者将明式家具的流变，科学地划分为初创、发展、成熟、转变四个阶段；将明式家具与清式家具不同形态的成因，归结为由于农耕文明与游牧文化对器物所持的不同观念所致；将明式家具的搭脑、背板、椅面、腿抛度等部件不同形态的

刚柔曲直，分别对应佛、儒、道等文化所持的不同理想观念和心理寄托等。书中的许多观点都是极具新意的。

作者用其广阔的视野、独到的视角、活跃的思维为古典家具研究领域引出了很多新的探索方向，把我们的思路带入了更接近事物本质的研究领域。另外书中还涉及了许多美术技法和现代工业设计的理念，同时也对当代仿古家具的粗制滥造提出了中肯的批评。

作者旁征博引，严谨论证，书中文字既有学院风格的学术性，又有诗意盎然的文学性，中间常常穿插有温度感的日常用语来论证学术观点，其丰富轻松的语言表达，使人读起来毫无乏味感。

书中既有论证文章，又有清晰翔实的家具分类图片，还有大量按比例测绘的家具结构解析图。此书既是有价值的学术研究论著，又是图文并茂的科普读物，是一本集专业性、研究性、理论性、实用性、资料性、赏析性于一体的好书，可供专业家具设计制造者参考。

愿朱先生对古典家具的研究更加深入，愿古典家具研究领域多出版一些这样的好书。

张德祥

2019 年 1 月于嘉木簃

前言

展开明式家具文化内涵的探讨，对于华夏造物的研究具有深远意义。

随着明式家具功能分类学的完善，明式家具的社会职能分化改组的事实格局也引起了人们的广泛关注。我们现在可以轻易地从传世家具中梳理出宫廷家具、商贾家具、宗教家具、文人家具及田园家具。而在这五大类家具社会职能背后所共同蕴含的、强烈的时代气息是什么呢？特别能体现出这种东方文化的智慧，折射出华夏文人儒道互补的处世哲学的，笔者认为是一种中国特有的"人文精神"。

所谓文人家具，并非是文人使用的家具，而是基于明代文人的审美品位形成的风格型家具，散见南北明式家具的各式流派中，也不受制作材料贵廉的影响。因此，为当下社会中坚阶层广为赞誉的文人家具，当是明式家具诞生之后的模范。唯有解读清楚明代文人家具的内涵，才能找准传承明式家具的密码。

把中国传统家具引入社科系统来研究的艾克先生，在《中国花梨木家具图考》一书中所说"中国明式家具装饰严谨，不带虚假，较直接地显现出有力的形式和实用的性质。这些制品的主要艺术魅力在于纯真，刚中有柔，及无疵的光滑匀称。"道出了一位远道而来的文化解读人对东方精神意韵之美的由衷褒奖。

中国传统文化有深厚东方哲学底蕴，形成了独特的美学理念，为明式家具的设计思路指明了方向，所以对明式家具设计文化的剖析，绕不开对中国人文精神的探索和研究。文人精神的核心就是自尊、自信、自强及独到的自律。

中国封建社会轻视手工艺与商业，只有美术与音乐之类大艺术较受社会政体及主流文化的关注，所以中国形而上的文化观念，比之形而下的工艺技术更受到文人阶层的重视，造型艺术中绘画、雕塑之后，才轮到实用艺术设计的建筑、器物、服装、家具等，哪一类比较受文人阶层青睐呢？很是费解。好在明代各级文化人士对生活艺术多有评述、构想，成为指导匠作模式的设计概论。有文人们高屋建瓴、由表及里的艺术指导，中华造物才能半游离于商业之外，尽情挥洒文人的伦理依据，推崇正道、应对习俗、注重功用、省工俭料等东方智慧，从而应运而生，使华夏家具设计走了一条由浅入深的实践之道，一条排除宗教、皇权干预的人文正道。这一点只要与哥特式、洛可可家具一比，就自有分晓。

所以文人是创造明式家具风格的主要推动力，是手工艺文化事业的脑力劳动者，是家具生产发明的宏观启蒙、经验梳理、业绩传承各环节的重要推手。从这一点上说，社会培养了各界文化的专业里手、传导先生、工匠技师，因此他们都是文化的创造者，广义上可以称为"文人"。

华夏文人在造物理念上一直遵循着 "形而上者谓之道，形而下者谓之器，化而裁之谓之变，推而行之谓之通" 的道理，在思维方式上与西方海洋民族及草原民族有明显不同。在家具上更强调意境上的渲染作用，运用类似绘画的写意手法，追求一种似与不似之间的传神之美，推崇达至绚烂而复归于平淡的古拙意境。所以明式家具更是这样一种哲学思想在实用艺术上的应用。

中国的家具发展，之所以经历了漫长的孕育而取得意想不到的成就，就是因为华夏文人在看似形而下的造物过程中，坚持了形而上的伦理观念，既考虑了社会阶层的结构伦理，又考虑了中华美学的独特观念，才使明式家具的设计理念超脱于同时期的封建社会审美观，其中所包含的 "人文主义" 精神倾向，就是历代圣贤名匠对生活艺术的深层诠释。例如坚持方块象形汉字的信息化思维扩散，尊崇自然的返璞归真意识的深化，强调静态达观、天人合一，倡导相对舒适的实践体验等。一切在冥冥之中发挥着超越那个时代的精神，才使得今天明式家具能屹立于国际设计殿堂，成为不朽的典范。所以文人从文化、精神上指导艺术设计的作用绝不能小觑。

当下的华夏文人要构筑起更大的自信，复兴东方哲学观指导下的东方文化精神，弘扬以东方生存秉性为基础的华夏造物观。

朱方诚

2018 年 5 月于梁溪

目录

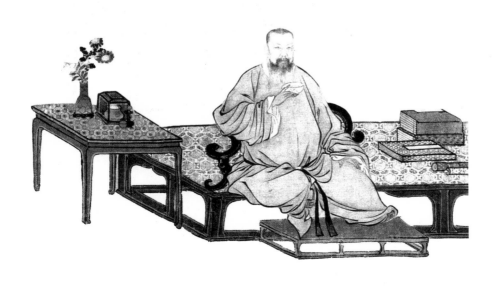

卷

一 文人篇

半个世纪以来，不管是研究明式家具的学者、收藏明式家具的藏家还是经营明式家具的行家，都有一句口头禅："明式家具是文人参与设计的……"那么到底是什么样的文人设计了明式家具，文人又是如何设计出明式家具的呢？

■ 图 1-1 陶潜与苏轼

一、何为文人

说到文人，人们惯于眼前浮现陶潜麻衣布衫采菊东篱，苏轼峨冠长髯泛舟赤壁（图1-1）。再不就是定格文人画，几根疏线聊写胸臆，实则大谬也。更有把无病呻吟的小诗奉为文人之作，甚至把鲁迅笔下的孔乙己、赵秀才也放进了没落文人的队伍，这样便可以在后面缀一连串词儿：文人相轻，迂腐，酸文人。

当代有位作家曾经以戏说的口吻谈："'中国文人'是什么意思，慎为文人。'中国文人'是一个什么概念？真是一言难尽，十言难尽，百言难尽。你可以投给它最高的崇敬、最多的怜惜，也可以投给它最大的鄙视、最深的忿恨。"中国文人有过辉煌的典范，辉煌得绝不逊色于其他文明故地的同行。中国文人的"原型"是孔子、老子、庄子；中国文人在精神品德上的高峰是屈原和司马迁；中国文人在人格独立上的"绝唱"

是魏晋名士。唐代以后，情况开始复杂。产生了空前绝后的大诗人李白、杜甫，但他们在人格独立上都已不及他们的前辈。中国现代文人中最优秀的群落，往往也很难摆脱一个毛病，那就是把自己的大多数行为当作圈子内互为观众的表演，很少在乎圈子外的一切。

漫长封建社会体制，的确造成了中国文化人一系列的集体负面人格。觊觎官场、敢于忍耐、奇妒狂嫉、虚诈矫情……于是乎社会的误解使得迂腐、相轻、卑祛几乎成了文人的代名词。这也是很多中国文人的心理流行病。

有一位当代评论家对"文人"做了如下定义："并非写文章的人都算文人。文人，是指人文方面的、有着创造性的、富含思想的文章写作者。严肃地从事哲学、文学、艺术以及一些具有人文情怀的社会科学的人，就是文人，或者说，文人是追求独立人格与独立价值，更多地描述、研究社会和人性的人。"（张修林《谈文人》）笔者表示对这样"狭义"的观点很有同感，而且还要引申其义。

人类文化是各阶层的人们共同构筑的。文人的真正价值在于他可以避开个人得失、政体集团的狭隘利益，从科学与正能量的角度进行文化探索，而创造出有利于人类文化进化的篇章，就如维克多·雨果说的"人类应该有的面貌"。

文人不是泛指读书人，不是指光有文化的人，也不仅是指有学问的文化人，更应该是指追求社会真理、艺术真谛的文化人——古称君子。真正的文人应该是以出世之态，写入世之作。胸中有人、有人类社会、有人文精神的人。

曾经有人因为封建思维，把文人定位为社会"政体"周围的意识形态关注者，而把科学家、工程师、设计师、技术精英边缘化，致使中国封建社会后期自然科学严重落后，人文科学系统也就无法配套。桑弘羊写《盐铁论》，沈括写《梦溪笔谈》，宋应星写《天工开物》，徐霞客写《徐霞客游记》，都应该是文人之举。而阿炳（图1-2）以一己之力，将《二泉映月》的仙风道乐推向世界乐坛之巅，难道不能说是文豪之功吗？甚至可以说，朱元璋改宋代抹茶饮为明代散茶饮，不也是"舌尖文化"返璞归真的一大改革吗？在这里，洪武不是上演了从放牛娃到大明江山"壹号文人"的华丽转身吗？所以真正的文人概念是涵盖社会科学、自然科学以及交叉学科的各位"君子"。

■ 图1-2 阿炳（华彦钧）

文人的历史价值

文人是把握时代脉搏的高手，没有韩愈、柳宗元倡导先秦散文，六朝的"骈体文"将以慵懒之态，长期成为文坛痼疾；没有欧阳修从落榜卷堆里找出苏轼的雄文，二宋的文艺界就没有一代"大江东去"的高瞻雄风；同样，没有王世襄（图1-3）睡在大衣柜中，坚持写《明式家具研究》，今日世界对明式家具的热度就不可能如此升温，明式家具这朵奇葩就不可能像今天这样亮丽，成为华夏传统审美观的重要范本。

■ 图1-3 王世襄

文人是善于将自己知道的文化知识融会贯通，整合成新学问的人。如清初李渔写《闲情偶寄》，把一般人眼中的生活琐事——科学叙述总结，写"暖椅"，写"温砚"（空调篇），写器物、家具尺度形制（工业设计篇），甚至写仆人该如何扫地（环保篇）……这样的文化整理之事，难道不是文人该做的吗？

中国的家具发展事业，之所以经历了漫长的孕育而取得意想不到的成就，就是因为华夏文人没有走西方纯实用主义的路，在看似形而下的造物过程中，坚持了形而上的伦理观念，既考虑了社会阶层的结构伦理，又考虑了中华美学的独特观念，才使明式家具的设计理念超脱于同时期的西方封建社会审美观，其中所包含的"人文主义"精神倾向，就是历代圣贤名匠对生活艺术的深层诠释。如坚持将方块象形汉字的信息化思维扩散，尊草木崇自然的返璞归真的意识深化，强调静态达观、天人合一的中华宇宙观，倡导华夏相对舒适感的实践体验等，一切的"中国智慧"都在冥冥之中发挥着超越那个时代的精神作用，才使得今天明式家具能屹立于国际设计大课堂，成为不朽的东方典范，所以文人的作用绝不能小觑。

因此，广义上的文人应该是：能以脑力劳动的点子，为人类文化发展做出贡献的人们。

文人是一批默默为民族文化奉献的人，在没有人发现他们的重大贡献时，他们只是诸多亚文化的一点泡沫，但当社会认识到这种冒泡的真正价值时，他们就是民族文化不可复制的经典。

文人也是为一方水土文化发展做出贡献的人，无论身居庙堂之高，还是身处市井之底，都能乐意肩负复兴民族文化的重任，每一个能参与创造文化而实践的人，都应该找到自己应有的那份自信——我是文人。

如果我们穿越时空，到明代的历史长河中畅游一番，会有怎样的感悟呢（附录一）？

二、何为文人家具

明代文人在华夏设计艺术的厚积薄发之际，综合中华民族节俭、内敛、崇雅、重艺的生存品德，把数千年农耕文明的成就发挥到了极致。这与西方文化人推出的洛可可式家具（由于受欧洲上层贵族女性的审美观所影响，追求美观、舒适和豪华，属于享乐实用型家具）、哥特式家具（由于受欧洲僧侣的宗教人生观所影响，家具设计追求敬仰神灵、注重仪式感，属于宗教神秘型家具）所追求的华丽、繁复的炫富风格大相径庭，为此国人可引以为傲（图1-4）。

（b）洛可可式家具（享乐实用型）

（a）哥特式家具（宗教神秘型）

（c）文人家具（养性休闲型）

■ 图1-4 中西方家具风格

所谓文人家具，也要二释。从狭义上说，指文人喜欢的、经常使用的一类有特色的家具，如书房、茶室家具等。而从广义上说，指明式家具风格中，一类尚精、尚淡、尚雅、尚清新的晚明时尚家具，宫廷、庙宇都有。看一下明四家的画作，就能发现明代文人所喜爱的生活需要怎样的家具了，在沈周、唐寅、仇英、文徵明自娱自乐的图画中，描绘得非常清楚（图1-5）。厅轩端坐、畅阁小憩、茅斋舞鹤、凭栏吟诗，都离不开家具作陪的乐趣。所以，文人家具以文化阶层的品位为切入点，引领社会的审美观，使文人精神的影响向社会两极渗透，形成一种普遍性的社会共识。

（a）李端端图　　　　　　　　　　　　　　　　（b）桐荫清梦图

■ 图1-5 唐寅作品

（一）文人家具外貌赏析要点

1. 清逸平和

这类器形的特点是功能到位、比例适度、修饰淡化，或超越时尚、另辟蹊径。如果以画论中"逸品、神品、能品"三个等级来评定，当是逸品之列。

如榉木螭龙纹倚板大圈椅。圈椅最重要的构件，无非是罗圈与倚板。该椅搭脑连扶手三段接做，弧度较大而舒展有度。座面大边素混，壶门牙板简素，脚踏下牙条一木连做，两端牙子上收，后腿无牙，仅鹅脖下有两片竖牙，靠背为独朝板。宽而大气，中间雕螭龙纹，颇为得体。团纹外为开光式圆框，凸线打洼，比较精致。从这里可以看出江南文人在家具上的神来之笔，用平面设计的手法丰富家具的寓意，使日用器物也成为文化创意的载体（图1-6）。

2. 绮丽神韵

这一类家具往往不仅器形比例好、气韵足，并且有很迷人的精致装饰，将明式家具精湛卓著的工艺品味推向极致。

如柏木灵芝脚炕几。几面宽绰，冰盘弦线简洁，束腰细平不做装饰，牙板较宽。与灵芝三弯腿交圈流畅一气呵成，突出了足端丰润的灵芝涡线纹。值得注意的是其壶门线中央三尖聚的做法，既优美精致，又内敛含蓄，与灵芝足端的动感形成了鲜明的对比。整器装饰惜"墨"如金，都体现在一根壶门弦线上。可见装饰精致不在于刀笔功夫的多与少，而在于突出重点、恰如其分（图1-7）。

■ 图1-6 榉木螭龙纹倚板大圈椅

■ 图 1-7 柏木灵芝脚炕几

3. 古朴敦厚

古雅的器形一般体现在时空距离上，后人之所以要追求古式，说明古式必然有其难以磨灭的气质让人垂青。

如麻栗树（别名高丽木）圆包圆罗锅枨方凳。凳面斜边微微喷出，内敛含蓄，略有张力。四腿足浑圆微有侧角，毫不张扬。平直构架之间，罗锅枨起伏包腿足而生，刚柔相济，平添风韵，如紧箍兜转一圈，缚紧四足，一种内力与外气相对应，彰显稳健淡定，体现了江南士子心平如镜、微荡涟漪的闲适之气。曾见过此类苏式茶桌，尺度稍微放大之后，更觉大气（图 1-8）。

■ 图 1-8 圆包圆罗锅枨方凳

4. 大巧若拙

大凡能工总希望巧作，把自己独到的构思落实到器形上，以此来引起人们的青睐。从艺术上来谈，巧是一类比较别致、稀见、高品位的艺术手法，往往会引起人们褒贬不一，但千载功过自有后人评说。

如榉木罗锅枨灯挂椅，搭脑平展倚板光素如黑色瀑布倾泻而下，前腿后退直立无华，与脚枨单调相交。但三根顶牙罗锅枨是大胆的点睛之笔。按常理讲"顶牙枨"只是桌案之下横枨为避让牵绊人脚之嫌而作，放在椅面之下，似乎无功能而言。匠人们对人们习见的壶门做了改进，设计了富有弹性的形线，既是创新，也是挑战传统壶门的中庸气质。另外该椅搭脑后部的隐起手法，也是一种细部的突破。中国上古有玉器隐起的雕镂手法，在明清家具的装饰上用得很广，但在结构上运用还是较少，那种在立体造型中追求混面转到起棱，再从棱线隐如弧面的手法，在现代交通器上也用得很多，这是值得我们关注的大巧若拙的设计之风（图1-9）。

■ 图 1-9 榉木罗锅枨灯挂椅

（二）文人家具的内在意蕴要点

为何明人推崇的家具风格会与西方不同呢？中华民族几千年的农耕生活，造就了一种群体依附、乡俗约束的习惯。自宋代开始，中国的文人在家具设计上更注意"品德"的体验，关注以家具体现人的社会尊严与自我规诫，而不是单纯地从舒适性与装饰性的角度考虑，所以中国文人家具在这一点上与外国古代绅士推崇的家具相比就大为不同。西方文人可能会更加关心家具的使用价值和装饰价值。

文人家具的关注点有以下四个方面。

1. 伦理风尚

一般人看到明式椅，就以为四条腿是直立的，所以现在市场上许多仿明粗货，都做成了四腿僵直的垂直线。其实，在清式家具风行之前，中国很少有四腿无"侧脚"的椅子，要是拿出尺子丈量一下明式椅具，就会发现其中的奥妙。四条腿都向里略有倾斜，腿尖微微外扩大约0.5厘米，整体上看呈梯形，这就是中国家具用儒家的"人文理念"，以仿造木结构建筑的内涵和一撇一捺擎天地风范，撑起了人文精神的时代情趣（图1-10）。

所以，明式家具有一点"顺天理，灭人欲"，让人为所不敢为，达到自我规诫、传承文化道德的目的。这样的设计伦理，对当下"相对舒适论"启发很大，远涉欧美，传播甚远。因此，今天的家具设计中有休息椅、轻休息椅、工作椅的区别，是由尺度与靠板、座面角度来界定的。这种自我约束在明式椅上早就打下了深刻的烙印。体现在哪些方面呢？首先看座面，为长宽比有度的长方形，而不是西方家具座面的方形或梯形，中国人喜欢坐高高一点、坐深浅一点，这样迫使人坐着上身挺直，很有尊严。笔者曾经调查测绘过明式休闲与工作两类功能的椅子，前者是坐高 43 厘米，坐深 47 厘米。后者是坐高 47 厘米，坐深 43 厘米。不能小看这个 4 厘米的差距，一进一出，舒适度却大不一样了。前者坐着很舒服，让人懒得不想走；后者坐深浅，凳边压迫大腿。除非你学古人，把脚搁在踏脚档上，挺胸拔背而坐。这样你才会成全了礼仪。但这样肯定不是现代人习惯的坐姿了。

■ 图 1-10 四出头官帽椅

明代文人匠师还善于用内敛含蓄的表现手法，从古代建筑的"大象无形"到生活用具的"制器尚象"，设计家具采用借物抒情的造物手法，将吉祥的灵芝纹、象征丰收的花叶卷果球纹等，巧妙地融入家具构件之端。或以竹编工艺圆包圆融入裹腿式结构，将祥和一统的社会意境表现得淋漓尽致。相比于西方古典家具单纯的写实华丽，明式家具则更显示了一份以物言志之美（图1-11、图1-12）。

■ 图 1-11 三弯腿托泥香几

■ 图 1-12 裹腿枨有屉棋桌

2. 审美切点

明代文人家具所展现的文化脉络，尽管在清代被另一种审美情趣扭曲了，但还是"青山遮不住，毕竟东流去"。艾克先生睿智的目光重启了尘封的珍珠，而中国的明式风启迪了具有民主精神的现代东西方设计师，迎来世界家具业的重大变革。从某种意义上来说，明式文人家具是世界封建社会中最成功的手工艺流派之一，引导了现代民主主义设计精神的革新。

比较明式各社会职能的圈椅（图1-13）和前述哥特式靠背椅、洛可可式扶手椅，就能说明问题。明式椅主要依靠构架的气度，那种意象性的张力清晰地表现出不同的社会功能，而西方古典家具更依赖纹饰、绶章等附加信息。

就表现手法而言，明式文人家具装饰审美的基础，还是贵在形线之美、比例之美。构件之美，辅以木雕刻、壤嵌、绘画、五金件装饰等多种表现手法。就内容而言，明式文人风格更注重家具的社会职能、功能需要具备的气度，装饰活泼大方，点到为止，这是文人家具造型风格和谐统一的秘诀。款式极其丰富多样，构件形态应有尽有，细部的多变又派生出新的形款和新的韵味。值得一提的是明代家具装饰手法多种多样，纹样题材也很广泛，但是不贪多堆砌，也不曲意雕琢，而是根据整体要求进行恰如其分的局部装饰。虽然已经追加了装饰，但从整体上看仍然不失简素的本色，可以说恰当得体、锦上添花。各种纹样受民俗、艺术、文学、宗教、政治等方面的影响被赋予了不同的寓意与意境。值得注意的是，明式家具中的装饰图案，从表面上看好像只是简单的祈福，只是人们对美好生活的向往，而实质上是一种文化情趣的外延，是对使用者的个体思想和环境文化的反映，这才是我们需要抓住的纹饰精髓。

明代家具突出地体现了中国传统文艺批评的特点，其中有的是文化人性、审美心理与生活方式调和下的语意，以及物化成的各类符号。它们特有的情态和精神，给今人启示良多。

（a）宫廷圈椅　　　　　　　　　　　　　　（b）宗教圈椅

（c）田园圈椅

（d）官宦圈椅

（e）文人圈椅

■ 图 1-13 各式圈椅

3. 工艺关注

明式家具中所谓的"文人家具"，是一类朴实高雅、简约精致的风格体系，是匠人的心血、国人的骄傲，更是文人精神物化后的载体（图1–14）。这是一类在华夏文人圈里流行、受中产阶级追捧，从而影响到宫廷家具和大众家具这两极的审美情趣的风尚，统一了大明王朝九州之内的家具风格。细究起来，所谓"文人精神"引导了中国15至16世纪日用艺术设计理念审美时尚的相对统一，对当时的家具、建筑、器物、陈设学都产生了深远的影响。

明代文人家具相对宫廷家具、宗教家具更加恬淡清新、内敛朴实。这不是现代简约主义、环保主义追求的绝妙样板吗？

（a）黄花梨嵌石面一腿三牙桌

（b）船用独屉小闷户柜

（c）黄花梨三屉闷户柜

■ 图 1-14 明式文人家具的工艺关注

明代是中华民族文化底蕴与造物水平的高峰期，在文人家具的工艺水准上，必然得到充分的反映。首先是专一用木、不拘用材，在明代中期以前，上推宋、唐，中国宫廷家具的主要材料是漆木，这里当然有木工艺发展滞后的因素，但是更有审美习惯演变的因素。

内敛是中国传统文化一种根深蒂固的特性，是长期深受儒家思想道德观念约束和影响的结果。制作木器方中有圆、直中有曲、寓刚于柔，以体现委婉、含蓄之美，是明式家具加工的一个独到的特色。不少明式家具为了追求含蓄、圆浑和完整，不吝惜木材，精心选材制作细部，整体形象犹如一木生成，浑然一体。所以对于石纹木理从欣赏到狂热的崇拜，也许要到晚明时期才能形成。再看明人对精致的理解，不是多么精细、多少层镂雕就好，而是细部巧妙过渡。如官帽椅的搭脑曲线雄健，弯月般圆润，但是顶脊上却突然起刀锋般细刃一道，这种中国玉器的"隐起"做法，正是明代文人工匠之所以被关注的亮点（图1-15）。图1-16中这个稀见的圆角柜帽，喷面做出顶斜收，中间柔婉，下一细线如刀口般挺括，实在是文人家具造型艺术的高妙之处。还有勺形马蹄，远看挺拔遒劲，近望含蓄无棱，如书法用笔，藏锋纳势不露痕（图1-17）。

■ 图1-15 浑圆中起棱的搭脑

■ 图1-16 柜帽的冰盘斜出

■ 图1-17 明作马蹄去侧

三、明代文人家具的时代背景

明式家具是怎样产生的，这是一个比较复杂的话题。20世纪前叶，古斯塔夫·艾克、杨耀先生向世界推出明式家具时，是以"中国花梨木图考"的名义来展示明式家具的无穷魅力，这样就似乎给世人有"材料成因"的概念，王世襄先生的《明式家具研究》，以社会背景、文化风貌、工艺特征诸多方面，充分阐述了明式家具的生成原因，使世人认识到中华独到的榫卯工艺，是明式家具的又一重要成功原因。近来也有从今天的黄花梨家具价值飙升的现象来判断，认为明式家具的成功得益于晚明时期社会比富，是打造奢侈品的结果。

从哲学上讲，存在即是合理，关于明式家具成因说，不管是材料成因说也好，工艺成因说也罢，哪怕是打造奢侈品成因说，应该都有一定的依据，都是手工艺品成功的一个不可或缺的方面。但是，无论哪个时代，文化意识是决定审美的，本书的宗旨是研究文人家具中的文化意义和特征，强调文人精神在这一手工艺品的发展壮大中所起到的巨大作用。

《考工记》卷六言："天有时，地有气，材有美，工有巧，合此四者，然后可以为良。"任何具有典范性的文化艺术形态的产生，其原因往往同时具有多方面的因素。之所以要强调文人精神是明式家具主要的成因，是因为晚明社会的审美风尚与整个社会的文化土壤有关联，掌握文化传承和创造的文人，在很大程度上有着决定性的作用。

（一）文官体制实施下的政治背景

从历史轨迹来看，明宣德时期是明朝华夏中兴的转折点，后人都是从"宣德炉"认识世宗皇帝，看似没有惊世骇俗的大政，但他一方面秉承祖父强权，另一方面继承父亲仁宗的仁政。仁宗继位时，年纪已大，办事稳健，施行仁政，休养生息，如对北面改用兵为防御，另外废除船队下西洋之举。

宣德继续走亲民路线，著有许多描写底层民众的诗歌，如《悯农诗》《织妇诗》等。

《减租诗》	《悯农诗示吏部尚书郭琎》
官租颇繁重，在昔盖有因。	农者国所重，八政之本源。
而此服田者，本皆贫下民。	辛苦事耕作，忧劳旦晨昏。
耕作既劳勤，输纳亦苦辛。	丰年仅能给，歉岁安可论。
遂令衣食微，曷以赡其身。	既无糠核肥，安得岩絮温。
殷念恻予怀，故迹安得循。	恭唯祖宗法，周悉今具存。
下诏减十三，行之四方均。	遐迩同一视，覆育如乾坤。
先王亲万姓，有若父子亲。	尝闻古循吏，卓有父母恩。
兹惟重邦本，岂曰矜斯人。	

作为农耕民族的一国之君，能有这份对文化复兴的心思绝对是件好事。从现存故宫的宣德款家具如红漆海棠形托泥几、剑腿彩漆描金平头案和刀子牙彩漆方角柜上看，明式文人家具的发展期从宣德朝就开始了（附录二）。尽管至今没有发现一件属于宣德朝的纯木家具，但这三件家具的气度、形制和细部设计，已经把明代文人家具的旗帜鲜明地竖起。

从社会进化的互补性和文化发展的整体性角度，可以看到明代文人在强大的文官体制下人生思想与价值实现的可能性。南宋以来一直作为官方学术和伦理秩序宗法的程朱理学，在明代中叶以后遇到了新的挑战。自陈献章、王阳明始，传统学术被重新思考，王阳明"致良知"学说尤为兴盛。一方面在阳明学派一意通禅的风尚之下，士大夫放言无忌，是一个学术交流的时代；另一方面，也是文人对于人生进行严肃思考的时代。但是，不管是程朱理学还是陆王心学，其所倡导的修身方法，在很大程度上主导着文人的行为方式，儒学道德仍然是传统哲学关注的目标，将《论语》所谓"士志于道，据于德，依于仁，游于艺"作为一种生存态度和价值取向仍然是大众文人的基本特征。

明朝是中国历史上颇讲言论自由的封建王朝。明朝推行言官制度，大臣们可以放开了提意见，上至国家大事，下至后宫琐事，只要你有想法，可以尽管说来，不要害怕得罪皇帝。明代君主不愿背上"昏君""杀谏官"的骂名，实在气极了，最多也只是"廷杖"而已。敢于骂皇上，直接骂、毫不留情地骂，在中国历史上以明朝最为突出。这就是海瑞抬棺骂嘉靖，雒于仁呈《酒色财气四箴疏》讽万历贪酒、贪色、好受贿、气量小，而没有被诛，也只有明朝才有。

明代在思想界进行了一些非常大的革新，除了一些危及统治的思想被统治阶级铲除外，一般情况下，思想界还是比较开放的。出现了王廷相、王阳明、王艮、何心隐、李贽等大思想家，也是大幸。尤其从嘉靖到万历几十年间，大明出现了四位大名人：张居正、海瑞、戚继光，还有一位是生不逢时的思想家、人文主义先驱——李贽。也正是这个时期，明式家具成熟期赫然登场，实现了独领风骚的艺术大观。这不能不说是人文主义思想所起的作用。

人文主义即发扬人性，发挥人力，维护人权，培养人格。中国的人文主义萌芽，应推孔子之学说。孔子首先肯定人在宇宙中是最高贵的：我是人，唯有人有"我"的自觉……其精义所在，则为特别提出一个"仁"字，作为奠定人伦基础和道德规范，故曰仁者人也。一切讨论使人具有更完美的思想，便是人文思想。孔子提倡的人格，在于高明与博厚。"毋意、毋必、毋固、毋我"，提倡一切无我无私之精神。

现代人文主义是文艺复兴时期形成的思想体系，也是这一时期进步文学的中心思想。它主张一切以人为本，反对神的权威，把人从中世纪的神学枷锁下解放出来。宣扬个性解放，追求现实人生幸福；追求自由平等，反对等级观念；崇尚理性，反对蒙昧。

人文主义是文艺复兴的核心思想，是新兴资产阶级反封建的社会思潮，也是人道主义的最初形式。它肯定人性和人的价值，要求享受人世的欢乐，要求人的个性解放和自由平等，推崇人的感性经验和理性思维。

而明代文人的自信、自强、自廉、自律，也基本上发散了这种思维。所以，不能小看晚明文人在绘画、小说、戏曲乃至生活方式中的思想轨迹。

王阳明被称为"千古第一等人"，精通儒、释、道三家，开创了堪称儒学新局面的心学，被认为是可直追孔孟的大圣人，作为史上极少见的立德、立功、立言三不朽，王阳明为后世留下了很多经典语录，"问道德者不计功名，问功名者不计利禄"就是对世人最好的规诫。

还有李贽的民本思想。孟子早就提出"民为贵，君为轻，社稷次之"的主张，但在历代统治者中，实际均未成为一种政治实践。而李贽大胆提出"天之立君，本以为民"的主张，表现出对专制皇权的不满，成为明末清初启蒙思想家民本思想的先导。李贽承认个人私欲，"私者，人之心也，人必有私而后其心乃见""天尽世道以交"，认为人与人之间的交换关系、商业交易合乎天理。李贽认为，按照万物一体的原理，社会上根本不存在高下贵贱的区别。老百姓并不卑下，自有其尊贵的地方；侯王贵族并不高贵，也有其卑贱的地方。李贽还主张婚姻自由，热情歌颂卓文君和司马相如恋爱的故事。

明代设计师凭借社会文化平台及自身拥有的文化修养，在悠然闲适的氛围中经营着极富韵致的理想世界。正是在这种生活的经营态度中，家具成为文人审美情趣的一种载体，从而进入传统文化史和艺术史的版图（图1-18）。

《明宪宗元宵行乐图》就摆了各种式样的桌子，既是陈设品，又是道具。可见成化年间就有丰富多彩的家具，并且非常受人青睐，是一种文化时尚的体现。

■ 图 1-18 明宪宗元宵行乐图

（二）资本主义萌芽影响下的经济背景

明朝伊始，政府实行了发展生产、与民休息的政策。政府鼓励开垦荒地，1370 年朱元璋下令："北方郡县荒芜田地，不限亩数，全部免三年租税。"朝廷提倡官府节俭。在一系列措施的推动下，农民生产热忱高涨。明初农业发展迅速，元末农村的残破景象得以改观。农业生产恢复发展，促进明代手工业和商业的发展。休养生息政策巩固了新王朝的统治，稳定了农民生活，促进了国力的发展。

《大明律》专设《工律》一篇，对军民官府营造的申报审批、营造所需材料、财物、人工、制造器物的品种规格等都做了规定。

由于政治原因，明朝长期采取海禁政策，但是永乐、宣德两朝至嘉靖初期，海禁稍有放松，海上私人贸易迅速发展，拓宽了商业领域。

自嘉靖至崇祯年间进行赋税改革，张居正推行"一条鞭法"。其主要内容是："各项复杂的田赋附征和各种性质徭役一律合并征银；徭役中的力役改为以银代役，由官府雇人充役；徭役银不按户丁分派，而按地亩承担。"（笔者认为实际上就是收财产税、抑富济贫，具有进步意义。）

1. 手工业的发达与资本主义萌芽

由于元代对手工业者进行长期的人身控制，两宋以来发达的手工艺产业受到明显的阻碍。明朝采取了工匠轮班制、放松对手工业者的人身控制等政策，除了必须为政府服务的劳动项目外（即所谓的徭役内容之一），其他时期手工业者可以自谋生计，自己产出，这就大大提高了手工业者的劳动积极性。瓷器、木刻、竹刻、微雕、漆器、玉器、家具等需要手工制作的领域均有了全面的飞跃发展。中国的手工艺品在世界同行中的地位更加强化。作坊的管理模式也随着工匠团队规模的扩大而变化，劳动雇佣关系的人情化，也改变了人才供求关系。产出量的增加也导致了融资数额的猛增以及形式多样化，出现了资本主义的萌芽。

今天，我们才发现小小木道不仅牵动了华夏社会文化品格，居然也有人们熟视无睹的日用品——明式家具的功劳。而这种产业突发的动力，也是来源于晚明资本主义萌芽巨大推动和人们对生活品质的追求（图 1-19）。

■ 图 1-19 明杜堇《玩古图》

2. 对外开放度

中国第一位有记载的西方文人——利玛窦等传教士说，中国的文明程度是"爱干净，街道整洁，人们彬彬有礼"。利玛窦作为传教士，万历皇帝同意让他留在中国，死后还葬在北京，表示当时中国的开放包容程度。当时的教皇西斯都五世决定中国天主教徒可以祭拜祖先，可以祭拜孔子。伊丽莎白女王写信给万历皇帝要求通商，说明万历朝的名声之大。

（三）人文精神感召下的文化背景

古训云："形而上者谓之道，形而下者谓之器。"

在文化复兴方面，元朝时期文化在一定程度上受到蒙古及其他民族文化的冲击。建立明朝后，制定《大明集礼》，朝廷力图恢复汉族礼仪文化并采取一系列去蒙古化的措施。服饰方面"复衣冠如唐制"，并制定了具有明朝特色、等级严格的冠服制度；婚姻方面禁止收继婚。通过一系列措施，明朝政府树立了复兴华夏的信心。

明朝从元朝的灭亡中总结教训，认为除了统治者本身的素质以外，整个社会失于教化也是一个原因。因此采取措施、兴建学校、选拔学官，并坚持把教育工作作为衡量地方官政绩的重要指标。

文化精神也反映了追求平等、个性解放与反禁欲的思想，出现了人文主义雏形。《三言二拍》的许多故事反映了这一点。《蒋金哥重温珍珠衫》所描述的新婚远商、红杏出墙、体面休书、破镜重圆。这样的情节与宋代相比，反映了明代社会道德的人性化转变。

由于文化人数量的剧增，读书、做官的仕途不畅，一些文人不得不和农、工、商在一起合作，文化创作的分工越来越细致，建筑、服饰、家具、园林等行业已经出现了专职或兼职的设计师。在合作中，这些文人开阔了眼界，产生了科举入仕并不是人生必需的思想，而这些思想上的变化，客观上反而促进了社会从业文化、产业文化、生活文化的发展，也逐渐出现了与以往封建社会不同的新的社会现象。

万历时期，各行各业的人才辈出。比如：赵南星、顾宪成的政治抱负，邹元标、海瑞的道德风节，徐光启、利玛窦的历法，汤显祖的词曲，李时珍的本草。此外还有董其昌的书画、何震的印刻，这些大师的风骨与成就，促进了一代实用工艺美术的飞跃发展。

"万历时代"的历史意义和时代价值非凡。万历时期是东西方文化相遇、交流碰撞的时期，西方文明首次叩开了东方的大门，是东西方文明友好、平等交流的时期。先进知识分子组成了西学集团，传播西方文明。万历时期，"非君浪潮"高涨，民本主义盛行，是封建皇权统治遇到极大冲击挑战的时代。"万历时代"是资本主义萌芽出现，孕育新型生产关系的时代。

"万历时代"首次出现了市民力量和封建统治党争，是社会动荡和蕴育社会变革的年代，这在中国历史上是十分罕见的，使华夏科技文明再次站在世界高峰（图1-20）。

在相对平静，没有战乱的社会中，人的闲适情致得到了充分的扩张，口味也更加刁钻，所以说明代的文人是生活的里手、享乐的专家绝对不为过。而一批不入仕途的文人更是乐此不疲地将生活艺术化进行到底。这就产生了游离于主流文化之外的"亚文化"现象。家具是"琴、棋、书、画，花、香、酒、茶、曲"九艺的载体，岂能有不重视之理？如无锡荡口的"真赏斋"主人华夏，是明大员华察之后。他善于结交文人雅士，吴门画派的魁首文徵明、祝允明、唐寅等，都是他的挚友。即使在交通落后的时代，这些江南才子只要一高兴，也会登舟披月夜，探"真赏斋"，觥筹交错，大醉而归。这类文人间不经意的交流，才能触发艺术灵感，改变对生活中既定观念的看法，从而获得艺术设计的灵感。面对画家画中千姿百态的家具形象，这些明式家具经典作品尽善尽美的形线结构，我们有理由相信这只能出于大师们搜肠刮肚的创意、呕心沥血的推敲、夜以继日的调整，只有这样，明代的家具陈设艺术才会成为惊世之作，令今人叹为观止。

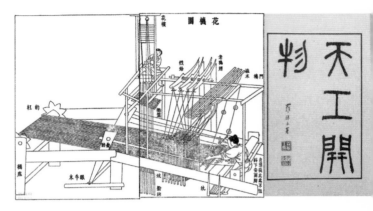

（a）《天工开物》插图

（b）《西厢记》插图

■ 图1-20 万历时期的社会发展

（四）反禁欲、争民生的民俗背景

为了弘扬民族文化，我们必须研究民俗行为的特点，传播民族的生活习俗、审美时尚与设计理念，才能赏析古代遗珍，解读文心释怀，共同树立华夏生活艺术之标的。

国人有句话，叫"大俗大雅"。明代文人多"失业"并与大量"山人"入行手工艺，使得文人生活情趣具有了中下层社会的代表性，从而引发了社会伦理的微妙变化。婚姻观、爱情观、孝悌情结都有了新的时代认识。《蒋金哥重新温暖珍珠衫》等传奇小说就道出了那一代人新的生活享受理念、爱情贞节感以及追求个性解放与幸福生活的人伦倾向。如何从宋人的高俊清逸和元人孤心苦寒的境况中解脱出来，是晚明在社会经济上升期，以移风易俗的小小造化，创作生活日用形态的动力。这样，既丰富了民众的生活情趣，又提高了民间生活的质量，也对工匠的水平提出了更高的要求，从而完成了传承民族文化在新阶段的重要步骤。

嘉靖在位 45 年，对天命敬畏有加，求仙仿道之心泛滥，使得举国上下，好祥瑞之献。嘉靖三十七年（1558），有一个叫王金的平民因献上一件由 181 颗灵芝组成的芝山为寿礼，最大的几颗直径在 60 厘米之上，掀起了明朝敬祥瑞之热，短短几月各地献灵芝 1804 颗。

所以明式家具成因的另一个负能量因素与嘉靖皇帝疏政崇道、迷恋仙方祥瑞不无关系，明式早期家具为何有那么多的灵芝为饰也有了一个合理的解释。

要传承总要有担当，明代家具大胆地把宋代家具呆板的一面生动起来，把元代家具仿生、粗放的一面收敛起来。把林芝变成了角桄，把鼓墩变成了柱垫，把托叶抽芽变成了高拱顶牙桄，把花叶足变成了内翻马蹄足，把抱鼓石变成了插屏的站牙。民俗艺术的创造性通常是很直白的，依靠器物构件的变化整合出一番天地。这些看似俚俗的手法，却使得明式家具的苏作创意器，成了万众瞩目的艺术珍品。其民俗影响可以从以下方面区分来谈。

1. 情感性 （如椅子靠背）

现代设计符号学和产品语意学致力于隐喻、换喻等修辞手法的研究，试图在功能之外，赋予产品更多的文化内涵和个性意义。实际上，在明式家具的造型中，曲直相衬，线面相倚，这些造型手法已经蕴含了丰富的符号学意义，赋予了产品不同的性格特征。因此，通过形式要素变化，引发人积极的情感体验和心理感受（图1-21）。

所以，明代家具大多数采用的是简洁、俊秀的自然界的植物造型。以自然点缀人的情感，这种寄物于情的做法，与道家思想的人的精神自然化境地相吻合，从而说明了民间工匠在参与家具设计的文人影响下，或多或少受到悲天悯人的思想熏陶。

（a）双"S"灯挂椅　　　　　　　　（b）双"S"南官帽椅

■ 图1-21 椅子靠背所表达的情感性

■ 图1-22 万历柜

2. 趣味性（如万历柜）

明式家具的辉煌时代可能不符合当下的要求。但是，当下的时代背景与明式家具的关系，在长期的共生之后，其功能恢复有可能完好如初。万历柜就是在人们需要炫耀展示自己的精神承载时，开出亮格实现了审美情趣的满足，如果将空间回归具体化，国人的兴趣从日出而作、日落而息到交往的多元性，生活兴趣的交流在亮格中凝固。它作为一种记录历史的载体，不需要特殊的空间，因为它本身就呈现了家具的艺术价值（图1-22）。

3. 寓意性（如翘头案）

翘头，最早的形象资料出现在元代永乐宫壁画《朝元图》、明万历刻本《金瓶梅》、崇祯刻本《月露音》等插图中。笔者比较年代、款式更迭较清楚的榉木系家具，发现早期例子大约只有1.5厘米高，随着年代的推进，翘头慢慢变大，并且斜逸、翻卷，渐渐有造型的霸气，一般多在明式后期的家具上出现（图1-23）。

中华建筑不仅是为提供室内空间而建造的，其外观有着独特的民族寓意，翘头与屋顶一样显示"腾飞"的豪气。在进化过程中，家具与室内空间结合越来越紧密，成为人类与室内空间的中介物，所以衍生出有产品语义的翘头，这是国人创造文明空间的努力成果。

■ 图1-23 各式翘头案

卷

二

文化篇

一、家具文化概述

（一）文化是人类行为与思想的"遗存"

在三晋之地，汾河岸边有一个丁村。专家在这里确定了36组民居，其是受国家级保护的明清建筑群。在丁村最吸引人的是断垣残壁的农耕文化印痕，因为在其他景区，那些无法居住的危房早就被拆迁了，但是在丁村这个文化保护重地，它们安详地晒着冬天的太阳，那斑驳的光影、开裂的土墙和洞穿的屋顶，都给人无限的激情和遐想。丁村是人类的一笔文化遗产。图2-1中一株榆树与土墙自然地长在一起，不失为农耕文化的一个有趣的缩影。图2-2中一例破败的垂花门，应该具有修复的可能，但是，这种残缺的美正是美院师生与影视剧工作人员所钟情的奇景，因为它是不可复制的大自然造物，那种偶然缺失的美，能唤起人们创作的激情。为此，我也喜欢对着残缺的老家具，用目光和遐想慢慢剥开它的沧桑，享受其背后文化的求索过程。

■ 图2-2 垂花门的骨感美

在提高人们保护文物的积极性的同时，绝不能忽略非物质文化遗产，如杂剧、社戏，都将有助于一方文化的开发利用，而家具的设计、制作、使用的过程也是如此。若要求得历史实物与现实生存的融合，首先要弄清古人与自然和谐共存的观念，历史文物是应一方水土、一方人情而生长，解读它们，是今天人们传承文化经典的一个重大的举措。

（二）研究家具文化的价值

■ 图2-1 老宅院残墙古木小景

研究、推崇民族传统家具，不是为了小小的家具市场之争，而是为了中华文化的主导地位之争，如果连明式家具这样优秀的文化遗产都无法获得华夏后人的青睐，我们还奢望发扬光大哪一类民族文化呢？在当今信息社会，文化的演变在不经意间就会融合一处，不分彼此，磨灭了区域文化的特质，国人只有深刻感悟明式文人家具的卓越品质，才能弘扬民族设计精神和审美理念，树立当下东方家具的新风尚。

回顾各个朝代的审美演变，汉代雄健、魏晋飘逸、唐代丰满、宋代清秀、元代沉穆、明代俊朗、清代奢华。若要倡导明式文化、分析明清的文化差异，就应强调概念的归属或文化属性的时间维度，这也是特定时期文化特征的限定。式，指的是艺术风格和空间归属，当然在这里是界定样式的民族性和文化的阶段性，为了区别于清式或其他时代的典型样式（图2-3、图2-4）。

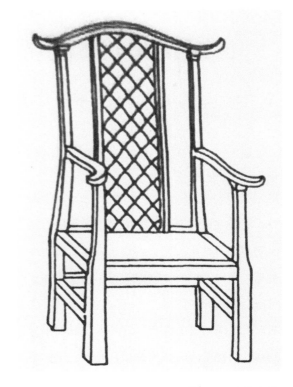

■ 图2-3 唐代木椅

■ 图2-4 宋代木椅（左）、金代木椅（右）

而今天要形成一种尚明风格，还必须推崇明式的文化稳定性和一贯性，只有维持广度上的一致性，才能保证行业文化的延续性。把明式家具产生、发展的文化精神牢牢把握，才能弘扬具有人文精神的器物养性观，开创出新一代的中华家具风。太湖流域作为明式文人家具的发源地，曾经深深地融入中国家具历史文化的血脉之中。只有仔细梳理，将明式文人家具俊朗雄健的华美丰姿奉献给世人，才能展现文人精神，引导家具设计文化的独特魅力。

（三）家具的文化意义

人自出生必有大半时间与家具相拥而伴。家具是重要的文化载体，各民族的生活理念、审美习俗都会在家具上留下不灭的印记。家具是生活品质的重要标志，一个国家或民族的文化底蕴与生活水平，也会在家具的型制纹饰、工艺水准上得到充分的反映。家具也是环保意识的试金石，可持续发展的生态理念、无公害理念、价值工程理念都会在家具选材、造型、装饰乃至工艺流程上得到充分的体现。

1. 家具构划民族的一方生活习俗

如唐朝出现了高型家具，但是其普及使用则到了宋朝才得以实现，元明时期高坐具进一步发展，才有了今天明式家具的风光。而日本隔海相望，一千年来都没有越过席地而坐的雷池，直到明治维新才匆匆改革生活习俗，形成和式生活与西式生活对抗的局面。有了高型家具，宋明以来的酒宴、茶会才变得如此丰富，客厅、接见厅才变得井然有序，而中国人的书房更是琳琅满目，由家具构成了高雅的空间序列。

2. 家具承载时代的工艺水平

每一个民族的家具在不同时期都会打上工艺技术的烙印，如明式家具，一方面国人酷爱木文化，而中国匠师善用榫卯的天赋使明式家具几乎不依赖金属件；另一方面，中国本土机械制造螺丝钉的工艺几乎没有出现过，平头案两端牙条固定所用的铁钉，是锻造的方头铁钉，工艺相当粗陋，而明式有铜铰链等结构，但由于没有金属螺丝钉这类强有力的连接件，仅用短铜钉直接打入木材，摩擦系数小，不可能发展复杂、大型的铰链，因此明式家具金属件的固定钉是短板，从而激发了摇梗柜门的创意。

3. 家具普及人们的审美情趣

一类家具风格的形成，与社会各阶层的审美认可是分不开的，明代中期社会政治稳定后，美学思潮就随着社会政纪文风的改变演化成宽松内敛的文艺批评标准。以一块刀子牙板为例，这种由建筑雀替演化而来的构件，在受力的同时还承担着装饰作用，如女子两边的耳环，对称呼应，增色不少。刀子牙板简洁的两根曲线，居然令朝野上下认可其美，这不能不说当时社会的审美水平如此接近，不受贫富贵贱之隔。今天在古董家具中，无论是紫檀还是柴木，我们都能看到最简单的刀子牙板，这就是最有力的佐证。

通过对家具的喜好，可以折射出人们的生活情调、品味以及对人生的态度，能反映一代人在一方水土之上倡导节俭、淡泊或享乐、靡费的不同志趣。在当前文化、科技高速发展的时代，地球已显得越来越小，数字化技术把文化的统一性不断放大，区域性优势不断缩小，难道人类将消除文化差异性吗？答案是否定的，人们必须有效地保护各民族悠久的传统文化特色，世界文明才会丰富多彩地发展延续。而家具作为人类最原始的文明载体之一（其余几类是兵器、餐具、服饰），是最需要人类悉心保护的。

4. 家具代表社会经济生活水平

明式文人家具的品质，从造型到材质、工艺，大抵是追求完美的。用料不多选其正，用料不粗选其直，为成弧角宁可挖缺，一器最好用一木做成以求其纹理相同。漆灰研瓦为粉，熟桐油调制，贵者和以朱砂、松烟，洒金点银，一看就是物产丰饶、经济发达期的置器。反之，外表雕镂，内衬无漆灰，铜件单薄，则是经济萧条的体现。

5. 发展家具设计文化是民族责任

在生活富庶的社会，人们尤其应该警惕生活细节对子孙后代的教育作用，要铸造健康而有魅力的人格品质，将中华民族特有的崇高秉性，通过美学植入新一代国人的脑海中，这是一个新的"希望工程"。自宋代开始，中国的家具设计更注意"品德"的体验，关注家具体现的自我尊严与自我规诫，而不单纯从舒适性与装饰性的角度考虑。在消费观念上，中国人讲究"量入为出"，"俭以养德"，以平和的心态对待享乐，更多地考虑子孙的幸福和宗族的繁衍，所以中国文人在这一点上与外国绅士相比就大为不同。

应该看到，在当下的家具产业，过多地植入外来元素，会扭曲本民族的审美理念和生活时尚，甚至导致社会伦理道德的偏移。过多地植入科幻元素，更会将装饰文化引入无可名状的怪圈。过多地植入工业化元素，也会冲淡传统的文化创意，会增长年轻一代的"历史虚无主义"，把历史上的文化载体看得无足轻重。为此，应推崇明式文人家具审美理念作为中华民族传统美学的重要载体，展示明清文人的生活环境、陈设格局和审美情趣，并希冀以此辐射其他领域，使明清文人精神所承载的中华民族的优秀设计思想深入人心、大放异彩。从先秦的功能第一、两汉的质华并重、隋唐的形式居上、两宋的朴素自律，到明式家具承载着文人心智的早期"有机功能主义"，这一华夏文明的设计脉络，定能为21世纪数码时代的设计产业界所青睐，让人人相信以置中华之器而养性、以文人家具而载德。我们的办公家具、及其他专用家具，是否也能考量东方文化精神的体现呢？

二、中国行为文化在家具造型上的体现

中国家具文化中最耐人寻味的就是华夏家具从低到高的演变过程。中国人的风俗习惯造就了家具的卧躺、坐倚、支承、收纳、屏障等功能。其中行为文化的特殊性，在家具造型上更有着特别的体现。

在古代的生活中，许多独特的民俗文化成为家具创作的契机。如写作书法、演奏乐器的姿势，令人挺胸拔背而坐，推动了书桌、琴桌造型的演化；聚众看社戏、俯视下围棋的姿势，造就了戏靠、矮靠椅、矮棋桌等。再有一些俚俗的生活习惯，如坐在矮凳子上剪趾甲、妇女裹小脚。还有一类古玩品鉴活动，造就了亮格柜、赏宝台、大小博古架等。更有交通之旅的便携要求，给家具带来了创新的契机，如轿椅、船桌。此外，行军打猎用的折叠式或拆卸式酒案、上马杌凳，都带有一种民族文化的特征。

（一）书桌的高度为何模棱两可

同为书画的承具——书桌、书案，其高度、尺寸与形制却大不相同。最耐人寻味的是以高度传世的明清的桌子高度（不含供桌）一般为 82～88 厘米，远高于现代桌子 75～80 厘米的高度。而明清时男性的身高一般为 155～175 厘米，远低于当代 170～185 厘米的标准。为什么会出现身高与桌高的相反比值呢？这是因为国人的握笔法、执筷法对桌子高度的第二需求与西方不同。曾有论文论证中国用毛笔书写的行为，提出古人书写毛笔字的执笔法分为三指执笔与五指执笔（图 2-5、图 2-6）。前者为站着写字或俯身写字悬肘法，所需的桌面高度要低些；后者为五指执笔，肘部抵桌面甚至枕腕，所需的桌面相对要高一些。形式高度必然让位于功能高度，所以从前的桌子一般大而厚重，属家具重器。现在生活习惯融入钢笔书写与西餐刀叉具使用情景，所以书桌矮了，餐桌则更矮、更单薄了。

古人对书桌尤其是画桌的要求也会因人而异，喜好站着作书画的人，肯定是三指执笔，所以桌面要低一些；习惯坐着书画的人大都是五指执笔，桌面要求则高一些。

■ 图 2-5 三指执笔法

■ 图 2-6 五指执笔法

（二）娱乐桌的玄虚在于心景交触

在古代社会，人们在慢节奏的状态下生活，对身边的用具要求较高，所以特别在意娱品类的比较，以实现自我的生活乐趣。

如棋牌桌，人们为拉近彼此的距离，一般将其做得小巧，而台面较高，一是满足支承功能；二是有不卑不亢地对垒之感（图2-7）；三是在高的桌面下，容易放抽屉一类的收纳之器。图2-8（a）是一件具有明式家具特点的早期棋牌桌，或者说是第一代麻将桌，桌面突出，上束腰与牙板一木联做，宋式的露腿束腰被加厚许多，简化了涤环板，而增添了抽屉，形成典型的棋牌桌形。尽管有些头重脚轻，双层束腰结构略显多余，但确实可见由屉桌蜕化而来的影子。还有一种双陆棋桌[图2-8（b）]，曾是书斋、闺房的专用娱乐桌，可打开桌面在下沉的棋盘上下棋，现今该功能几乎失传了。而琴几、琴桌，被古人设计得尤为古雅。一般传世品多为低矮的琴几，这是因为后人崇拜古人的玄妙。图2-9（a）所示琴桌三板相扣，两侧板开光镂雕，异常精致，美几瑶琴，使人心境愉悦。图2-9（b）宋画中细腿琴案，更是高妙难言，使人飘然欲仙，忘却凡间。这说明国人认为特别的情景、心境可用超常态的家具来烘托，因此晚清有许多诡异的琴桌就不足为怪了。由此可见，从众的行为爱好可以促使家具新品的开发、普及，正如今天中国盛行的电动麻将桌，也是众人所需的结果。

■ 图2-7 罗锅枨矮老棋桌

（a）拱肩有屉马蹄足棋桌

（b）竹节纹双陆棋桌

■ 图2-8 棋牌桌

（a）琴桌

（b）宋画中的细腿琴案

■ 图2-9 板足书卷脚矮琴几

（三）磕头礼仪催生香桌、香案、拜香凳

在晚期的明式家具中，有一类带独屉的小桌（几）常引起行家的争议，国人礼佛之道虽不同于西方，但很多善男信女还是十分虔诚，即使宅小，人们还是要设神案、香桌专位，于是，一类放贡品的专用家具诞生了。现存传世器中，这类承具品类较多，大小不一，甚至对是否将其归为书案或香案发生争执（图2-10、图2-11）。笔者认为，香案桌面大正，或因宅第宽敞，但只配一小屉，仅放香、火、烛，是其与书桌的区别，元永乐宫壁画中就有这样一幅场景图，一件刀子牙直枨案桌，尺度较大，应该是书案、香案通用的家具（图2-12）。与香案一同出现的拜香凳，也许是国人倡导"跪拜"这一行为的专利品，它的发展前景要视国人的风俗演变而定（图2-13）。

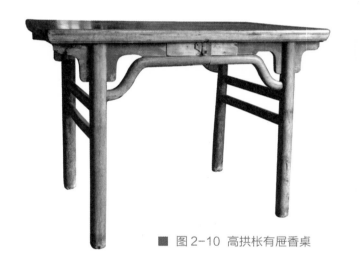

■ 图2-10 高拱枨有屉香桌

■ 图2-12 元永乐宫中壁画

■ 图2-11 束腰马蹄香桌

图2-13 拜香凳

（四）轿箱、轿椅是匠心独运的配器

车、轿是古人必备的代步交通工具，为适应运动状态家具的安置特点，匠人们就从家具外形上寻找固定的方式，一般以"卡住"的行为来实现其目的。如轿箱是"卡"于二轿杆之间，轿椅则是以后腿插入车轿铁管座内来固定 [图 2-14（a）]。这类从使用出发到考虑连接方式的家具，也是基于国人独到的行为准则发明的，如轿箱好比古代的公文包，以双手捧的行为动作来实现其功能。图 2-14（b）这例轿箱是木胎外面贴竹而成，内衬刷红漆，边角都包了铜皮，工艺精湛，非常讲究。而轿椅则是随车、轿而行的轻休息椅了，尽管小巧，椅背上的"搭脑""朝板"一点都不含糊，和四出头大官帽椅完全相同，有模有样，足见古人对交通用具的装饰非常重视。

（a）壶门牙灯挂式轿椅

（b）竹编铜包钢轿箱

■ 图 2-14 轿椅与轿箱

（五）戏靠、琴桌是休闲家具的佳品

尽管国人提倡忠孝节俭，但对娱乐也不放松，孔子提出的六艺"礼、乐、射、御、书、数"之中，把音乐放在第二位，可见他对艺术陶冶情操的重视。所以，古来琴几、琴桌的演绎几千年来从未停息，从春秋战国的"栅式腿桌"到隋唐的板式桌

（图2-15)，再到明代的"内翻马蹄琴桌"，旨在满足琴师两腿能探入桌下，使其肢体运动自如。而戏靠的产生则是由于古时没有剧院，人们爱看村口社戏（一般为村中富足人家赞助演出），因稻麦场或者庭院狭小，人如立锥，所以工匠发明了占地小却有靠腰板的小椅（图2-16)。其中图2-16（a）所示戏靠坐高较高，坐深却浅，靠背低，正好抵腰，特点是靠背为"S"形梳条排列，搭脑作后弯，人体功学考虑到位，是难得的一例。

■ 图2-15 束腰膨牙鼓腿琴桌

（a）梳背式戏靠

（b）开光背戏靠

■ 图2-16 戏靠

（六）上马凳、书房梯是用途的升华

由于生活所需要，人体需要登高到达人体功能难以企及的高度作业，这就要借助一些合理的代用工具达到目的。古时以马代车。上马背的高度所需要的腿力，是一般老人、妇女、少儿难以达到的，宅第门口可设上马石、拴马桩。但到了野外，这一难题就要用机凳、上马凳（图2-17）来解决了。图2-17（a）如一件小平头案，灵芝牙很精美，四腿两侧双枨，特别是正面做双枨在案形结构中是没有的，这里它有了梯的功能，是一个创举。

书房的梯椅，平时当椅子用，需要时将靠背折下，就成了矮梯。在晚清、民国家具中大量出现，使国人书斋藏格得以向高空发展。梯凳的形式可能是国外传教士引入的，这里不加探究，在一个善于包容外来文化的国度，它的功能得以大力推广发扬。所以在中国生活方式中的一个小小的行为需求，就会变成发明的契机。

（a）灵芝牙上马凳

（b）壶门牙书房凳

■ 图2-17 上马凳与书房凳

（七）裹脚凳、洗脚椅，封建陋习与俚俗民风的衍生品

明清家具中有一类小型椅凳，坐高不足 40 厘米，座面较小，往往一侧带有一个小抽屉，附在薄口的牙板上，可放剪刀、纱布，很是玲珑可爱，其实这就是封建社会残害妇女的"活化石"，见证了古代强迫女性裹的"小足"。这种受愚昧的封建习俗影响的野蛮行为，居然造就了这类可爱的小家具，真是不可思议。还有一类与此同功能的洗脚椅，座面矮而靠背特高，颇有现代家具的风范，也是基于行为功能的需求所产生的家具品种。

（八）银柜、闷仓、暗屉体现了君子式的防盗理念

在古代，交通闭塞，民风淳朴，社会治安相对良好，人们的防盗概念是"隐蔽"地藏，而不需要"严实"地护，所以纵观中国古代家具，藏银之器少有用金属做的坚固的保险箱柜，而是巧妙地做暗仓。图 2-18 所示圆角柜的闷仓板一反常规为固定式，前面的固定板在振动暗舌后可打开，里面赫然出现了两个大屉，抽出两屉旁边还有两个小暗屉，可见古代的设计理念是斗智而非防抢。而另一种银柜凳（图 2-19）是各家店铺几乎都有的庋具，既藏钱物，又可作二人凳用，所以求安而设计为坐凳，伙计、小二坐于柜上工作，安保也就相对牢靠了。这不又是国人们朴素的设计理念的写照吗？

纵观以上受华夏独特行为的影响所产生的家具款式，应该看到推崇诗文的国人擅长联想创新，善于针对一种单一的功用，发散出多角度的应对形态，在小小的形态结构中合理调整，添置构件，完善功能，丰富生活的情趣。

■ 图 2-18 暗仓式圆角柜

■ 图 2-19 花叶牙钱柜

三、明式家具重要的文化创意

家具作为一个文化载体，积淀了一个民族、一个国家的政权更迭、宗教变革、文化发展、经济兴衰等重要信息，尤其反映了一个区域特定时代的手工业技术、经济政策、世俗伦理、审美理念，这些都会在家具的造型结构、装饰工艺上留下痕迹。纵观家具发展演变中新款辈出的轨迹，是文化演绎带来了家具的突变，理念转换导致了形式的更新。中国家具的成熟与崛起，也折射了中国人特有的世界观——只求天人合一、顺乎自然、因势利导的生存方式。也就是说，关于中国人的创新动机，社会习俗是非常重要的原因。一件家具的制作有四层意义。

满足使用功能。 获得特定区域的人的行为需求，古代中国的家具造型就比日本、高丽的形式丰富。因为后者对"椅"的生活需求较少，坐姿不同。

具有一定的审美装饰。 以此区分使用者的身份及场合，同时也是创造商品价值的一种手段。

精神上的价值。 即引导人们生活理念的转变、审美时尚的改观，甚至是对行为规范的约束和仿效。我们不能想象宋代、明代的妇女在唐代《执扇侍女图》中的矮靠椅上展现懒慵、娇奢的形象。中国在不同朝代有不同的行为准则，宋代的处世理念已经有了较大的转变。而靠背椅曾是唐代的文化创意，一扫汉、魏、晋跪坐的拘束，把西域妇女闲然自得的生活习俗引到了中原。

科技发展的含义。 从力学、形态学角度出发，充分改变原造型的形式结构，实现一种飞跃。当然在家具发展的历史长河中，各种例子数不胜数，限于篇幅，只能拨冗就简，在家具史料比较充足的明清家具中，寻找一些典型的文化创意实例加以论述。

（一）微型栏杆象征自律的创意

在明式家具的坐具品类中，有一种椅子很令人费解，它存世稀少，造型古拙，并且结构形式与其他椅子相距甚远，这类椅子就是玫瑰椅（图2-20）。玫瑰椅的典型造型特征是靠背框料内做壶门或开窗，中间没有椅板，扶手之下也无联帮棍，座面下为壶门牙板或罗锅枨。靠背、扶手都比较矮，两者的高度相差不大，而且与椅盘垂直。玫瑰椅论其形式是上承宋式的，但是最令人费解的是在扶手之下，大多有一排矮小的栏杆，高度距椅面仅有六七厘米，栏杆细小处还不到小拇指粗。说这些栏杆有结构加固的作用吧，尺寸偏小；说它们是装饰牙条的吧，位置又似乎不对劲，确实给后人留下了一个谜。玫瑰椅在明代家具中，是一例早期的款式，典雅清丽，似有宋朝遗韵，但也比较古板。该椅一般尺寸较小，所以公认为书斋或绣房所用。中国自宋朝以来，程朱理学对朝野的伦理规范影响很大，于是家具款式的使用上有了一定的规范制约。特别是坐具，如宝座、扶手椅、圈背交椅、方形杌凳、圆形绣墩，都有不同的使用对象及环境限制。

1. 微型栏杆的意义

玫瑰椅的"栏杆"起源，笔者认为是仿造建筑构件的结果，是中国人惯用的"象形"手法。那么为什么会在椅子座面上装一排毫无实用功能的"袖珍"栏杆呢？这就是精神层面上的因素了。中国建筑形制的最高境界，是建在白石垒起的高坛之上，登临目送，必要的栏杆保护是不可缺少的，特别是东晋迁都江南以来，因南方地气潮湿，多流行一类"干阑式"建筑，即底层与土地有一定的距离，周围设栏，一如今天所见的日式房子，所以栏杆是生活中常见的保障安全的构件。此外古代公共亭台建筑毕竟不多，登高抒怀是古人追求的一种理想境界，所以才有《登鹳雀楼》《岳阳楼记》等名篇千古流传。因此凭栏登高是古人的一种情结。岳飞在《满江红》中云"怒发冲冠，凭栏处，潇潇雨歇"。辛弃疾则云"把吴钩看了，栏杆拍遍，无人会，登临意"，这里词人写自己手执吴地铸作的宝刀，凭栏长啸，而主和派把持朝政无人应答的窘迫。而白居易在长诗《琵琶行》中借乐女之口长叹"夜间忽梦少年事，梦啼妆泪红栏杆"。从以上例子可以推想，玫瑰椅的栏杆构件，实在是古人对凭栏眺望、凭栏寄怀、凭栏思过的一种情境场所的追念，在椅子座面上设小栏杆是一种精神自律的形式，也是用了中国汉字创作中的"会意"之法，也就是说古代士子以栏为凭隔，提醒自己处事要高瞻远瞩、有界有律。

■ 图 2-20 壶门券口牙矮栏玫瑰椅

2. 栏杆的引申

早期的玫瑰椅扶手都做成半壶门状，是为了放置微型的栏杆，中晚期则在侧扶手圆梗下做了开光式牙板，或栏杆上加了雕花板（图2-21、图2-22）。继而又出现窄倚板，成了南宫帽椅的雏形。更有一类玫瑰椅，进一步发挥了栅栏的形式，把象征性的小栅栏加大了，成了真正的椅栏式样（图2-23、图2-24），这一创举也许导致了明式家具的一类新品种——梳背椅的出现，这也就反映了家具的发展、演化是无时无刻不在发生的，在世俗的应用中，会不断产生新的文化理念，来引导家具造型的改观，有时是功能造就形式、创意，有时也会以文化形式提醒人们开拓新的功能造型。

■ 图2-21 开光背玫瑰椅

■ 图2-22 屏背式矮栏玫瑰椅

■ 图2-23 花背式矮栏玫瑰椅

■ 图2-24 三攒板式栅栏玫瑰椅

（二）万历柜亮格的展示创意

在明式家具中，有一类亮格柜很引人关注。它不仅数量少、品位高，而且其特殊的形式不同于书柜、书架。被人为地赋于一种新的含义，这就是闻名遐迩的万历柜。图2-25 是严格意义上的亮格万历柜，分上下两段，上段为亮格和柜身，下段为矮座几，只有10厘米左右高。而一般亮格柜多无座几。万历柜的形成，公认始于隆庆、万历年间，与国人好收藏古玩的风气有关，当时中国家具上没有玻璃门。所以，在平和典雅的方角柜上开设亮格，以为陈列古玩之用。而亮格之口，古人也喜欢设一个壶门圈口，并且大多传统亮格，在圈开口之下设有栏杆。更有甚者在栏杆中段断开，设栏杆倭柱，如戏台台口一般。分析中国家具的发展、演变因素，万历柜的形象创意有三个方面。

1. 以台为贵

中国的建筑模式，自上古以来，台基是显示尊贵的因素，万历柜陈列古玩家珍，势必郑重其事，拥有一种完美的伦理形态，所以早期的万历柜，多有一个又薄又矮且做工精致的三弯腿坐几，令人肃然起敬，且不说当今的古玩行情，就是在当时，万

■ 图2-25 有托壶门万历柜

053

历柜恐怕也是一类非常昂贵的家具款式。但是，亮格柜的一般用途是陈列小件珍宝，大多体量较小，高多为170～190厘米（连座），宽为78～86厘米，深仅有42～45厘米，相对重量也不大，所以后世亮格柜多无几座，而是一体连座，大概是为了省料、省工，且搬运方便吧（图2-26、图2-27），由此可见，精神上的意义有时还会让位于真正的实用功能需求。

从设计的角度讲，亮格柜省略了万历柜的几座，没有原来三弯腿的繁复形线落在脚端，反而突出了圈口亮格，栏杆精彩的开放部分显得更加简雅利落。

■ 图2-26 无托戏台圈口万历柜

■ 图2-27 大漆镶嵌雕亮格柜

2. 仿戏台，引出"展示设计"的构想

初看万历柜的外貌，品其圈口牙子，就不难联想到中国建筑室内装饰的重要设计——"门罩"，不管柜上牙子是实板还是镂雕，其主旨是为了引起人们的重视，而注视这个半封闭的空间，达到显示亮格之中藏品的珍贵的目的，正所谓"欲盖弥彰""犹抱琵琶半遮面"。一些万历柜在亮格圈口上大做文章，有精致细微地演绎传统的壶门开光线的，有精雕细刻地表达纹饰故事的，也有深雕透雕地来传递光影效果的。但是，不管工匠的装饰手法如何千变万化，总是要把亮格装扮得像舞台一样，我们试想当时的中国，戏曲是人们文化娱乐的第一话题，对比山西或浙南的古老戏台，可以推想当时的戏台在人们心中犹如今天的剧院一样。因此，匠人们设计拥有展示功能的亮格柜时，很容易联想到戏台展示戏文艺术的形式，形成一种独到的且区别于西方玻璃柜的构想。这在中国家具文化的发展上，又很好地运用了"假借"的手法。将一类看似相距甚远的艺术表现方式、一类动态媒体的烘托方式，借用到静态的、塑造精致环境的家具意境中来，充分地表达了黑格尔所崇拜、称赞的"象征主义盛行于东方"的艺术手法，所以看到一个个在西方博物馆中隆重展示的万历柜，我们大可不必痛心疾首，而应该想到：中国古代匠师们的设计理念，在东方哲学的引导下是超然独特的，是我们今天应该追寻的创作蹊径。

3. "露"与"裸"是展示手法的又一飞跃

当明代匠师揣摩柜格的陈列作用时，也在不断分析论证关于亮格"亮"的手法究竟把握到什么"度"才恰到好处呢？ 若对如下两件黑漆亮格柜探究一番，也许可以得到明确的结论。图 2-27 的黑漆插角牙子亮格柜，尺度颇小，既无圈口又无栏杆，硬挤门无闩梢，属于较为简约的亮格柜形制，在它的身上可以看到明代中期之后，明式家具力求减少构件、追求简约的趋向。尤其是亮格柜破天荒地省略了整个圈口牙板及栏杆，仅上方两侧安插角牙，而亮格柜两侧仍配有八个角牙，形成两个完整的海棠花形，这可能是继万历柜之后进一步演化展柜设计的力作，突破了人们假借戏台的形式来限制展示设计，显示了展示设计的关键原则是"露"，充分让实物说话，以真形态打动观众。而另一件（图 2-28）变体黑漆围子亮格柜更为有趣，该柜通体髹黑漆，柜下为云纹壶门牙板，典雅富丽，双门平伏，闷仓宽大，简约的立面与柜顶透雕的围子形成了鲜明的对比，

一繁一简，相互烘托，是一件难得的亮格柜珍品。

也许这一形制有人会理解为方角书柜，但是笔者认为，有两个元素可以判定其为亮格柜的变体：

（1）方角柜以贮物为主。即在柜门之内贮放、陈设物品，无展示功能。

（2）这类柜顶上设围屏板，形成一个优雅的展台，完全超越了方角柜的贮物用途。而线装书都为卧放，无须"竖放"。在西洋书装帧之法传入中国之前，中国人应该没有展示书籍的概念，所以这一例带围屏的亮格柜，只能是万历柜进一步发展的一个新阶段，这样的传世之物虽然少见，但是不失为古代人的一种创新理念的流露，那就是展示功能中"裸"胜于"露"的潜台词。图2-28这件作品，匠师们欣然将柜子的"顶"掀掉了，这样的省略，"省"出了一代新观念，使中国人的展示设计在"展示柜"的概念上又衍生出展示架的概念。这难道不是一种文化创意吗？

■ 图2-28 大漆带围栏方角柜

（三）多宝格构成设计的创意

众所周知，清中期以前是我国家具创作的高峰时期，不仅深化演绎了明式家具，也创造了清式家具的风格流派，特别是装饰纹样上把拐子龙纹推向了高潮。当游牧民族青睐的纹样主导了中原地区的装饰风格后，奇迹产生了，就是在象形为主的中国家具主流中，破天荒地出现了构成元素表达的新款——多宝格。图2-29是一件早期的多宝格式博古架。比起明代初创的亮格柜，它有更为多变的空间凹腔供人们陈列展示，而其神秘诡谲的形态，如冷抽象大师蒙德里安的作品，给人无限的艺术联想。所以多宝格自诞生的那天起，就成为文房书斋中的重器，至于后代将其演变得过于繁缛媚俗，那是商品社会的另一类可悲缩影。要研究多宝格首先要探讨其产生的渊源，从史料分析来看有如下的发展过程：

■ 图2-29 透架式多宝格

1. 清代的文人开拓了视野，有识之士对家具的功能有了新的追求

李笠翁在他的《一家言居室器物部》中就称柜橱"多搁板，不过二层、三层至四层矣"，一格中放小物件，"实其下，虚其上，岂非以上段有用之隙置之无用之地哉，当与每层之两旁，别订两根木条，以备架板之用"，这说明了多宝格是在这种理念的驱使下被逐步发明出来的，也说明了在笠翁写此文之时，还没有多宝格这类大小格串插的家具式样。

2. 回纹的兴衰

早在夏朝文脉的二里头文化中，就出土了带有鲜明回纹特点的彩绘陶器（图2-30）。其纹饰特点与商周的青铜器纹饰有明显的传承关系，并且带有浓厚的游牧文化痕迹。这种以兽之角牙、鬃毛演变而成的纹饰在不同时代、不同地域的游牧文化遗存中多有出现。中原文化当然也不例外。

■ 图2-30 夏代文化的彩绘陶罐

然而，当中原文化进一步向农耕社会、手工业社会发展时，这种崇尚回纹的审美情趣就逐渐淡化了，以致到了宋明时期家具上充满禅意、空灵的符号。但是一旦游牧民族掌控政权后，社会意识形态必然会体现一代新的审美趣味。所以在中国历史上，远古青铜时代的"几何纹"在南北朝、元朝、清朝几度出现复兴，这是农耕文明与游牧文化碰撞后的必然反映。在清代产生的诸多纹饰中，以回纹为特点的拐子龙纹是极具代表性的，具有以下两点鲜明的个性：

（1）将明代盛行的曲线造型的螭龙纹演变成直线转折造型的拐子龙纹，而这种方中有圆的纹饰在家具造型中容易掌控。

（2）将龙纹饰直接转为构件形式而变为更加抽象的造型。

3. 多宝格的产生，有一个反复的过程

首先是从亮格柜着手，清代的工匠们丰富了格子的功能分类，并附加一定装饰，进而以拐子龙盘曲的形式组成了多宝格的鲜明个性形式，即打破柜架的方框概念。图2-31所示书柜造型大气磅礴，如烈马脱缰，左冲右突，挥洒自如，但这类构成形式的作品多有传世品，可以证实其恢复了平和淡定的东方理念，创造出简约新奇的多宝格框架。

图2-32是一件漆柜残器，背面寥寥几笔分割形成了节奏、韵律生动合拍的构成。框格之中还绘制了陈列器皿，与前者比对可以感觉到多宝格是在拐子龙、简练的回纹形家具的简化中逐渐形成的，它的形成在今天看来仍有非常积极的意义：首先，运用构成的形式划分空间，设定界面，具有鲜明的功能分配；其次，不定的模数比例、多变的构图空灵大气，折射出一种神秘的东方美学理念。但是正当多宝格向先进科学的文化创意方向发展时，好细节表现的"乾隆工"，将它引入歧途。图2-33为故

■ 图2-31 多宝格式书柜

■ 图2-32 黑漆描金多宝格

■ 图 2-33 叠加式多宝格

宫乾隆朝著名黑汁描金博古架，沉稳大气的构成造型，却被琐碎点缀的拐子龙抽屉、小拉手插角、卡子花完全破坏了。以后能见到的清晚期的多宝格更是在架格边框上添加繁缛媚俗的透雕刻花，把清初美妙的文化创意糟蹋得惨不忍睹。值得警惕的是，富足的时代对艺术不一定是好事。画蛇添足，常常是商业潜规则强加给艺术品的败笔。

（四）琴桌卷头——面与面的跨界创意

这是中国古典家具中最晚诞生的一类新款家具（图 2-34），俗称琴桌。实际上是一类卷头的小条桌，一般在厅堂、书房、卧室、玄关靠壁而设，分外雅致。从功能上讲，所谓琴桌与古琴并无必然的联系，只是江南区域的人们对其美称的托词罢了。从造型上讲，琴桌有些怪异，因为就古典家具的承具来说，一脉相承的是几、桌、案三类具有承面的家具，而琴桌从尺度讲，比这几类尺寸偏大；从结构形态说又不是桌，两边抹头探出桌腿很多；若说是案，琴桌牙板、牙子完全退化，且台面两端多为向下翻卷，既非平头，更无翘头，放置器物也容易坠落，似乎是一种不着边际的造型。

■ 图 2-34 绞藤纹卷头琴桌

1. 书卷纹是清代唯美时尚的凸现

在雍正、乾隆年间国家富足，边关渐渐太平，朝野享乐之情日益增长。统治者附庸风雅，文人逸士也热衷于居室装饰设计的指导，特别是大力开发一些装饰纹样，如冰裂纹、竹节纹、书卷纹，琴桌装饰就有书卷纹的影子。

2. 琴桌的演化另有契机

一类家具款式的形成，总是有特定的条件，明末清初，是明式家具发展的后期，一种变革的意识逐渐强烈起来。清紫檀攒料牙子条案（图2-35）完全没有牙板的结构和功用，体现了唯美的装饰情趣，完全以一种新的面貌傲立于世。在这种对案桌重新界定、反对形式僵化的新形势下，有一件传世作品值得深究，那就是故宫旧藏的黄花梨夔龙纹书卷案(图2-36)，该器借用明清之际建筑、家具上的书卷纹装饰元素，将翘头案改为卷头案，变案为琴桌形，创造了一种新的审美格调，给人一种心理暗示：原来案头也可以是这样卷起来的。这种日复一日地推陈出新、时复一时地争奇斗艳，怎会没有好的设计出世呢？本节尽管只是从史料来推论琴桌产生的过程，然而设计本是受形态的刺激、联想所产生的新的形态想象，所以琴桌的起源在于对后期明式案的一步步改造。图2-37把牙板演化成一个向下回纹方卷头，完全摒弃了传统家具的"牙"的结构做法，强化了琴桌所推崇的两端头装饰手法，但是它还没有成熟琴桌器形的通长花板装饰，还不能算是真正意义上的琴桌。图2-38孤鹄蟠膝、劈开式腿，才是这场演化的最终结局。

■ 图2-35 攒接柽翘头案

■ 图2-36 卷头直牙案

■ 图2-37 拐子龙下卷琴桌

3. 琴桌的装饰美学价值

琴桌的成功，在于充分发挥了现实审美的主导，摒弃了实用功能与形式的中庸两难，突破了华夏家具遵循理性审美的伦理规范，体现了另类美学的价值。一般来说推翻人们习见的形式、树立光怪陆离的新形象，总是会被视作离经叛道，成功的概率可能极低，但是由于清朝是个特殊的时期，一方面中华两千多年的封建文化底蕴太厚，另一方面主政阶层又带有游牧民族的审美情趣，再加上西方资本主义文化的渗透，所以形式至上的设计风尚在那个时代占了主导地位，也必然出现不合常规的新思维、新理念，而且还能蜕变成很有价值的创意。

琴桌或许就是其中幸运的一例，它从唯美的角度出发，淡化明式案、几的基本形态，舍弃了恬然大气的格调而创造出一种鲜活灵动的形态并获得成功，在世界家具史上也是很少见的。但是看似切断的文化脉络，还是深深印在琴桌的文化装饰与结构中，从图例所示，就能排出一条清晰的演变轨迹。这是为形式而形式的设计理念所创造的一个成功之例。

不同寻常的琴桌的历史魅力是非常深远的。琴桌不仅钟灵毓秀、绮丽多姿、富有书卷气息，其商业价值也向来不菲，更重要的是它在中国家具设计史上是一个永久的闪光点——采用了平面向立面转变交合的新理念，这是家具设计史上难得的突破，是专利性的飞跃，无论后人贬低也好，褒奖也好，都无法抹去其历史的印痕。

综上所述，在家具的创作中有许多非常重要的文化创意，本书写作的目的是为了弘扬艺术设计在民族文化发展中的重要贡献。对于中国古代家具的研究，本书不想玩古董般地做赞美性的研究，而是要寻觅古代匠师设计创新的动机和过程，寻找家具演变的轨迹，这样对今天的设计艺术界才会有更大的现实意义。在当今后工业社会中，信息万变，资源传递的速度超越以往任何时代，信息更迭会带来观念的更迭，观念的更迭会带来理念的衍化，理念的衍化会带来审美时尚的剧变。所以在设计中，只有在理念上有深层次的突破更新，才会造就设计风格的颠覆，像穿越时空隧道来到平行宇宙一般，开创出一片新天地。这正是本书借"明清家具文化创意"的实例来阐明的观点。

■ 图 2-38 劈开镂空腿式琴桌

四、明、清式家具文化差异的焦点

清式家具在华夏艺术风格上的得失，一直是一个争论的焦点。

清王朝作为中国封建社会的一个沉重的句号，上承绚丽多彩的大明文化，下接民族资本的灿烂先河，在华夏文化的发展进程中有许多可圈可点的成就，就如在工艺美术上，旗装、琢玉、制瓷等都达到了中华民族手工艺史的高峰，成为华夏文明的优秀范例。唯独清式家具，社会对其多有微词。这是关系到华夏室内陈设艺术的源流、宗脉，关系到民族千家万户的审美习惯与传承方向，更重要的是关系到现代人们在使用家具上节俭与奢侈的生活风尚。

（一）社会文化的阶段性差异

1644 年入主中原的满族是女真人的后代，就是当年攻破汴京掳走赵佶的金国的一个支脉。1234 年，蒙古人和南宋联合摧毁了金国之后，元朝政府在松花江下游和黑龙江流域设立了斡朵里、胡里改、桃温、脱斡怜、孛苦江五万户府，管辖当地女真人。女真在明朝初期分为建州女真、海西女真、东海女真三大部，后又按地域分为建州、长白、东海、扈伦四大部分，继续过着原始的游牧、渔猎生活。

由此看来，女真人的家具文化主要是应付逐草而居的游牧狩猎生活，小形、拆卸、可折叠是其特点（图 2-39）。清朝统治者在文化传承上尊重博大精深的汉文化，重用汉人匠师，使明式家具在顺、康、雍三朝继续乘势发展，其中康熙前期仍是明式家具的高峰期。康熙后期，明式家具的发展分化成两条支路：一路是更加简洁、单纯的风格，图 2-40 所示明式大小头方角柜，是康熙四十八年的方角柜，每向陌生人介绍，都诧异其简陋，初看都觉得简单平凡疑为民国造；而另一路体腔方整，重视雕刻装饰。高浮雕连簇灵芝纹翘头案（图 2-41），案腿虽遵循明作打洼，但仅限一面（明代做法是四面打洼），这不是为了省工，而是为了简化农耕文化喜欢仿茎叶的腿。其牙头雕花却是深刻 7 mm，超过了一般明式浮雕的深度。写实灵芝在此也图案化了，而连成一串 7 个，并且刻出头尾，成了后来清代螭龙纹的样板。就这样，不同社会阶段的民族理念所造成的审美差异就在家具的纹样及装饰度上被凸显出来，清式的感觉终于呼之欲出。

综观明清两代的文化差异，可以从社会形态、宗教派系、艺术审美、民族习俗等方面来论述，才能一辨其设计艺术的优劣。

■ 图 2-39 康熙巡游搏戏图（清）

■ 图 2-40 明式大小头方角柜

■ 图 2-41 明式灵芝纹刀牙翘头案

（二）农耕文化与游牧文化的关注点差异

过着原始游牧生活的民族，生产方式简单，生产资料匮乏，生产力相对低下，与农耕社会相比道德约束相对少，依靠掳掠积累财富，岁月流转形成了所谓征掠文化，是人类社会发展特定阶段的产物，在狩猎、采集文化向农耕文化转型时期产生。获得财富的方式是通过战争和对其他部落的征服，对其奴化和掳掠，达到长期收租米的结果。古代很多强国在早年的一些社会形态中，把征掠作为主要手段。

古代游牧民族依靠先进的青铜或铁武器，轻而易举地把草原统治起来，对周围其他小国像佃户一样加以管理，有不听从者，就用武力敲打，对附属国进行不定期的军事巡视、征掠。它可以像收租米一样把王族带走，囚禁起来……这样掠夺财富的例子，在世界史上不胜枚举。如古罗马的兴起、古蒙古王国的膨胀完全是征掠的结果。这样拉动"GDP"的方式，比起农耕文化的艰辛，是不是轻松多了呢?

下表是笔者试用游牧民族与农耕民族不同的社会组织理念及个人生活意志的差异，来说明他们的审美观必然存在一定程度的差异。

游牧文化与农耕文化对照表

文化及生活	游牧文化	农耕文化
语言文字	不完备	完备
食物来源	靠地域赐食物	靠农技、风调雨顺种植庄稼
生活状态	迁徙性	稳定性
财富增长方式	征掠性	积累性
生活观念	满足性	开创性
宗法伦理	后代意识弱	后代、宗族意识强
社会结构、规章	松散	严密
生产关系、伦理	模糊	清晰、有条理
知识面	单一	丰富
生存智慧	独立、对抗型	组织、互助型

通过分析比较，可以看出游牧民族有相对独立、个体奋斗型生存习惯，容易形成相对狭隘的、片面的审美时尚，加上生活条件较差，与动物搏斗或部落战争的残酷，他们的平均寿命较短，容易形成今朝有酒今朝醉的财富炫耀欲望，而对于保护资源、造福后代的意识相对薄弱。他们的创作欲望也许很强，但是缺乏历史经验的延续和科学理性的把握，所以，在清式家具上出现了顾了审美、顾不了结构的稳固性，顾了结构、顾不了材料的合理节约。而农耕民族创造的文化，有着深厚的历史观，看重社会的审美共性，易形成全面的、富有历史性的、顾及生产理念的审美观，既有源远流长的文明脉络相传，又有融合外来文化元素的智慧。由此而言，游牧民族与农耕民族的文化差异相当大，这是二者家具风格取向的必然差异。

清代统治者是游牧民族狩猎文化的代表，清军入关后，钟情于商周时期的青铜器艺术之风。商周时代也崇拜动物，属于农牧文化交替融合期的审美流，所以既喜欢动物纹样的狰狞威仪，将动物的角、牙、蹄、毛纵情表现，又喜欢柔细的花草，让生命的枝叶纹缠绵其间。因此，清人改造明式家具的手法，不外乎几种形式：一是在家具上重复立屏式面装饰；二是装饰"重复折线"，或多作拐钩，模仿动物角、牙的形态；三是加多层冰盘沿口。背离了宋、明文脉，造就了强悍、矫情的奴隶主贵族的家具风格。图2-42所呈现的南官帽椅的演变就能清楚地看到这种兽角、牙、毛的元素的演变过程，让人了解图案化的毛、角形态是如何植入清式家具的构件中的。

清式拐子龙椅演变过程解释图

明式南官帽椅
经过文化积淀的
座椅艺术形式

夏代图案
动物的眼、角、牙、毛植入图案

搭脑变驼峰式

商周图案
赋予动物图案象征性
为社会意识服务

搭脑、扶手添加拐子图案

清式拐子龙图案完成
为新政治意识服务

兽角植入图案

狩猎文化

■ 图 2-42 拐子龙椅的演变过程

（三）不同宗教观点导致美学取向的差异

清代相比明代更崇尚宗教，所崇拜的佛教派系属小乘佛教。小乘佛教原盛行于印度，经中国西南地区也传布到东南亚各国。元代的宗教大融合，使藏传佛教——喇嘛教进一步传播普及至东北地区，女真族在原始萨满教的基础上，进一步融汇了喇嘛教义及文化艺术。藏传佛教思辩理论上从大乘佛教，但是戒规上尊小乘佛教，所以佛教学上还是归小乘佛教。

小乘佛教艺术的风格比较讲究序列美，重复、对仗、多层次展

开是其艺术创作的主要骨式构架的特征。就如今天泰国的佛寺、佛殿屋脊的叠加，屋檐的重复出挑，台座的重叠，门窗的眉板迭构（图2-43）。这也和华夏中原长期崇拜的北传佛教禅宗、密宗所流行的建筑艺术风格有比较大的区别。

■ 图2-43 泰式建筑

■ 图2-44 藏式建筑

■ 图2-45 北京汉满风融合的建筑

小乘佛教的艺术手法特征在藏区建筑也多有体现，其楼殿屋顶、门窗加强重复的折线，体现出与华夏建筑完全不同的强烈的宗教风格（图2-44），所以清代初期建造的承德避暑山庄，清王府四合院也充分体现了满族贵族的宗教审美观。这种深层次的审美习俗是左右清式家具构架发展的重要因素（图2-45）。清式家具的板面装饰纹中，多有宗教图案穿缀其间，与明式有所不同，形成了鲜明的宗教倾向，因而降低了实用性的标准，也是一个缺憾。

清朝还追求家具的社会职能完备，强化尊卑风，这是一类政治性的差异。清代统治者对礼制的要求更高。

华夏家具的使用功能分类在宋朝就比较完备了：坐具（椅、凳、墩）、承具（几、案、桌）、卧具（床、榻床、榻）、庋具（柜、架、箱）、其他（屏、架、盒、座）。各有各的形，且用途分明，并且依照儒家学说的君臣父子、忠孝节义的封建社会伦理，在家具尺度、装饰上略加区别，但是，无法满足奴隶主贵族那种神明天下、威加四海的要求，因此到了清式家具体系上，其社会职能的分类相比前朝更为清晰翔尽：宫廷家具、商贾家具、文人家具、田园家具以及宗教家具，每个类别都能清楚地反映各个阶层的社会地位和审美态度。例如架就有屏架、书架、盆架、衣架、花架、箱架、兵器架。仅书架就演化成全亮格架、有门亮格架、多宝格架、搁几架、柜座架等。这类书房用器，上至王府、高级僧房，下至帐房、学堂，可谓异曲同工。但是不同的场所，需要不同的形式来满足伦理尊卑的需求。即便同是宝座，明清二式还是泾渭分明的（图2-46）。

为了体现森严的等级，就不免要在造型上下功夫。于是头的魅力、腰的工夫、脚的分量，浑身解数都用上了。这样，为了突出尊卑而追加工艺堆砌的局面就形成了。例如清式太师椅座（图2-47），极尽繁缛、华茂、霸气之能事，不惜在个别构件上大做文章。

（1）搭脑改为大如意式，实为灵芝变化而来，如强弩置顶，坚韧有力，好不威武，但完全没有宋明搭脑仿官帽轻松而有弹性的韵味。

（2）椅子中段增加束腰，是由明式桌子束腰开窗的装饰件移位而来，使得膨牙蜂腰，故作一种收敛之态。这样的手法在明式椅具上是完全没有的，使人觉得气韵阻隔，上下不顺畅。

（3）硬三弯式鳄鱼足，强硬地再现霸气，一如古代武士的盔甲标配。

此三点在某种意义上，将华夏图案学的骨式发挥得淋漓尽致，极大地宣泄了权贵者的自大之心。所以，从解读中华经典文化的社会学的角度看，清式家具在造型上过分聚集人类社会的初级装饰元素，形式上滥用先朝炫耀富家豪气的符号，手法过于夸张且直白，缺乏中华艺术的耐人寻味，这样的作品怎能入华夏经典之例呢？

■ 图 2-46 明式书卷式环莲纹宝座（左）、清式满屏雕龙纹宝座（右）

■ 图 2-47 明式鱼肚牙壶门玫瑰椅（左）、清式灵芝搭脑太师椅（右）

（四）不同风格带来不同品质的差异

清式家具秉承上层贵族的审美意志，对中国传统家具做了两项错误的设计改革：

一是放弃了明式家具的挓度（垂直构件向中心微微倾斜），将清式家具的立梃、主腿做成了垂直线，再也没有下大上小避免视差的预设挓度，且不说桌类、柜类，甚至案类、椅类都没有挓度，气势全无（图2-48）。

二是改变了明式家具突出构件线形审美的特质，偏面追求青铜器（图2-49）的面观赏法，在家具框架中增加了精雕细刻的重度装饰板，一时明式构件面目全非，凸现了清式家具的奢华、霸气之感（图2-50），这里不是单纯的见仁见智的问题，必须科学地论清是非，才能知道今天该弘扬何种家具风格、传承何类家具的品味。

从民俗学上讲，事物的形成是人们长期的习惯养成的结果，农耕民族几千年来定居于木架房屋中，国人对华夏建筑木构之美情有独钟，这不是简单的喜欢，而是长期对器物的立面倾斜线所体现的律动、节奏、稳定性、舒展度的深刻认同。这种看似可有可无，稍费工本的挓度，对于国人来说是不可或缺的一味主料，弃之则风味尽失。

（a）明式灵芝牙四面打洼腿顶牙枨平头案

（b）清式竹黄拐子龙牙剑足画案

■ 图2-48 明清家具设计比较（一）

（a）明式栅板式罗锅枨矮老南官帽椅

（b）清式三屏式插角书卷背椅

■ 图 2-49 明清家具设计比较（二）

从工艺学上讲，明式家具的构架节点是展现技术美的重要亮点，清式家具被雕花板（图2-51）替代了构架后的立面，虽是清作格局，但遵循明代七屏式结构和线形美，仍有明代遗韵。但是少了生动感，更显呆滞厚拙。用三千年前青铜文化的面观赏法，代替发展了三千年的木架榫卯结构的序列美，从民族制造技术的发展意义上来说，无疑是一种倒置。

从文化学上讲，中国的书法艺术从春秋战国时代以来历经数千年的绵延发展，线的审美意识已深入民族国粹，对建筑、家具的线形追求是其他民族难以体会与模仿的，清人买椟还珠，把榫卯学了，却把仿建筑的构架艺术丢得一干二净，完全颠覆了当时华夏的审美观念，这无疑又是一种倒退。

从艺术学上讲，清代武士们为了体现入主中原的豪迈、一统天下的威风，就不免要在家具形式上下功夫，然而形式美的法则被滥用之后，所呈现的必然是毫无条理的形态堆砌。华夏造型艺术的审美讲究虚实相生、密不透风、疏可走马，处处有烘托主题的想象空间。而清式家具错误运用金属浇铸工艺法，密实繁缛，让人透不过气，毫无审美遐想。

从中华图案学的角度上看，清式家具在造型上过分聚集元素符号，形式美的处理手法过于夸张，结构上生硬粗壮而悖理。

由于主导文化突变，世界上多有这一类怪异的装饰风呈现。传承古代艺术流派，应该分辨其是否违背了中华民族勤俭内敛的品德，是否违背了中庸坦荡的审美标准，对于传统家具的传承我辈尤其要慎重。

■ 图 2-50 清式七屏式灵芝头太师椅

■ 图 2-51 明式后期七屏书卷式扶手椅

（五）文化的扭曲需要正本清源

今天我们从科学发展观着眼，站在现代人文主义的角度看待明清家具的文化品质，稍微对比一下，就能看出不是后来居上，而是后来居下。

从外观上，看似儒雅秀气与豪华壮硕的对比，其实是资本主义萌芽文化与奴隶主贵族文化的差异，是人文精神与贵族政治的对抗。人文主义提倡人之间的自由、平等，减弱人的尊卑和等级感，今天即使与首脑同处一室谈话，座椅款式也应该一样（法庭除外）。而清式家具刻意用奢华显示统治者心中的威严，附加许多累赘的装饰，这在现代文明社会中是绝不可取的。在工业革命后，西方设计师大量仿制明式家具，就说明了这一点。

在设计上，反映出重文化气度与赏工艺繁复的设计风格的对抗，这两种截然不同的设计理念，是低调的高贵与浅薄的炫耀所体现出的不同审美情趣，是明清家具品质的分水岭。乾隆皇帝热心于艺术，在他的直接参与下，全民崇尚工艺，讲究尺度大、雕琢繁、装饰层面多，甚至内层转心雕……把中华艺术重气韵、求整体的审美原则给破坏了，造成今天良莠不辨的世俗审美风尚，并且还很有市场。在贫困中走过来的没有艺术欣赏经验的人们，特别容易被那种表面的奢华所征服。清中期出现的穷极用工、求细的风尚，是中华艺术发展史的一场让人"陶醉"其中的灾难。

在风格上，显示了中华艺术清新恬淡风与唯美奢侈风的对抗。明代文人运用儒、道、释三家的经典理论，提出生活艺术要尚简、尚雅、尚精、尚淡，归根结底是尚俭。因为农耕民族的财富在于积累，所以习惯尚俭为乐；游牧民族的财富大多在于征掠汇聚，所以尚奢。明作家具，木尽其用，如同画画提倡惜墨如金，构件用料能细绝不粗。而清式家具挥"贵木"如土，昂料滥用，靡费之极，开实木浪费之先河，这就是明式家具的内敛与清式家具的张扬之风的根本区别（图2-48）。

明清家具体现了文人精神与世俗趣味的对立，晚明文人重道、重理、重艺术，清朝世俗崇贵、崇怪、崇堆砌。在艺术道德水准较高的社会中，人们比较的是才学、贡献，是一种不影响他人意志的自娱情境，绝不是红木家具有多少条腿，豪器重得要多少人搬，雕刻花费多少千工。明朝经200多年的磨砺，人文意识已经逐步深入民众之心，生活追求也比较有情趣，比景致、比情境、比过程享受。如喝茶，不是比茶贵、比器豪，而是和谁喝、怎样喝。所以明人眼中的家具，如生活的"琴弦"，有书法笔意，有道学构架，有木之生命不息的灿烂，是一种全社会享受生活的审美情趣的表现。

正因为这样，一块小小的刀子牙板、两条反向的弧线设计，才能使得同朝官民都能欣赏其美，奉为经典时尚，经历了五百多年之后，还能感动世界上大多数设计师和懂设计艺术的人。所以明清家具文化的仿效价值，孰重孰轻，不辩自明。

五、民族风格可以改变，品格追求始终如一

形式美的法则很多，有夸张、修饰、添加、对称、节奏均衡、序列反复等，但是艺术美的真谛只有一个——对比与统一的适度。所以，艺术的审美是应该有其共性的。笔者觉得在中国的格言中，最不中听的是"清官难断家务事""仁者见仁，智者见智"，这是儒学的糟粕。而明清家具的文化差异，怎能以"仁""智"来了却呢？我们不能以"百花齐放，百家争鸣"回避对事物高下的评判，更不能放弃对个体的人或者对某种艺术形式的学术评判。试想如果没有欧阳修从零落卷堆中挑出苏东坡的考卷，也许就没有宋词的辉煌，同样地，若是没有皮亚诺从落选废标中拣出伍重的设计效果图，今天我们也看不到悉尼歌剧院了。所以，就复兴华夏艺术风格而言，应该倡导扬明抑清振家具。

当今社会要尊重艺术创造，审美需要符合历史文脉，家具应该是一种三维的视觉效果和四维的享受过程，是为人服务而诞生的生活艺术品，同时需要坚信可持续发展、珍惜资源，这是历史赋予我们的华夏人文精神品格：理性、俭朴、雍容大度。今天复兴中华家具文化的重点应该是：

简约。符合今天国人心中自强而不能自大的理念及现代生活节奏。

柔婉。符合自然赋予的人体工程学，能应对人体支点、消除疲劳，能供现代人赏心享用。

生态。明式家具用料精到节省，是农耕文明留下的美德，我们应效法明代工匠，惜木如金、点木成金。

线型构架。有利于现代工业机械大生产，开创 3D 打印的新领域，保持汉字审美理念的延续。

在今天，没有一类古典家具风格像明式家具那样，能轻易融入国际大生产，可以在不失艺术品质的高标下，提高现代企业的生产力，消费者根本不必拘泥于全手工或半机械化生产，只要选料、开料、烘干、切割、细刨、打磨、开榫等能达到传统工艺精度，就可再创明式家具。

卷

三

理念篇

一、概说理念

（一）研究设计理念的意义

明式文人家具的设计理念，是一个值得关注的课题，任何艺术的创作理念都是艺术创意发生的原动力。在明式家具的研究方面，是以形态美、材料美、结构美来展开的。回顾先贤们对明式家具探索的历史，从20世纪初的古斯塔夫·艾克（德）、杨耀，到20世纪80年代的王世襄、陈增弼等专家，他们建立了科学地研究明式家具的新学科，让我们拨开迷雾，看到了古代匠师们为我们留下的意境高远的历史瑰宝。明代文人家具凸显的封建社会末期的人文精神设计理念，是复兴华夏审美的钥匙，弄清其奥妙，将对中式家具设计与教学大有裨益。

明式家具在社会广用的年代里，自然地服务于社会，形成鲜明的家具消费伦理，形成了以家具使用者的消费立场和审美情趣为依托的设计理念，使得明式文人家具的精神理念得以掌控全局，成为明式家具风格的主导。所以，要想引导当今消费者们赏析明式家具，首先要倡导设计师们解读明式家具的设计理念。为了向下一代传承明式家具文化精神，将传授品"鱼"的技巧提升到打"渔"的技能。

（二）理念的属性与客观存在

就哲学而言，理念是"看法、思想、思维活动的结果"，上升到理性高度的思维观念才能叫"理念"。在具体的工作、生活中一般先有意念，然后将正确的意念上升为观念，观念再经过实践、经验的检验就会产生第二次飞跃，那才能成为理念。理念是可以构成创作动机、审美判断标准的思维，设计理念的差异可形成造型语言的不同。例如：明式双勾如意马蹄腿条桌（图3-1）与清式拐子龙变体腿条桌（图3-2），同为东方家具，但二者之间有着不同时代的文化烙印，前者是追求朴实平和的耕读生活理想，后者是祈求神秘上苍恩赐狩猎丰物的奢望，让人们清楚地看到其理念的影响是切实存在的一种精神原动力。

■ 图3-1 明双勾如意马蹄腿条桌

■ 图3-2 清拐子龙变体腿条桌

即便是同时代的设计大师，由于个人专业理念不同，也会如此。例如：同样在美国长大的，有着东方血统的建筑设计大师贝聿铭和雅马萨奇（日裔），他们对现代设计语言的认识与运用有着不同的理念，这就形成了二人作品精神风貌的迥然不同。贝聿铭的作品中国银行香港大厦（图3-3）、伊斯兰艺术博物馆（图3-4），在所体现的现代主义的风格特征中，隐含着东方返璞归真的文化内涵。而雅马萨奇的纽约世贸中心双子楼（图3-5）、西雅图世博会廊架（图3-6）、威尔逊公共学院（图3-7）则更多地彰显了西方哥特式建筑的骨骼元素。前者追求老庄哲学返璞归真的平凡世界，后者追求形线向上的尖拱，以隐喻上帝的神圣构架，由此可见，不管是时代造就的理念，还是个人精神（民族、宗教）造就的理念都是需要区别研究的，这是传承文化精髓的唯一途径。

■ 图3-7 雅马萨奇 威尔逊公共学院

图3-3	图3-4
图3-5	图3-6

■ 图3-3 贝聿铭 中国银行香港大厦

■ 图3-4 贝聿铭 伊斯兰艺术博物馆

■ 图3-5 雅马萨奇 纽约世贸中心双子楼

■ 图3-6 雅马萨奇 西雅图世博会廊架

二、家具设计理念的内涵

理念是人类思维的复合体，包含了概念、观念的刚性思维以及精神、伦理的柔性思维。以明式家具的设计为例，从社会的概念及观念出发，以精神与伦理两大要素为准绳，进行深刻的分析得出生成家具理念的各要素整合图（图3-8）。图中伦理和概念带有较多的人类社会共性色彩，而精神与观念则带有较多的民族、宗教及个性色彩。21世纪初，具有艺术权威性的"威尼斯双年展"曾有一句口号叫作"少讲些美学，多讲些伦理"，把设计"理念的核心"——伦理提高到非常重要的高度，说明当下国际设计界对东方艺术所强调的伦理有了新的视角。也就是说，设计理念要更多地考虑社会效果，而不是局限于使用效果，也许这就是明代人与众不同的理念基因。

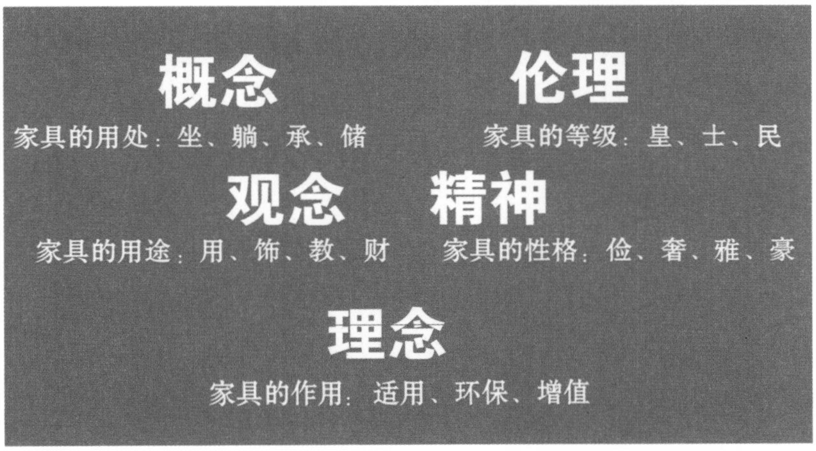

概念
家具的用处：坐、躺、承、储

伦理
家具的等级：皇、士、民

观念
家具的用途：用、饰、教、财

精神
家具的性格：俭、奢、雅、豪

理念
家具的作用：适用、环保、增值

■ 图3-8 家具理念生成图

概念与观念主要解决家具的用途，伦理和精神能解决家具的使用等级（或者不同业态）以及个性审美。这四大因素既有递进关系又有并存作用，它们所形成的理念才是决定社会发展的综合思维。家具在展览厅是作品，在工厂是产品，在商场是商品，在用户家里是用品。要经受各种环节的检验，就需要有相对社会共识的理念支撑，所以暂时略去人们认识较多的概念与观念，来探讨一下伦理和精神对于家具设计的重要作用。

（一）理念第一要素——伦理

伦理学是一门讨论道德责任、义务与权利的学科，指的是人与社会相互关联时，应遵循的道理和准则。设计伦理如满足、适用、可持续发展等是当下设计体现的公认条款，所以设计工作是应该遵循行业伦理的制约的。

20世纪60年代创立的"价值工程"，其宗旨是："开发有必要的功能"，也是设计伦理之一。例如价值工程师们为汽车方向盘增设一个拨片器，就应当讨论它带来的功用是否有价值，要耗费多少社会资源，给消费者增加多少花费。所以，有了可遵循的社会性设计伦理，才有今天家具工业中"办公家具、民用家具、商用家具、休闲家具、交通家具"的社会职能分类。而手工业时代的明式家具，也是在使用功能基础上，按照古典家具的社会伦理功能，区分为"居室家具、庭院家具、书斋家具、交通家具、习俗家具"等门类（图3-9至图3-13）。其中居室家具主要在居住空间使用，一般偏重实用、经济性；庭院家具主要在酒家、庭院、休闲及娱乐空间使用，一般偏重富丽堂皇；书斋家具主要在办公、学习空间使用，一般偏重精神气质；习俗家具主要用于社会个性生活（如禅椅、健身椅、洗脚椅），一般偏重形态张扬；交通家具主要是大户人家的车、轿、船及郊游行军使用，一般偏重简捷。各类家具代表了社会消费的各种层面，是这一层设计伦理和审美精神的体现，引导了传统家具的文脉。

■ 图3-9 居室家具：四出头官帽椅

■ 图3-10 庭院家具：有枕折叠躺椅

■ 图3-11 书斋家具：折叠圈椅　　　　　（a）直背交椅　　　　　　　（b）车轿椅

■ 图3-12 交通家具

（a）书卷搭脑禅椅　　　　　（b）书卷搭脑健身椅　　　　　（c）灯挂洗脚椅

■ 图3-13 习俗家具

设计伦理的载体主要是习惯审美观和心理暗示。

1. 习惯审美观

明式椅在人们心中的形态是靠背与座面下四腿直接贯通，一气呵成。而清代设计的扶手椅在座面下增加了束腰及抛牙板两个构件，明显多余，并且隔断了椅子从上到下的气脉（图3-14）。

这就扭曲了明人的设计伦理。举一个美术方面的例子，将素描教学中"宁方毋圆，宁拙毋巧，宁脏毋洁"的伦理，去替换中国工笔画的伦理，也就可视为一种伦理扭曲了。

（a）清作有束腰梳背扶手椅

（b）明式梳背扶手椅

■ 图3-14 明清梳背扶手椅对比

2. 心理暗示

轿车尾部的排气管在人们心目中应该是隐秘的部位，以前的老款都是这样，但是由于排气管的形态体现了轿车的功能、档次，所以一些新款车对排气管口进行了重点装饰。然而有些车屁股下用大块刺眼的银色挡板，喧宾夺主，将"隐私部位"过分地

突出，很不合时宜地违背了设计伦理（图3-15），这就是心理暗示的作用。

（a）排气隐形设计

（b）排气张扬设计

■ 图3-15 心理暗示示例

（二）理念第二要素——精神

精神在哲学上的定义，是指过去事和物的记录以及这一类记录的重演。人类精神是宇宙精神的一种，是记忆于人体中或记录于人造物中的过去事物。简单地说，师父给徒弟讲述的技术要领，徒弟去给其他人讲述的过程就是一种精神。所以，前辈们对明式家具研究的记录都是今天我们可以仿效的精神。

举一个美术方面的例子，如果追求"能品、神品、逸品"的品评标准，可以将其视作绘画的"社会职能"伦理，使绘画能以不同层面的品质，面对不同层次的观众群体。那么"绘画要在似与不似之间"，可以看作一种绘画的精神，要出乎自然而高于自然。然而绘画的理念在何处呢？南齐高帝时，画家谢赫提出了中国画"六法"之论，即"气韵生动，骨法用笔，应物象形，随类赋彩，经营位置，传移摹写"。这是中国画的创作理念，也是研究家具理念的良好范本。

"六法"对于绘画来说，是全面衡量的要求，掌握六法便于理解古人品评绘画的着眼点，从而客观地看待祖国的美术遗产。"六法"可以说是中国画的创作理念，也可以看作评画理念，从气势韵味、笔墨生动，到造型正确、设色标准，再到构图章法的重要性，这就是中国画千年以来的绘画理念。唯有最后一句"传移摹写"笔者对其颇感困惑，结合家具研究琢磨，恍然大悟，这就是谢赫要求一幅画中要有师承前辈文化的内容，否则就如无源之水、无本之木。当然这样苛求，现代非理性艺术创作者也许会有异议。其实今天不管你怎样艺术创新，也总是会借助前辈的文化，只不过多借助哲学和其他科学的能量，表面上似乎呈现出前无古人之态而已。当下家具的创新也是这样，没有师承，就谈不上"中式"；扭曲了"师承"，那肯定是蹩脚"中式"而贻笑大方。

（三）明代设计理念中的精神体现

可以从以下四个方面来看明式设计理念中文人精神的高妙体现。

1. 克己做人的立身精神

关于中华文人的立身精神有哪些表述呢？孔子说："士志于道，而耻恶衣恶食者，未足与议也。"提出了文人不应该太看重吃喝玩乐等感官享受，体现了一个"俭"字。陶渊明说："毋为五斗米折腰。"提倡文人自爱、自尊，体现了一个"傲"字。范仲淹更是在《岳阳楼记》中豪迈地说："居庙堂之高，则忧其民；处江湖之远，则忧其君。"表达了优秀的文人应该一心为公的高尚情怀。而明代文人的杰出代表王阳明则高瞻远瞩地站在人本主义的角度上说道："问道德者不计功名，问功名者不计利禄。"这是从人性向善的本质出发，客观地倡导文人正确对待功名利禄，舍小我，成大义，有得有失做君子。

明代的文人精神，运用陆王心学将合理性建立在人的自然感情上，以由内向外的道德价值一元论，把个人良知推至家庭伦理、社会规范，这是宣教社会正能量的一个新台阶。文人艺术思潮在王阳明的"行知结合"的"心学"感召下，大体形成了尚简、尚清、尚淡、尚精的艺术风貌，上应反璞归真、回归自然的老庄哲学，中对齐家、治国的入世精神，下合耕读万年、独善其身的处世之态。追求古代文人高尚的人生观：立身、立功、立言、立德。所以，明代在家具及陈设上，理所当然倡导仪态雄健、气度内敛、形制简朴、工艺精湛的造型风貌。

从元代开始，士子曾经作为一个社会的"亚文化"群，远遁山林，游离于主流文化之外，到了明代，不仕的闲适文人怀才不遇，寄情于艺苑书斋，对天地万物的纯形式美进行了不懈的探索，于是有了《长物志》《尊生八笺》《园冶》等设计专论，为文人家具的设计提供了卓越的理论基础。读书人扩充到各行各业，改变了知识分子不与下层为伍的理念，对社会各界文化的提升起到了一定的推动作用。

2. 敬畏自然的内涵精神

国人注重天人合一，老子《道德经》中曰：
"道学明物理，阴阳。故有无相生，难易相
成，长短相形，高下相倾，音声相和，前后
相随。"这是对事物一切应力相互顾盼的精
辟概括。区区一件家具，却可以包含古人观
察生活、自然、生产、消费的深刻总结。因
此，明式家具特别强调序列、数律、规律的
科学精神的体现。大多明式家具结构都是从
人体的序律出发，如一张桌子的面、肩、腰、
腿、足是按人的自然生态生成的（图 3-16 ）。
明代的五抹门以人形按照眉板、胸板、腰板、
裙板来分割装饰部位的主次与体块。还有灯
挂椅的搭脑似美人肩，靠板、椅腿却微微叉
开，如站立的人微叉双腿而挺立，代表人的
尊严与矜持。水平线的椅面让人感受到宁静、
放松，靠背的"C"形或"S"形则体现了温柔、
愉悦的情感联想。

建筑构造的序律、植物结构的序律在文人家
具中也体现得非常到位：顶、梁、枋、柱、
础是许多家具的结构模式，花、蒂、叶、茎、
根也是许多家具的装饰程序，充分表达了"天
人合一"的内涵精神。在这里明人朴素的设
计理念暗合了佐治·伯里曼物随人形的艺术
眼光（图 3-17 ）。这位 20 世纪画家把艺用
人体的体块分析与文艺复兴的意大利建筑构
件加以比较，充分展示了文艺复兴艺术的人
文性、自然性和科学性的内在联系，而这种
理念恰恰是明代文人、匠师自觉或不自觉达
成的共识。

头
颈
肩
身
腿
足

■ 图 3-16 高束腰马蹄腿棋桌拆卸图

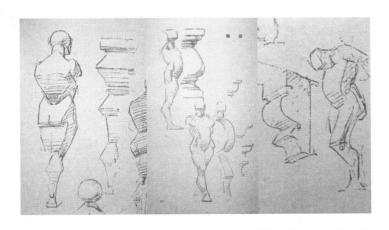

■ 图 3-17 佐治·伯里曼的人体与建筑的比较

3. 净化空间的本质精神

在明代，农耕文化再一次受到推崇，手工业社会的生活情趣也随着经济的繁荣而高涨，艺术设计尽显高人，张成治漆、陆子冈治玉、张鸣歧治铜、濮仲谦治竹、供春治陶……这种百花争艳的艺术氛围，烘托了质朴纯正、简洁雅丽的硬木家具，也提升了明式文人家具的陈设地位。从嘉靖开始，大漆家具的荣耀就逐渐让位于清水素漆的硬木家具了，加之在实木上雕镂装饰工艺便捷，容易丰富展开，平面化的漆器装饰只有拱手相让，新一代实木家具成为市场新宠。

华夏形式美感素来就提倡素雅、简洁的独创性思维，所以，明代家具追随净化空间的本质精神是顺理成章的。此外无业文人的逆反心理，也是促成明式家具简约的重要因素。因为相对贫穷，索性大力提倡废黜雕刻，崇尚线形美、书道美的家具风格。文震亨在《长物志》中说道："云林清秘，高梧古石中，仅一几一榻，令人想见其风致，真令人神骨俱冷。故韵士所居，入门便有一种高雅绝。"可见当时文人的审美取向近乎现代简约派，其是人本主义的信奉者。人本主义即以极少主义的理念，通过对抽象形态的不断简化，直至剩下基本的元素来进行的艺术探索。这与明式家具成熟期的简约风格是何其相似，也凸显了明式家具设计理念的重要特质（图3-18）。明式家具还借助中国书法的独特魅力，将神人共赏的文字表意功能附加在家具上，使品质生活的多样性、极致性得以反弹，朝着竞相言简意赅的方向发展，这是一个正能量的竞争模式。我们从后期明式家具上，尤其可以看到这种惯性的延续（图3-19）。

■ 图3-18 明式四出头官帽椅

■ 图3-19 弓背牙裹腿顶牙枨条桌

4. 回归自然的功能精神

仿生与节俭情结是明式文人家具的又一精神特征，好比陶渊明写的"采菊东篱下，悠然见南山"。回归自然体现了中国文人节俭、洁身自好的精神，由此在家具设计上产生了功能第一、环保至上的朴素理念，就像汉代以玉蝉象征不食人间烟火一样，仿藤、竹也体现了明人崇拜植物拥有生生不息繁衍力的理想境界。所以，可以看到很多以木仿藤的家具型款，特别是成熟期后阶段的明式家具，黄花梨仿竹器更是比比皆是，这是由于晚明硬木加工技艺日益成熟，更能驾轻就熟地将韧性好的硬木打理成植物丝蔓环扣、芽节苞突的各种造型，而仿生理念也因此得到完善。

从洪武初创期的抽茎、吐芽的顶牙罗锅枨酒案（图3-20）到宣德发展期的卷叶、抱果的三弯腿托泥足圆香几，可以体会到农耕意识在明代匠师的设计理念中占了很大的比重。还有一类仿天象地理的纹样，如乱云纹、四簇云纹都是明人的最爱，更有冰地落花所引发的奇思妙想——冰梅纹，也是以西方观念难以生成的图案纹样，因为这是农耕文化崇尚气象学的产物（图3-21）。

除此之外，明代还是一个市井文化盛行的时代，提倡和气宽容，追求华美、精致的生活品味，也促使商业、技工领域认真探索，敬业向上，恪守专业的伦理底线，并开创了谦和好礼、简洁端庄的家具理念。

■ 图3-20 明早期顶牙罗锅枨酒案　　　　　　　　■ 图3-21 冰梅纹脚踏

三、明式文人家具的设计理念

明式家具的设计伦理是儒、道、释三家兼而有之，作为一种历史文化现象，其构成的设计理念体现了科学、民主及以人为本的精神，具体包含四个方面内容：即遵循建构、强化结构、应对功能、淡化装饰。

（一）遵循建构

仿建筑构架是明式家具设计理念的一大亮点。古代欧洲的建筑，由于多用石材的缘故，几乎都是通过纵向拔高来获得天际线的丰富多变。而中国的建筑，如7000年前的浙江河姆渡文化，就有了复杂丰富的榫卯结构房屋，由于崇尚木架结构，所以大江南北的房屋多有悬挑的创意，有延展、腾飞之感，这种结构久而久之便成了国人的骄傲。

（a）一腿三牙罗锅枨小方桌

1. 悬挑

以一腿三牙桌为例［图3-22（a）］，四柱挺立，桌面像屋顶一样喷出，四个站牙加强了桌面悬挑之后的支撑感和韵味，从形式上坚持了案形家具平伸的悬挑仿建筑构架，营造出古朴典雅的艺术效果。

2. 抬梁

抬梁式的结构在家具中也是历代沿用，八螭抬梁马蹄方桌［图3-22（b）］是难得的一例，它的斗拱并不是力学上要求的连接件，而纯粹是文化形式上的追求罢了，表明了文化传承的因循关系。

（b）有束腰斗拱式半桌（八螭抬梁式

3."垫圈"类构件

明式六柱床［图3-22（c）］的床柱和床的大边连接处多有仿覆盆式柱础的小构件。这一类可有可无的"垫圈"类构件，是一种寻求心理安慰的"伦理"在指导。

（c）架子床覆盆式柱

4. 仿装饰部位

壶门形式是明式家具的重要装饰，大到床架围子、案桌中心牙板圈条，小到椅子朝板的"亮脚"，其实都是有缘故的，[图3-22（d）]是山西丁村万历年大屋，檐枋下的花折线就是许多明式桌、案、几的模仿对象。

（d）山西丁村明代正屋额枋

■ 图3-22 仿古结构举例

（二）强化结构

1. 重力意识

明式家具设计的结构意识源于农耕社会的长期生活实践，固定的生产环境需要稳固的建筑，所以对重力意识就特别敏感，像霸王枨这种运用三角形支撑原理的构件，出现在明代就不足为怪了。

中国民谚说"立木顶千斤""强柱弱梁"，这类行话说明了木架的特点，在徽州黟县，笔者就见到过橄榄梁，中间粗两头细，既减轻了屋架重量，又加强了抗弯曲能力。如一件顶牙罗锅枨平头案，桌面下有牙板、罗锅枨双层托架，强度就可想而知。而清代的桌案下只是攒接料枨，无支撑力可言（图3-23）。

（a）明顶牙罗锅枨平头案

2. 注重榫卯

明式家具设计的榫卯品类繁多，结构精湛，是举世公认的，有双榫、单榫、夹榫、勾挂垫榫……榫卯是华夏木结构家具的骄傲，这种结构也成全了国人的一种普遍心理，即木工艺清一色为贵，不用钉、不用胶，成为了硬木家具的经典标志。

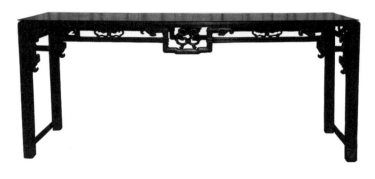

（b）清攒接变体枨条桌

■ 图3-23 重力意识示例

3. 结构创意

由于明代匠师有高超的木构技能，所以明式家具设计就有玩味木构架的资本和形式。

明式圆包圆方凳的圆包圆罗锅枨（图3-24），是一种夹榫半露、仿竹器的裹脚做法，为世界古典家具行业内少有的创举，达到了功能与形式的完美统一。圆包圆罗锅枨也可以直接用作牙条，对桌面、椅面进行支撑，提高强度。一物二用，使构架在变化中仍然保持简约的特性。

明三弯腿六足香几（图3-25），有复杂的束腰构架。而我们回眸西洋家具，一般都是喷面结构落在牙板上，用螺丝加以固定，做束腰的极少。而中式家具自宋代以后，高规格的桌子几乎都要做"束腰"，有高束腰、一木连做束腰、裸腿开光束腰等。尤其是裸腿开光束腰，在仿西亚佛像的石雕须弥座的基础上，中国匠师仅用木构完美地搭起一个镂空的构架，必须用束腰、托腮、露腿、矮老、涤环板开窗等一系列构件，才能搭建起一个值得木工界骄傲的结构，其四腿榫卯穿插争让的精细与复杂，令现代人叹为观止。

垛边罗锅枨矮老方桌（图3-26）的垛边做法，即在并不太厚的桌面边沿下，加一根复条，曰"垛边"，既增加了桌面的强度，又造就了一种"厚讷"的敦实感。

还有一类将牙板平放过来，桌子大边作劈开纹，形成三条半圆线平行的一种新型的桌边，配上角牙横线所构成的线形美很有特色。

■ 图 3-24 明式圆包圆方凳

■ 图 3-25 明三弯腿六足香几

■ 图 3-26 垛边罗锅枨矮老方桌

（三）应对功能

明代文人匠师对于家具的实用功能要求，完全是追随文化传统的，而且在适用和形式的统一方面，与今天倡导的有机功能主义不分伯仲，成为值得现代设计借鉴的卓越范本。从各项功能上都可以看出明式家具有许多现代家具都难以达到的优秀品质。

1. 人体功能

在应对人体功能上，有枕脑、靠背、垫腰、支肘、扶臂、坐腙、搁脚等构件，可以说面面俱到。图 3-27 是高靠背南官帽椅，弧形带凹腔的搭脑应对枕骨，"S"形的倚板应对 12 节胸椎和 5 节腰椎，软屉藤面应对臀部髋骨，弯曲的扶手应对小臂肘部和腕部……由此可见，作为封建社会科学欠发达的时期，明代匠师能够凭借朴实而敏锐的直觉，把椅子的功能尺度调理到这样精准，真是一个了不起的壮举，为全世界家具行业做出了榜样。

2. 礼仪功能

明式家具在适配社会角色时，除了大小、俭奢的形制外，在构件的形态上也有细致的伦理区别。椅子一类坐具中，官帽搭脑为高级别，圈椅、南官帽椅次之，构件的出头、翘头家具一般高于不出头的家具，腿下有托泥的家具一般也高于没有托泥的家具，这些形制再配合装饰的繁简、纹样的品类，就能把各种伦理场合一一区分了。

3. 陈设功能

陈设功能也是社会礼仪职能的主要表现，举厅堂为例，明代厅堂主位后设屏风，前面设立三椅，正中间一把品位较高，并铺锦垫，左右两边次之。图 3-27 也有背靠天然几——大长案的格局，应是遵循儒学纲常来定的。明代少方形的家具，今天的二椅一几的待茶陈设，在明代，其中的"几"往往是以小平头案来替代的。也许长方形的家具更适合明代家具陈设常用的"丁"字形布局。

■ 图 3-27 明刻本 厅堂陈设画

4. 展示功能

中国的古家具，起初对收纳功能是忽略的，所以汉、魏晋、唐也许只有箱子，到宋代才有仿谷仓一样的柜子，至于抽屉到了元代才有。但明代生活品质提高，使家具的收纳功能迅速提升。从闷户柜到带闷仓的圆角柜、方角柜，封闭型的柜子一下就定了格，至于后来一闷到底，无梃的硬挤门柜出现，估计柜中配有抽屉的居多了。

值得探讨的是"裸"胜于"露"，由万历柜到架格引发的"展示功能"热潮。据考证，明万历年间，生活富足，中国出现了又一波收藏热，甚至高于宋代的一波古玩热。痴迷的藏家要将心爱的古董与亲友分享，又要有一定的保护措施，

在没有玻璃的年代，就只有在柜上打上花格，来展示珍宝了。最初的式样是把柜格放在像炕几一样的托架上（图3-28），后来又发明了四腿连做，并且亮格带有戏台造型的展示柜，这种以"戏台"来烘托珍宝的理念，是崇尚象征性的东方才有的创意。自此，一种新的功能"露"被开发了出来，再后来，多有架式的展柜，完全没有了旁板和后板的遮挡，藏品"裸"展，形成了新的展示理念，这是明式家具对世界视觉传达设计的一大贡献。

■ 图3-28 明式有托子万历柜

5. 活动功能

包含拆卸和折叠两大功能。这种多功能的设计汉代就有了，由于它包含着丰富的功能创意的可能性，所以历朝历代都有不同的发明，如汉代的高低足几、晋代的胡床、宋代的交椅、明代的可拆卸家具。明式家具的活动功能主要体现在行军桌和大型案几及床方面，家具折叠多在交椅的基础上演变而来，从仇英画中的躺椅到传世的活动躺椅（图3-29），可以看到明代匠师为家具的功能提升所做的不懈努力（图3-30）。

■ 图3-29 仇英画躺椅及实例

■ 图 3-30 明式可拆卸翘头案

（四）淡化装饰

明式家具给人触动最深的就是它一反封建社会奢靡、繁缛的艺术常态，展现出人文主义的风格，清丽脱俗、简约劲挺，似乎是资产阶级民主革命的前奏。明式家具造型利用主构件基本线形作为修饰，减少雕刻，简化雕刻，以构架、线条为语言完善其品格魅力。成熟期的明式家具大都简洁大方（大致从万历至康熙年间），这一时期的技术无不浸润着文人的审美情趣和生活品味，对提升明式家具的品质和品味都起到至关重要的作用。

1. 单件构件强化伦理提示

官帽椅的搭脑有直搭脑、官帽搭脑、面条搭脑、牛角搭脑、曲轴式搭脑等。每种搭脑形式，多适合某个阶层的口味，体现某个等级的尊严和伦理（图3-31）。

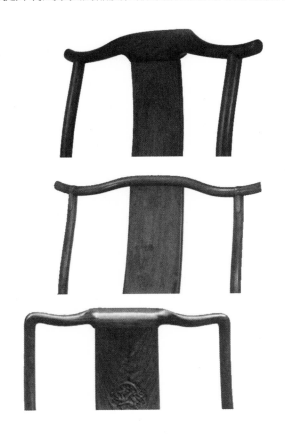

■ 图 3-31 明式各种搭脑

2. 组合构件造型夸张，凸显家具精神

以腿式为例，腿式的形制在明式家具中是非常敏感的话题，它直接左右着家具所体现出的等级感，即使没有雕刻，形线上也彰显出一种豪华与朴素、张扬与内敛、粗犷与精明的精神特征。腿的形式有直腿、马蹄腿、膨牙鼓腿、三弯腿、抱球腿、踩珠腿、托泥开光腿式等，体现了明人喜欢从内心向外貌把握的设计伦理。

3. 功能构件的变化统一，增加系列化理念

以枨式为例，枨式主要是作用到形式的性格，端庄与活泼体现得尤为深刻明了。在明式家具近300年的发展史中，枨的功能及形式演变是渐进式的，从双枨、直枨、顶牙罗锅枨，到十字枨、霸王枨、罗锅枨加矮老，再到驼峰枨、"耗子尾巴"枨……有太多的必然理念，也有少许的偶然性。也就是说，由简到繁、由繁到简在枨式上可能是飘忽不定的，原因就是时尚在引导风格、改变伦理；伦理也在指导审美，形成新的时尚。

四、明式文人家具设计理念的美学特征

明式家具的设计理念，深受中华民族的影响，几经波折，终于回到东方理性美的探索上，成就了华夏审美理念的特质。其中简约的风格如同极少主义那样纯净利索，推崇木结构的原生态，又如同现代的生态主义那样珍爱自然，淡化装饰雕刻，又如同现代设计大家沙里文倡导的有机功能主义。总而言之，明式家具的成功是建立在东方哲学、伦理学上的，并且得益于东方有宗教精神而没有宗教桎梏，始终有一种人本主义萌芽的土壤。

明式家具能被西方设计界认同，在于它有远高于西方古典家具设计理念的伦理背景。东、西方文化结构与审美习俗在封建社会是大相径庭的，黑格尔就断言"象征意义盛行于东方"。中国的艺术创作观念与西方国度有明显的区别，这是深层次的哲学理念与宗教观的不同体现。

东方文艺强调：抽象性、象征性、感悟性。

西方文艺强调：具象性、描述性、叙事性。

（一）抽象性与具象性的对比

中国人喜欢用形象的气势象征某种规格、地位的意蕴，如一朵牡丹花、四根灵芝草，或回眸怜子的螭龙，祥瑞的纹饰足以表达人们的寄托。而西方装饰喜欢实打实地把花叶、季节、良辰美景和盘托出，让人品味之后，少了一点思索、回味的空间。所以东方人在家具上的理性审美，曾经使家具的功能完备而少有多余的装饰细节，顺应了经济与精神的双重需求，因此为现代设计界所接受。而欧洲封建社会的家具则表现出对生活享受过于追求的特性，不厌其烦地重复自然美景，相对浪费了许多精力。明式文人家具的抽象性，充分表现在以形线为主导的审美亮点，是基于国人都能认同的汉字书写基础之上的，所以无需像西式家具那样加上许多优美的形象来增加商用的美观性。这些不同观念的具体表现，也可以从中国画与油画、京剧与歌剧的艺术手法中找到范例（图3-32、图3-33）。

当然人类社会的理念不是一成不变的，时代发展、技术进步、文化融合会带来时代风貌的蜕变：曾经风靡一时的西方包豪斯家具在20世纪初拼命地追求抽象的工业语言，后期就被后现代主义完全摒弃了；古典家具的形式与工艺，也不断地给人类带来全新的家具体验。但是，事物的发展总是螺旋式上升的，民族伦理的发展、回归、演绎是不分昼夜地刷新自己的纪录的。从奔驰车的沿革，可以看到理念的渐进（图3-34）。

■ 图3-33 巴洛克式边桌

■ 图3-32 螭纹牙平头案

■ 图3-34 奔驰车演变图

（二）象征性与描述性的对比

西方有时也会因反传统而诞生出杰作，比如飞行器在很长一段时间内模仿飞鸟，但 B2 隐形轰炸机（图 3-35）一改飞行器模仿鸟类的弧线，以凌厉的折线塑造形体，实现了其反射雷达波的功能，也让当下设计师们为之振奋。而有时反伦理、反传统也会遭到诟病，例如北京中央电视台新塔楼（图 3-36），设计人库哈斯就不好向北京人民交代了，和伍重的悉尼歌剧院（图 3-37）相比，他的保护区域文化的社会责任心不知飞到哪儿去了。前者在中国赚得锅满瓢溢；后者因故连悉尼歌剧院的落成典礼都没有参加，却为人类留下了一份宝贵的财富。千秋功罪，自有后人评说。

■ 图 3-35 B2 隐形轰炸机

■ 图 3-36 北京中央电视台新塔楼

■ 图 3-37 悉尼歌剧院

（三）感悟性与叙事性的对比

明代文人家具利用人们对果实、马蹄的追念，用片段式的语言装饰腿足，这纯属一种感悟性的设计，目的是简明扼要地提醒人们对看点的认同。而同时期的西方洛可可家具，善于用丰富的形象细节，以工艺精确再现，讲述自然美景春去秋来的故事，来唤起人们的赏析，这些当然不符合大众消费品和快节奏生活的审美模式，所以从这一点上看，明式文人家具领跑了世界封建时代的设计理念。

当然并不是说一切艺术发展都有不确定性和偶然性，应该说不能持久地得到人们追捧的艺术只是一种时尚。只有经得住人类文化综合标准检验的，才能成为经典。就如明式家具，就当时封建社会的生产力和学术水平而言，能成功设计出如此出类拔萃、具有人文主义精神的生活器具，堪称现代家具设计界的楷模。

李泽厚先生说过："民族性不是某些固定的外在格式、手法、形象，而是一种内在的精神，假使我们了解我们民族的基本精神……又紧紧抓住现代性的工艺技术和社会生活特征，把这两者结合起来，就不用担心会丧失自己的民族性。"本篇以明式家具的设计理念为论述目标，以其产生的社会背景、文化土壤为讨论依据，重点研究明式家具由"文人参与设计"的具体内容，深度剖析明代文人在社会意识形态演变中的主导作用，在资本主义"萌芽"的生产关系基础上，明代文人朴素的人文主义精神在滋长，并且以"亚文化"的面貌出现，引领社会的审美时尚、生活情趣以及精神追求，进而影响主流文化艺术事实。本篇旨在突出明式家具的主要成因是明代文人精神理念的观点，因为明式家具在世人面前所呈现的是一种造型法则，是一种非物质文化遗产，是一种民族精神生成的理念。

卷四

结体分类

解读篇

一、明式文人家具的木构结体

（一）概说结体与分类

本篇着重谈明式家具的形态结体。明式家具在发展过程中，受到科学规律的启发和实践经验的感悟，特别是在工艺水平提高之后，在立足华夏伦理的同时，对唐宋以来家具构件的结体形式进行了重新的演绎，取得了许多成就，完成了中国古典家具划时代的改变，推出了具有人文主义色彩的家具风格。当然这是建立在明式家具与众不同款式上的。

具体从以下五个方面分析：

1. 在承具（桌、案、几）方面

加固了榫卯节点，减少了构件。放弃了案下的直枨，运用顶牙枨强化案的框形构架，后来废除枨杆，仅靠牙子和案面的双向抵力，维护案面与案腿的连接稳固性。发明了斜枨——霸王枨，淡化了自宋以来就有的桌腿间的直枨、十字枨。另外，用罗锅枨矮老、卡子花对桌腿间进行美化，使得功能性构件摇身一变成为装饰性元素。有的在案、桌上增设了翘头（可能在后期），实现了翘头从形式向实用的转化。家具特有防护承面的产生，应对了中华特有的卷轴书画这一绝无仅有的需求。

2. 在坐具（椅、凳、墩）方面

巧用构件形态应对榫卯，达到既美观又符合功能需求的最佳状况。演绎了宋以来棍式搭脑，演化出了多重面转折、交替的官帽式搭脑，创造了这一形态有象征、造型有品位的创意性部件，并对应各个阶层，演化成多种品味；改革了扶手，把单纯立木支扶手的格局，化作有弯曲的鹅脖联帮棍和支肘的弯扶手互动，妙应的新形式，并且在华夏范围内迅速传播；弘扬个性化上面，把座椅、凳、墩梳理出很显见的造型特征，使之适合社会各阶层、各场合和个人的兴趣爱好，如四出头官帽椅的伟岸霸气、圈椅的雍容大度、南官帽椅的质朴随和、灯挂椅的利索灵便、玫瑰椅的隽秀清逸，都很好地符合了中华伦理的习俗，取得了东方家具的个性美誉。

3. 在卧具（床、榻）方面

明代的匠师从实用出发，尽管床具需要牢固结实，但还是把上古就有的托泥去掉了，从而便于搬动和打扫。采取加粗四腿，壮牙为枨，使两个构件在连接处增加结合面和扭力的对抗性，从而创作出看似轻便，实则稳固的四腿架子床，成为纵跨500年的卧具主流，从帐架到华盖，从功能到收纳形式的美轮美奂，这硕大的床花了不少匠师们的心血，在这种理念影响下，罗汉床、凉榻这类老款在明代也都焕发了新颜，成为当下受追捧的文人家具重器。

4. 在庋具（柜、箱）方面

中国古代注重的是深藏不露的收纳功能，所以上古时的笈、筒，中古时期的箱奁最为流行，但唐以后高型家具的普遍使用，人们对坐在地上翻箱子的习惯已经不耐烦了，于是高大的圆角柜应运而生。明代的大漆圆角柜、方角柜很好地担当了这一角色。

尤其是圆角柜的构造特点，使中外现代设计师都困惑、钦佩，不知其设计灵感来自何处。闷仓实现了"深藏"的观念，和日后万历柜"畅怀"亮格形成了鲜明的对比。由此，柜的装饰性在明代家具中日趋提倡或雕刻或沿用天然纹理，较大的柜面成为明人抒发情感的重要载体，甚至写漆刻画。方角柜的结构越来越理性、简单，没有圆角柜那样神秘的构造诉求。

5. 在其他类方面

将其构造与功能结合或拆开来看是一回事，就如架、屏、箱、盒这类家具中作为辅助器，不论怎样来看，都是从木构造出发，搭建出各种功用的空间形体，如衣架的横挂面、盆架的圆承面、灯架的点擎性都是通过必要的构件，优雅地组合成有意味的形态，使人一望而有趣。而屏的效果就颇具东方特色，古人因"祸起萧墙"而怨屏，因为屏遮挡视线，可以在一个空间中制造你不可知的"黑洞"而产生危机，但是人们还是喜欢屏在礼仪上的缓冲、空间的装饰诸功能，所以不惜用牌坊的结构制作屏类家具，如单屏墩子、披水牙子、中牌子式框架，严格地排出墩式站牙、柱式立杆的功能构件，让人有小中见大的快感。

（二）"有意味形式"的结体与构件

明式家具以独到的结体著称，世界上许多有名的古家具流派，多是利用木结构表达本民族的造型文化，都是利用自然的重力、摩擦力、杠杆作用，在木构件上运用各自的连接方法，实现家具的使用功能。有的纯木构榫卯连接，有的兼用金属构件加固，明式属于前者，充分利用了木构建筑的榫卯结构。但是本篇探讨的不是木构架的巧妙与牢固度，而是要分析华夏家具独到的

构架方式与造型理念。

1. 结构、节点的概念与东西方的差异

结构构件按一定方法排列组合，制作成骨架的方式，兼顾着审美与文化元素的合理展示。如桌子要有细腿支撑桌面，同时要有加强的辅助枨作为加固件，才能组成"桌形"结构。

节点是以一种或多种构件组合形成某种造型的局部连接点，如榫卯接合、竹钉固定、铜合页连接。这二者都是榫卯结构不可缺少的内容。

但是，创造结构、节点的理念会随不同的心理倾向而变化。如果将东西方房屋构架比较，就会看出不同的思维角度。古希腊人在柱子顶端架起平直的木横梁构成屋架，再支斜梁形成坡顶，完成了一个实用性的构架。中国古代在柱子顶上挑出层层叠叠的斗拱托住横梁以成屋架，中国斗拱是以"人曲臂托梁"的情结所致，"栌斗"实际上是一个人头形成的构件，将功能寓之于形式元素之中。同为求得双向落水的坡屋顶，古希腊人运用了排柱顶排梁（图4-1），采取了纯功能性的几何形构架，与中国的梁柱结构迥然不同。

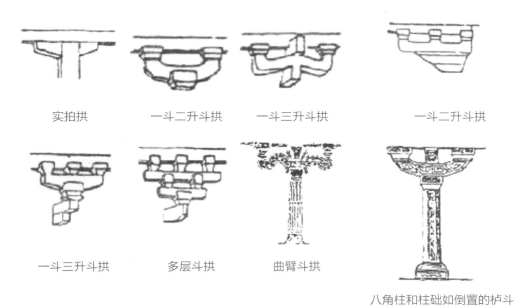

实拍拱　　　一斗二升斗拱　　　一斗三升斗拱　　　一斗二升斗拱

一斗三升斗拱　　　多层斗拱　　　曲臂斗拱

八角柱和柱础如倒置的栌斗

（a）中国斗拱的曲臂托梁形式

（b）古希腊建筑平立面图

（c）春秋仕女托梁式编钟架

■ 图4-1 东西方在结构、节点上的差异所以，尽管西方哥特式家具与明式家具，都是在用仿建构的方式制作家具的构架，但是，文化理念的差异形成了大相径庭的结构风格。前者多在功能性构件上添加装饰，而后者更加注重构件有意味的形式，造就了许多意象性的构件，使得家具整体构架更具有内涵。

2. 有意味形式是东方象征性体现

黑格尔曾经断言"象征主义盛行于东方"，而明式家具的许多有意味的形式构件，恰恰是应了国人的象征性需求所产生的。

当代人本主义运动最杰出的代表、心理学大师马斯洛（美）的心理学对于艺术设计的贡献是将创造"有意味形式"看成其创新与享受艺术的工具或手段。马斯洛认为人潜藏着七种不同层次的需要，这些需要在不同的时期表现出来的迫切程度是不同的。人最迫切的需要才是激励人行动的主要原因和动力。人的需要是从外部得来的满足逐渐向内在得到的满足转化。这七种需要是：生理需要、安全需要、社交需求（爱与归属的需要）、认知需要、尊重的需要、审美需要、自我实现的需要。

从家具角度看，生理需要对应功能，安全需要对应结构，社交需要对应家具分类功能，认知需要对应家具使用职能，尊重的需要对应家具伦理，审美需要对应家具欣赏，自我实现的需要对应家具的享受。

家具是社会化的需求，在心理学上，也可以叫从众性的归属和需要。使用家具也必然渴望得到家庭、团体、朋友、同乡的认可与理解，而社交的需要比生理和安全需要更细微、更难捉摸。它与个人性格、经历、生活区域、民族、生活习惯、宗教信仰等都有关系，这种需要难以察悟，无法度量。所以，明式家具的成功，在很大程度上归功于那些不知道何时发明的构件（图 4-2）：搭脑、联帮棍（又名镰刀把）、鹅脖、罗锅枨（又名桥梁档）、刀牙板等。它们的"有意味的形式"，使得明式家具造型由具象美走向了抽象美，实现了个性发展中的共性认知，取得了各阶层的认可与理解，这里是一个深层次心理学范畴的满足过程。

（a）官帽搭脑　　　　　　　（b）鹅脖、联帮棍、罗锅枨

（c）膨牙鼓腿　　　　　　　（d）内翻马蹄腿

■ 图 4-2 典型明式家具构件四例

3. 求尊重的需求拓展了明式"元素"的包容性

为什么中国会产生由意象先行的器物创作方式呢？笔者认为这与东方神权的多元化有关，中国儒、道、释同在一个皇权下，各自演绎它们的经验与道理，是相对平和的，人们的审美具有多样性，在中国没有禁地。各教派都在阐述自己的人生理念，出世入世思想，甚至艺术审美观；各民族、各地区都在世俗化生活中，为了求得尊重的需求、共性化的创作交流、包容性的商品贸易，使得"有意味的形式"成为明式文人家具的首选是必然的，这是心理效应赋予艺术的一个切入点。

马斯洛将认知看成克服阻碍的工具，当认知需要受挫时，其他需要能否得到满足也会受到威胁。所以社会有共同的审美需要，每个人都有对周围美好事物的追求，又都包含了自我实现的希望，这样也导致工匠的创作精神相互包容与借鉴。今天由北欧家具引导的现代"有意味的形式"的家具风范，也是基于人文主义的浸润、意识形态压抑淡化的结果。

（三）材料的作用与构架选择

材料对结构的制约是显而易见的，强度高的木材与强度低的木材所采用的构架方式与连接方法大不相同。构架是结构的载体，构件形体变化对结构的影响是巨大的。一件不用腿间枨的桌子，必须加强牙板的抵力和直榫的摩擦力、强度，牙板要加厚、加宽，榫头变大，木也要硬。这类桌型的传世量很少，就是构架过于简洁，降低了结构牢固度的缘故 [图 4-2（a）]。而一件罗锅枨的条桌，由于节点下移，牙、枨用料细也不碍事，软木也可以 [图 4-2（b）]。所以明式家具创造了许多因功能而生的构架，如刀子牙板托架式，十字枨抗扭力式，罗锅枨裹腿框架式，还有"二字双枨"那种"剪力墙"般构架，这些比西式家具中普遍双层框架式的构架要丰富多了。这是明式家具形款千姿百态的重要原因。

（a）有翘头直腿内翻马蹄条桌

（b）无束腰罗锅枨矮老条桌

■ 图 4-2 材料对于构架选择的作用

（四）空间与序列，取决于构件的搭配

设计一件家具，空间形式是非常重要的。构架的平衡、构件形态的和谐、节点的对位是构成家具序列美的重要因素，设计师要有律动产生的预见与掌控气场动态的能力。如一腿三牙方桌，其构架的直观性与牙枨之间的力度争让，就非常有意思：腿向心的力，牙的斜逸、悬挑的力，枨的波动与牙的锚定相互抵撑的力以及厚重桌面的正压力。将这些复杂的造型构成画面，只有在视觉效应中，设计师平衡这些左冲右突的力，才能将丰富的元素铸于一炉达到完美的境界（图 4-3）。

■ 图 4-3 卡子花罗锅枨一腿三牙方桌

二、华夏家具构造心理的外延特征

中华民族广阔而有闭塞的地理环境，造成了明代构造的心理，无边的海、巍峨的山、辽阔的戈壁草原，都曾是农耕民族畏惧的地理屏障，古人东边搞海禁，北边筑长城，西边建雄关，南边设边镇。善良智慧的农耕民族，喜欢守着家园享天伦之乐，与海洋文化、草原文化的征掠性格格不入，这就形成了明式家具因淡定、淳厚的心理特质反映出的构造方面的独特风格。

文人家具的构造心理特征有几个方面，概括来说，有"蹲、仁、悬、空、挑、叉"。

蹲：是上古华夏坐姿的一种，跪坐、跽坐、趺坐（图4-4）都曾是华夏民族习惯的坐姿，这种形态早就贯穿于中国建筑、器物的形象设计中，所以明式家具中坚持应用的挓度，就是国人很重要的构造心理特征。挓度增加了力学上的稳定性，尽管离地只有几十厘米的高度，挓度凸现了构造心理学的求稳思维。挓度成全了明代文人求敦实凝重形式的感受，尽管几根轻巧的木架构件也要搭建出稳如磐石的视觉效果。挓度也强化了明式家具的文字意识是书法构成意识的外延（图4-5）。

■ 图4-4 古代坐姿（部分）

■ 图4-5 唐代陶榻，金代木桌

伫：李白诗云"玉阶空伫立，宿鸟归飞急。何处是归程？长亭连短亭"。伫，本也可以解释为呆呆地站着，在这里是乡愁缅怀而无绪之意。本来对"伫"一词理解不深，但后来看到西班牙建筑大师高迪也在街口一站几小时的故事，方知艺术家的"伫"是一种个性极度的内敛。家具在厅堂斋室内玉女独伫，不求成套相仿，更不求系列化的展示，如宣德红漆香几，海棠形平面构架，四挓八叉的腿立面束腰起层台，开窗，抛牙起伏，还未形成壶门的成熟弧线。这般丰富复杂的构架并没有考虑"与尔同归"，真是神游四方，逸笔无双。而一例另类的香几（或花几）也有同样一种情愫，翘头、涡形牙、托泥加内翻马蹄，那种强烈的个性完全是一种离群独居的"清静"（图4-6）。

（a）宣德红漆香几

（b）明式变体小翘头香几

■ 图4-6 明式香几

悬：中国人好赏悬崖，山水画中最喜欢也最推崇画悬崖。中国画构图法中有高远法、深远法、平元法，前者多表现高岩雄峰，中者多表现崇山峻岭，后者多表现湖山宽广。作中堂画多以高远法为傲俊，如范宽的《溪山行旅图》（图4-7），山岩高矗，林溪如玉带围腰，纵横之间，

令人心生崇敬。图4-8中的家具以高高的架子托起，重心上移，上实下虚，此圆角柜，双门对板，山纹耸立为美态，另加柜座架构，使层层牙板灵动于下，烘托大柜实门，是一种心理上的满足。而且北方尤其是鲁东的柜子，腿架尤高，真是器宇轩昂。与平展的桌案对比，更是令人起敬。

■ 图4-7 范宽《溪山行旅图》

■ 图4-8 有托子有柜膛圆角柜

空：自从佛教传入中国以来，中国文化受佛教影响很深，"空即是色，色即是空"的箴言，使得人们从精神上追求空濛的情愫，演化到视觉上的"空灵"效果，绘画、书法上的"留白"，舞台戏曲的素幕、音乐上的此时无声胜有声，"空"成为一种审美效应。文人家具则运用空的原则扫平视觉上的疏，建树构造上的空。明人在设计上的空不可能追求"本来无一物，何处惹尖埃"的境界，而可以取多一件不如少一件的法则，获得文人家具构件上的精炼。图4-9的这一件楠木三板案的结构，总共三块巨板，加一副牙条，一块板作案面独板，升小翘头，两块板做脚与挡板的合并构件，超常规地发挥不少一个构件的减法（一般案腿就有10个构件），并且案腿大胆创意，以虚灵芝形代替实灵芝形，省略复杂的装饰形线，起到惊世骇俗、大象无形、大巧若拙的效果，与宫廷三板案的腿一比，挡板牙子上、翘头上密布纹饰（图4-10），就能清晰地分出艺术品之间迥然不同的理念。

■ 图4-9 楠木独板三板翘头案（板足也是整块木头挖成）

■ 图4-10 黄花梨卷草纹翘头案（故宫藏）

挑：在中国的建筑中，好"出挑"是一个重要的特征，复杂的斗拱结构，就是为了满足国人"悬挑"的大屋顶腾飞的欲望所创造的构件。这种理念始于奴隶社会，是人抬梁的真实生活写照，例如仕女抬编钟架的造型，而这种生活情境被匠师们化为斗拱的雏形，在汉代至宋代的建筑上，可以清楚排列出一套斗拱演绎的图列。

明代文人家具的构造，当然不会脱开唐宋匠师的思路，挑是一种仿鸟的腾飞，挑是一种构架稳固的自信，挑也是一种国人心中的自信。当人展开双臂如飞鸟展翅一样时，有一种愉悦。这种舒展的形态落实到一件平头案上时，一种超然的姿态就出现了。图4-11这件平头案长1.8米，案面平展如大屋顶，但两边挑出案头各达32厘米，比清作案（图4-12）的出挑尺寸（大约20厘米）多出许多，而它给人的感受确实是更舒展、平和、轻盈，这一款式是深受藏家们追捧的。所以构架的长度、节点之比例夸张，深深烙上了明代文人追求形式感空前绝后的印记。还有一腿三牙桌的构架，四腿如柱，桌面如屋顶喷出牙板也形成了一种"挑"，而镂空牙子，就如斗拱一样，增加三角撑力，托住边抹使构架有悬挑、腾飞之感（图4-13）。

■ 图4-11 榉木灵芝牙画案

■ 图4-12 清作攒牙枨平头案

■ 图4-13 紫檀一腿三牙攒料枨案（故宫藏）

叉：叉是中国古建筑屋架中的一类常用的构造形式，人们通过"叉"可以使构件逆向受力。在甘南、川西等地的采风中，我曾发现了多种"叉"形屋架，往往以叉托住或者说"夹"住主梁，构成稳固的屋脊（图4-14、图4-15）。叉是明式家具中使用较少，却又非常令人佩服的一类构架，宋代出现的交椅是很受明代文人欢迎的坐具，吴门画派的大画家们，几乎人人都画过自己坐在一类直背交椅的形象（图4-16、图4-17），该椅用支点确定座椅的重心，并且使用杠杆原理撬住座面，使人能从容就座于一个可折叠的软屉上，工匠们掌握江南文人身材的特点，使用强度不高的白木，微弯的直背联前腿，简洁明了，很好地完成了其构架。

■ 图4-16 吴门书画

■ 图4-14 川西地区的"W"形屋架

■ 图4-15 川西地区的 X"形"屋架

■ 图4-17《李端端像》

在使用功能上，图4-18这种取于东汉，从西北少数民族文化中引进的"胡床"构架，在明代得到广泛的运用，同时期还衍生出一些其他功能的家具，如琴架、绣架、折榻（折榻在楚墓出土的折叠床的基础上向前迈进一大步）。其实这类"叉"的构架在国人的生活场景中是非常多见的，如折叠的晒架、渔网架、箱架……这类收放方便、功能多用的构架是与丰富的农耕生活分不开的，致使人们将看似随意、不正规的构架，引用到非常讲伦理、尊卑的场合（图4-19）。

华夏家具结构审美的理念，得益于文字、植物、建筑、生活劳作并受到启发，民族的地域特色愈强，愈能证明其构架的鲜明的东方特性。

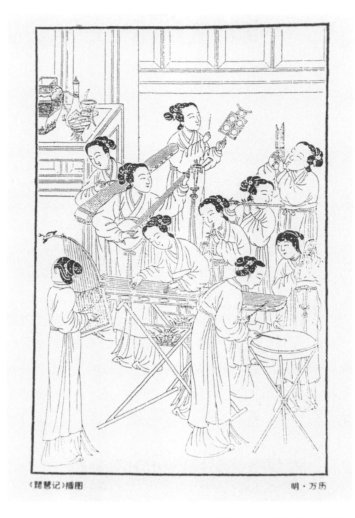

■ 图4-19 明代《伎乐图》

■ 图4-18 榉木官帽式搭脑直板交椅

三、经典款式解析——承具类

（一）案

1. 案的登场与沿革

上古出现的家具多为禁、甗、俎，这三类器物的专用性很强，但组合陈设性较弱，几乎不和日常生活产生联系。俎是古代祭祀时放祭品的器物，或是切肉、切菜时垫在下面的砧板；禁是带有限位功能的器座，决定壶、尊、簋、爵等祭祀用食器的摆放；甗是大型蒸煮器（图4-20）。

案随着历史上经济社会的发展而出现，并随着时代的变化而变化。春秋时期，案的功能以书写为主，但到秦汉时期分化出专用食案成为承具大类。各种尺度的案在日常生活中扮演着承具的主角，这种状况一直持续到魏晋时期。

（c）透雕云纹禁（食器台座）

（a）青铜三联甗（蒸煮器）

（d）书案

（b）透雕变形龙纹俎（庖厨台）

（e）汉代书案

■ 图4-20 早期承具沿革

2. 专例分析

1）翘头案

专例一：独板圆雕写实灵芝牙翘头案（图 4-21）

此案是典型的文人家具，案身简洁，翘头如双翅微振，牙子上四个小灵芝却从牙板后顽皮地探出脑袋，左顾右盼，萌气横生，腿间挡板雕刻着白鹿护灵芝，装饰简洁明快。

结构分析： 案面厚板下沿线起较宽的韭叶方线，翘头小如镇纸，可看作明式家具发展期与成熟期交替阶段的作品，案牙的灵芝纹装饰鲜活灵动，必出自画师之手，案腿双线夹混面腿端揣托泥，是常用的夹头榫构架。

工艺分析： 太湖流域文人家具，多以榉木为材料，其具有纹路好、耐观赏、质地细密、易雕刻打磨的特点，由于木性中硬坚实，榫卯强度高，木质比重比较大，还是财富的象征，所以此器看似不作精工满雕，但是几处细部的雕镂、打磨都很精致，是私人定制的精品。

装饰分析： 装饰略微简括，但细品纹饰极其精到，灵芝纹透雕加半圆雕打磨到位，栩栩如生。案侧花板海棠开光，小石兀立，白鹿半卧其间，灵芝丰润丛生，一派祥瑞之气。起线粗方，体现了文人自做家具毫无拘束，如画中逸品，形随心所布，气随影而行。

牙子、托泥细部

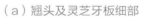

（a）翘头及灵芝牙板细部　　　　　　　　　　　（b）双面雕挡板细部

（c）实景图

■ 图 4-21　独板圆雕写实灵芝牙翘头案

专例二：宝剑腿灵芝牙壶门翘头案（图4-22）

　　此案出自太湖流域，榉木制作，上紫红漆，面独板，二头复小翘头，冰盘线平混面相交，底有一线，四腿挓势明显，稳健有力，上宽下窄，足尖处简化了早期的花叶纹修饰，构造清晰，轮廓分明，二道牙板属壶门牙的早期形式，富于动势而细巧，向上翻翘的芝头端正适度。剑腿直牙灵芝纹翘头案（图4-23）也属于这一类型。

（a）翘头细部

（b）虎门牙板细部　　　　　　　　（c）剑腿细部

（d）实景图

■ 图4-22 榉木宝剑腿灵芝牙壶门翘头案（王勇藏）

结构分析： 剑腿案是典型的插肩榫结构，厚面上插入腿上部粗壮的榫头，有利于结构的牢固，更因为四块构件（一腿、二牙、一面板）同聚一点相抵，张力、摩擦力、重力、扭力在此相互抵消，是其牢固的一个重要原因。

工艺分析： 案面独板相对面的结构简单，嵌入翘头是此案的难点，牙板精准落料与起线形整，铲线凸出圆润，牙腿铲平不作混面。

装饰分析： 在纯木家具上，装饰手法毋用描彩与雕刻，唯一依赖的当然不是形线。此件壶门中尖上挑，洼膛上翘有力，与腿连接呈现花叶翻飞，动势优美，灵芝头的涡卷小而精巧，既抢眼，又没有夺去壶门的主角位置。足尖的处理更是绝妙，如两个马蹄深足背结合，形简而意无穷，相比花叶剑腿，顿觉清新。

横向比较： 剑腿案首见宣德年，剑腿若中有枨，必不美。综观南北，南方简而北派繁（图4-24）。北方直至清中后期的仿明款式仍有此式。

（a）剑腿酒案（明宣德）

（b）花叶剑腿酒案（明）

（c）灵芝牙宝剑腿头案

■ 图4-23 榉木剑腿直牙灵芝纹翘头案（怀古阁藏）

（d）无牙插肩榫酒案
■ 图4-24 剑腿案比较

赏析（图 4-25）

（a）黄花梨灵芝纹牙板翘头炕案（清华大学博物馆藏）

（b）黄花梨灵芝纹牙板翘头案（清华大学博物馆藏）

（c）黄花梨变体龙纹牙板翘头案（清华大学博物馆藏）

■ 图 4-25 各式翘头案赏析

2）平头案

此平头案出现于苏锡交界区的江南水乡荡口古镇（图 4-26），
即鹅肫荡的流域内。

专例一：灵芝牙椭圆腿大画案（图 4-27）

此案案体硕大、雄健、敦实，厚面窄牙、圆腿如柱，是一件洋
溢着文人气息的江南古案。从其圆浑的四腿与腿枨看，虽然年
代久远但保存完好，皮壳棕色浆亮，尤其双牙起尖，小串灵芝
的别致，显示出特有的文人心理。

结构分析： 案面敞框宽纳，以便粗圆腿榫插入，常见的夹头榫
构架，颀长的厚牙板，为狭长构件增添牢度。成对的牙肥润，
犹如"雀替"托住梁枋，使构架的力度从心理到实用都恰到好处。

工艺分析： 这件画案形简工细，粗看朴实无华，细品形线到位、
弧直分明，铲、磨、刮工艺精到，凸线珠润，刻工层次分明，
立体感强，无半点疏漏瑕疵，属于仿玉器工的半圆雕细活。

装饰分析： 此案以平面、圆弧面、珠线为主装饰，在牙头上下
细功夫。每片牙深雕一串小灵芝，头尾反向扭摆，芝头、芝花
华美灵动，芝尾与牙板起尖线一气呵成，尽显明代文人家具的
风范。

横向比较： 圆形构件是明式家具在成熟期的重要特征，是小木
作眷恋大木作的一种表现。此案牙头是灵芝与刀牙相合而成，
牙头处留有海棠角，使人想起王锡爵墓床围上的海棠牙，可见
此案年代久远。同比一些小灵芝牙的同类器，可得出花叶牙、
小灵芝牙属于明式早中期流行纹饰。

设计文化评价： 文人家具注重物材之外的文化延伸，平头案从
宋朝到明朝，仅枨式减少，恬然之态贫富皆宜。弃重妆、彰内
涵，明人文心超过宋朝。中原的蕉叶剑腿、花叶内翻的作派，
在明晚期尽行褪去残红，"无声胜有声"之感油然而生。

■ 图 4-26 荡口古镇

（a）灵芝牙细部

（b）实景图

■ 图 4-27 榉木灵芝牙椭圆腿大画案（灵岩山房藏）

专例二：各式平头案赏析（图 4-28）

（a）榉木竹节纹平头案（灵岩山房藏）

（b）黄花梨灵芝牙圆腿平头案（清华大学博物馆藏）

（c）榉木灵芝牙打洼腿顶牙罗锅枨平头案（明轩藏）

■ 图 4-28 各式平头案赏析

（二）几

1. 几的功能与无穷变化（图 4-29）

几是秦汉出现的一类小型辅助家具，当时几的功能是多用途的，有小型的供人倚靠的各种形状的直几［图 4-29（a）、图 4-29（b）］、凭几［图 4-29（c）］，并没有盛放东西的几面。还有一支演化为供人餐饮的食案，矮而有一个类似托盘的支承面，在秦汉时期大量流行。

随着时代的发展，中国的坐姿从席地而坐转变为垂足坐姿，以几为介质的高型家具进一步分化和改进，三国晚期就有弯曲的支撑人腰背的凭几。唐宋时期，既有继续发挥倚靠功能的直几与凭几，也出现了有小型支承面的香几与花几。这种分类的局面就是几分化成两大系列，即支承和倚靠两大功能并行发展，一直延续至清代。

清代的几作为室内配套用具功能相对更宽泛了，由于吸收了西洋的生活方式，清代大量出现了茶几这种较宽大的日用家具。明式家具在晚期主要的几类是花几、茶几、香几和琴几。而由于西方香水业的冲击，今天香几的功能愈来愈小。

目前传统家具中主要是茶几与花几，尤其是清代形成的二椅一几的组合，颇受社会欢迎。还有清代形成的高花几，品类繁多，苏作、京作、广作、晋作等多有佳作，其效果各有千秋，融入中式的陈设格局也早就成为一种常态。唯香几是曲高和寡、功能冷落的一类家具。

（a）云纹漆几（战国）

（b）彩绘漆几（西汉早期）

（c）黑漆凭几（三国）

（d）剔红香几（明宣德）

（e）花卉纹雕填漆几（清康熙）

（f）雕漆鹤鹿同春嵌瓷片花几（明万历）

■ 图 4-29 早期几的沿革

2. 专例分析

1）香几

专例：榉木束腰内翻马蹄禅香几（图 4-30）

此几是比较特殊的炕、榻用香几类，比炕、榻案小而有屉，是香几的功能特征。高度适中，也可以看作与低座面的禅椅、禅榻配套的礼佛之器。

结构分析：边抹几面冰盘沿简洁利索，一斜削混面加一凸线，束腰与抛牙一木连做，小小的膨牙鼓腿内勾兜转有力，完全承袭了榻型家具气度雄浑的式样，有香烛屉的牙板洼膛下垂，配有小巧玲珑的抽屉，结构巧妙。厚铜件微凸，特别是牙板洼膛角口略起珠形涡纹，可看出其年代印记。

■ 图 4-30 榉木束腰内翻马蹄禅香几（灵岩山房藏）

横向比较：当几的功能从倚靠中分离出来时，使之成为了各种小承具。宋时的琴几、香几盛行，一般是高瘦型的，花石盆景也有很多，因为这类几属于静态使用，没有人体扭力，所以一般结构纤细，符合当时人们的审美。元朝到明朝早期，生产力从被破坏中慢慢恢复，生活水平还很低，所以明式家具初中期，这类器偏少，在底层社会更是难以寻觅。在明清文化融合之期，几类的形式更是千变万化，很难褒贬，但是出现了一种偏离人文精神、求怪异之变的现象，如第 121 页的花卉纹雕填漆几和雕漆鹤鹿同春嵌瓷片花几，这是需要评判的。

设计文化评价：正统的明式香几，还是遵循天人合一之道，承具结构按头、颈、肩、身、腿、足而展开秩序，如第 121 页的剔红香几（明宣德），把通常的竖结构改为横结构，比例掌控仍然很严谨，安排得如此精确，着实是佳作。

苏州东山香几

《花梨木家具图考》插图

■ 图 4-31 近似几比较

香几赏析（图 4-32）

（a）香几的使用

（b）束腰内翻马蹄禅香几

（c）束腰马蹄有承板香几

（d）束腰展腿式香几

（e）《风华明式》中的香几

（f）《金瓶梅》中的香

■ 图 4-32 各式香几赏

2）花几、琴几、盆景几赏析（图4-33）

（a）榉木四平式有托泥琴几

（b）核桃木回纹板足琴几

（c）各式花几、盆几

■ 图4-33 琴几、花几、盆景几赏析

（三）桌

伴随着高型家具的诞生与发展（图4-34），到了隋唐时期，一类四面就座的桌形承具诞生了，于是单人使用的案被多人合用的桌所替代，这可能是案成为陈设品的起源。然而随着生活习俗的变化，小型的条桌、条案在宋代逐渐占了上风，家具的个性化显得尤为重要。到了元代，中国的桌案形态不断地演变并逐渐走向成熟，这些在宋画、元画中表现得尤其突出。

1. 桌的出现与一鸣惊人

桌是宋代出现的新兴家具。宋画中桌面下有四条腿，支撑在桌子的四角，体现了桌形基本构架，如果说北宋木桌［图4-34（b）］还具有案形结构的"牙子"残痕，江阴出土的南宋木桌就更具有桌的形象。目前中国较早的桌子形象出现在山西大同冯道真墓［图4-34（f）］。桌的出现表明了家具榫卯结构的进步，以及使用功能的多面性要求。

明清时期的桌，大致有以下几类：

方桌：完全承袭宋代之风，与宋代方桌无太大区别，但功能上是四面使用，可能涉及餐饮礼仪的改变。

长桌：长桌应用在书桌、壁桌、供桌及花石盆景观赏桌。

矮桌：也是四边有框、中间镶板的做法，延续了宋代的风格，多用于炕榻之上及园林中。

桌子的四腿与桌面连接的结构是一个革命性的创举，改变了中国承具类千年来的案型构造，腿间有直枨、罗锅枨或裹腿枨甚至霸王枨这样的力学型构件，造型比较多样化。明代的传世桌子多分为喷面、四平、有束腰三类构造，体现了工匠对桌型构架的完全掌控，也表达了社会对桌子功能的丰富要求。

（a）五代《勘书图》中的木桌

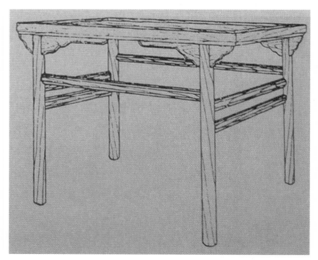

（b）北宋木桌

（c）南宋木桌

（e）宋《秋兴图》中的四平式木桌

（d）金代花牙木桌

（f）元墓壁画厚面桌

■ 图4-34 桌的历史沿革

2.专例分析

1）供桌

专例：抱球三弯腿供桌（图 4-35）

供桌在文人家具中数量较少，略挑简约的供桌神台来介绍。图 4-35 这件高束腰裸腿开窗镂花芽的供桌，上实下虚，上静下动，上框开窗华丽高雅，壶门与腿的动线却扭出一番飘逸的姿态，特别是足尖抱球踩莲似不稳而动势加强，甚是神妙。对比第 130 页的图 4-36 二件宫庭供桌的做工，其通身柏木，唯托腮为一根宽厚的榉木，估为太湖流域苏作家具，桌面上有榫孔，恐小围栏已失。

结构分析： 高束腰开窗的做法，盛行于宋，托腮与桌面为框，是镶涤环板作禹门洞开窗格局，有规有矩。抛牙板是明式的一种费工料而奢侈的做法，出于礼佛之心，无伤大雅，有结实的牙板为枨，此桌轻松舒展就不愁牢固度了。

工艺分析： 这件供桌开窗抛牙三弯腿，形态热闹，但还是常规工艺，只是在禹门洞露腿，托腮上雕刻较精到，而其壶门不起弦线，一是遵循抱球腿的常规，其二另有隐情。这桌的三弯腿，为了灵动，匠师用了妙招，这三弯腿的横截面自上而下不全是方形，而是方形到平行四边形，再到方形，所以扭动的效果油然而生。

装饰分析： 此器的装饰手法在于多用曲线与直线做对比，上部直线型框挺拔，略添卷叶纹，下部大壶门强势冲击视觉，吸引视线分导注目于弯腿抱球，所有点线面都在瞬间发挥作用，令人叹服。

横向比较： 作为敬神明之器，繁华精致一些是惯例，如图 4-40 的铁力木翘头供案。而此桌偏向淡定恬然的方向发挥，工匠注重曼妙之形的塑造，体现了晚明文人的另一种高明的心态。

设计文化评价： 古代中国是宗教信仰极为宽泛的国度，人们对神明的敬畏之心与西方是有区别的，这种心态使中国的教具人性化、平常化，不必故作姿态展示威严和造成压迫感。

（a）开窗花叶细部

（b）抱球腿细部

（c）透视效果

（d）正面效果

■ 图4-35 柏木抱球三弯腿供桌（明轩藏）

赏析（图 4-36 至图 4-43）

（a）北京故宫博物院藏

（b）大英博物馆藏

■ 图 4-36 宫廷供桌

■ 图 4-37 元永乐宫壁画供桌

■ 图 4-38 榉木四平式供桌

■ 图 4-39 白木高拱枨供桌

■ 图 4-40 铁力木翘头供桌（典雅堂藏）

■ 图 4-41 榉木拱肩马蹄三屉桌（灵岩山房藏）　　■ 图 4-42 榉木马蹄三屉案形桌·苏作特例（怀古阁藏）

（b）三屉桌正面照

东山三屉案形桌是一种苏作特例，尺度是写字台，但偏高，应是供桌和平头案之用途。

（a）三屉桌侧面照

■ 图 4-43 榉木马蹄三屉案形桌（周新军藏）

2）方桌

专例一：高束腰马蹄四面屉方桌（图 4-44）

这件高束腰四面屉拱肩马蹄桌，是较少见到的江南文人家具，冰盘简洁，束腰利落，直牙直腿，马蹄微勾，一派功能至上、形式淡化的文人风格，比例协调，桌面斜喷，拱肩有度，审美上也十分内敛有度。

结构分析：拱肩结构出现在明晚期的可能性较大，腿之直料，在拱肩处折弯、变细，插入桌面，牙板如帐榫入腿的上部，形成一个不需要直枨、霸王枨的新型桌形构架，比其他形式的桌多出屉的功能，而少了四根构件，牢固度却毫不逊色。

工艺分析：典型的苏作家具，构件少，榫卯简单，此件不算抽屉，仅四腿与四牙相接，束腰与抽屉并做，八处节点，属于工艺极

简之例，装饰上完全以面带线、以线代纹，形神均在精到的比例中得以体现。

设计文化评价：其实这样的家具造价并不低。一是要用老料、大料，木性处理完好。选料部位完美，才能久不变形，价值在暗处。二是高级匠师操刀，方能把握这种不附加装饰的精妙比例之美。三是器物虽小，却是打磨到位，毫无瑕疵，体现了明人求简、求精、内敛、朴素的文化精神。

■ 图 4-44 榉木高束腰马蹄四面屉方桌（灵岩山房藏）

专例二：束腰霸王枨马蹄鉴宝桌（图4-45）

此方桌是黄杨木架、瘿木面板，形小而简约。桌面斜喷、有束腰，窄牙板与直腿连接处弧角明显，腿直而马蹄微勾，不作夸张之态，霸王枨大小适宜，是一件完美的赏桌。

结构分析：霸王枨内收，下弧势大、上弧连接案底串带段较平缓。高马蹄有力蹬地，牙板略收，这桌面与牙板被束腰分开，窄牙与宽腿很像书法横细竖粗的折笔，使结构更加稳固。因为牙肩硬而抛弧小，冰盘喷出，主从分明，有清初方框器牙腿的特色。

装饰工艺分析：形态俊美，比例适度，榫节清晰，易于放样加工，该器打磨一流，起线挺括。平面、混面尽显工艺装饰之美。

横向比较：马蹄足霸王枨是南北通用的经典明式形款，但是早期也许因喷面多，十字霸王枨多。比较注重构架的稳定性。晚期则唯美倾向流露，多作为装饰元素，甚至有夸张的折弯枨，最后多被罗锅枨遮挡直至消失。

设计文化评价：中国的家具文化在不断地整合和创新。在社会上升富足的时期，文化创新作为丰富人们精神生活的手段是值得提倡的，创制适合多种生活赏景的家具更是好事。如《乾隆帝是一是二图轴》[图4-45（b)]中的桌比茶几略大，这是社会家具用途多样化，个性化发展的结果。

（a）黄杨木、瘿木面束腰霸王枨马蹄鉴宝桌（席湖坚藏）

（b）《乾隆帝是一是二图轴》

■ 图4-45 鉴宝桌

赏析（图 4-46 至图 4-49）

（a）黄花梨束腰霸王枨马蹄长方桌（清华大学博物馆藏）

（c）黄花梨束腰罗锅枨马蹄方桌（怀古阁藏）

（b）黄花梨四平式马蹄长方桌（清华大学博物馆藏）

（d）黄花梨束腰罗锅枨马蹄长方桌（清华大学博物馆藏）

■ 图 4-46 桌类比较

■ 图4-47 黄花梨束腰罗锅枨马蹄炕（榻）桌（清华大学博物馆藏）

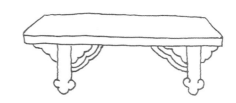

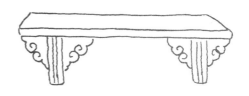

（a）元代墓中出土的桌、案（冥器）

（b）明式书卷式板足炕几

■ 图4-48 紫檀束腰罗锅枨马蹄炕（榻）桌（清华大学博物馆藏）

（c）明柏木灵芝牙炕桌（陈乃明先生藏）

（d）鸡翅木大开光炕桌（陆林先生藏）

■ 图4-49 元明炕桌沿革

3）圆桌

专例：束腰雕龙壶门牙大拼圆（图 4-50）

圆桌在中国古代源于何时，尚难考证，明末清初始有案例。此桌面厚独板，有束高腰，深雕龙纹，托腮、腿宽，尤其牙三弯腿壶门线有力，皮壳浆亮透润，有雄健之气。

结构分析： 圆桌在明清时代已出现是肯定的，桌面结构复杂，一般六拼面盘与六桌对应，但此桌为独面高束腰，是为了分档雕刻，托腮既衬托束腰，又有遮掩三弯腿上端露榫的功效。六足中有二足为合拼式，所以每半圆桌有四腿支撑，较为牢固，桌下仅一穿带，但牙腿间有暗枨离桌面较远，形成框形结构，故腿足之间不需附枨，也不需要托泥、脚踏陪衬。

装饰工艺分析： 此圆桌形制较大，故用料厚重，从桌面到腿足大多用混面，用料选纹考究，用清水生漆显示其自然肌理之美，雕龙弧板平镶在露腿之间，应是早期做法。纹为双龙戏珠纹，在纹饰上慎用直线，开光框也不委弧角，雕刻出丰富的螭龙形象，非常精致，起线少而到位，浑朴自然。

横向比较： 与其他晚清拼圆相比，注重素壶门形线、牙板水施浮雕，束腰奇高，能展示画幅的深雕来进行对比，有承前启后之风，特别是晚清直腿、大冰盘托泥的拼圆，全然无明式的飘逸之风。

设计文化评价： 自汉代以来，贵族长期采用分桌分盘的分餐制，宋代出现了合桌分盘的茶席图。合桌合餐制应该是将蒙古族和满族的生活习惯融合了进来，所以圆台清制为多，纯明式也奇少。但是自从有了圆桌，其身价一直高于方桌，一是因为其工艺繁而昂贵，二是圆面给人和合团聚的祥瑞之气，所以为国人喜爱。

（a）雕龙细部

（b）实景图

■ 图4-50 榉木束腰雕龙壶门牙大拼圆（吴福南先生藏）

赏析（图 4-51、图 4-52）

■ 图 4-51 榉木马蹄足内洼六角桌（席湖坚先生藏）

■ 图 4-52 榉木束腰冰盘托泥小拼圆（吴福南先生藏）

4）琴桌

专例：束腰洼膛肚膨牙鼓腿琴桌（图 4-53）

此琴桌面宽敲框镶板而成，皮壳红棕浆亮。束腰较窄，牙板宽呈鱼肚状，开成膨牙长鼓腿的优美曲线。马蹄如鸭掌般内翻，是非常稀见的文人家具。

结构分析：冰盘圆口，起拦水线，束腰向外斜撇与抛出的牙板浑接，这样更显牙板抛出的张力，但是鼓腿超弯的弧度，使上端榫入桌面的部分强度减小，这样的构架对承受静压力的琴桌或许还行，对使用性较杂的普通桌子恐怕不行。

装饰工艺分析：对于文人家具来说，取悦于人的是其形线及散发的气息，在家具的每一处细微转折上，都应该仔细地推敲，此琴桌尤其是这样，从冰盘到束腰，柔滑的曲面、轻巧的下沿，在抛牙连腿处，鼓腿如瀑布一泻千里，而到足尖将要落地时却突然向心内翻，如鸭掌展蹼用力击水一样，这种美的构造，不是一个匠师花几天时间就能熬成的，应是一批木痴花许多心思，经年累月凝练而成的。

横向比较：与桌类比，四平式最硬朗，喷面式有些木讷，直腿束腰的多现丰满富态，而三弯腿桌子又多柔婉灵动，这种长腿桌作膨牙鼓腿的为数不多，但就这一例足以证明设计"有意味的形式"（美·马思洛语）何等重要。

设计文化评价：农耕古国之人，喜欢享气定神闲之福，四条桌腿能演绎如此动人的故事，是东方民族才有的雅兴所致。不然美国设计师洛维见两个日本人在苍松下冒雪对弈，如雕塑般纹丝不动，就不会大惊失色了。或许明式文人家具有力地佐证了东方艺术"悠然心会，妙处难与君说"的境地吧。

■ 图 4-53 榉木束腰洼膛肚膨牙鼓腿琴桌（灵岩山房藏）

四、经典款式解析——坐具类

（一）椅

1. 椅的迟到与演化

中国椅的出现经历了漫长的孕育期，开始国人席地而坐，没有椅的概念，有地位的人置个榻就行了，高也就20厘米左右，结构相对简单［图4-54（a）］。之后有了倚靠的需求，北魏就出现了围屏榻［图4-54（b）］，与今天的罗汉床异曲同工。再后来觉得靠背要高一些，扶手可低，于是出现了敦煌壁画中的禅椅［图4-54（c）］。唐代垂足坐姿普遍推广，对座椅的要求越来越高，于是仿建筑木构创制了新椅子：搭脑像牛轭一样两边翘，后背两根背杆之间有一块直板供人靠背，特别是搭脑与背杆的连接处，还加了仿斗拱的"栌斗"［图4-54（d）］。宋、辽、金是文化融汇期，椅子的形式已大有改进，但是，江阴墓中出土的靠椅（图4-55），座面下两侧的木挡是榫插入后腿的，还没有大边抹头的概念。传统椅子的坐深一般较浅，普通椅子的坐高为47～50厘米、坐深为41～48厘米，休闲椅的坐高则降至43厘米、坐深为47厘米。可见古人在"休息椅"与"工作椅"之间已有尺度的界定（图4-56）。

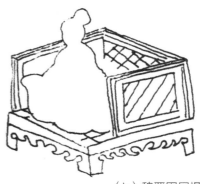

（b）魏晋围屏榻

（c）敦煌壁画西魏禅椅

（a）汉代矮榻

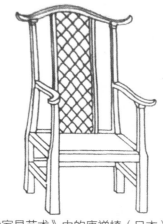

（d）《明代家具艺术》中的唐禅椅（日本）

■ 图4-54 汉到唐的坐具沿革

■ 图4-55 宋代木椅（江阴出土）

■ 图4-56 宋、辽、金的坐具沿革

2. 专例分析

1）官帽椅

专例：鳝鱼头搭脑四出头官帽椅（图4-57）

四出头官帽椅是规格较高、成熟较早的明代椅式（图4-58）。白木、漆木家具出现较早，硬木出现较晚。早期明式椅略显粗壮，此件为榉木制作，形体宽大，搭脑舒展为鳝鱼头式收尾，与扶手头部形态相同，足见明人的形态元素观念较强。

结构分析： 搭脑有了一定的枕脑高度，椅高110～115厘米；有了明显的官帽特征，不再是唐宋的"牛轭形"高拱，审美设计上有较强突破；此椅无连邦棍，没有连邦棍的椅在宋代已有先例，元、明时期为加强结构，曾增设连邦棍，然而明式家具成熟后，由于匠人对结构自信心的增强，太湖流域的榉木、鸡翅木质地较硬，家具构件改细改少很正常，所以宋代以来椅脚间二枨、扶手下单撑多被省略，主要装饰点聚焦于壸门。

装饰工艺分析： 这件典型苏作榉木器榫卯精到，气度非凡。无连邦棍，在大尺度椅来说甚少；鹅脖上无托牙；搭脑横亘而波，无枕脑凹腔，看面简洁平滑大气；壸门简洁仅一尖，恬然自信；管脚枨采用二高二低，苏作的文人傲气跃然"椅"上；藤面软屉精美，呈现了南方的工艺偏爱。

文人家具的高妙之处是无饰而饰。朝板光素，不雕团花，仅以榉木山纹一侧峰形为视觉中心；壸门简约起圆润珠线，一艺现百魅，尽现苏作之柔美；通体构件粗细匀落，比例适度；节奏感强，尽显文人家具崇尚线韵之美，真是无冕而王。

横向比较： 各民族各地区都有椅子，但生活观念和设计理念的不同就会造成形的不同，甚至质的不同。

有些双"S"靠背四出头官帽椅，后背立杆与"朝板"同样为"s"形，体现了明式中行而上学的古板意识（图4-59），与此椅相比，反而缺少变化。

■ 图 4-57 榉木鳝鱼头搭脑四出头官帽椅（灵岩山房藏）

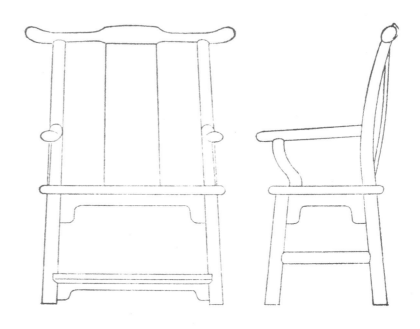

■ 图 4-58 明四出头官帽椅（王锡爵墓出土）

曲轴式搭脑四出头官帽椅（图4-60），是反官帽式的文人作品，搭脑端头做了完美设计，与此椅比则是另一种文人创意。

牛轭式搭脑四出头官帽椅（图4-61），与此椅比是一种怀旧的仿宋形式。

灵芝纹搭脑四出头官帽椅［图4-62（e）］，是富有寓意的象征性作品，属农耕文化的表露，但与此椅通达简洁的鳝鱼头相比，更显手工业文明的洒脱。

设计文化评价：四出头官帽椅是中国座椅诞生的最好见证，晋唐以来，从席地而坐到垂足坐姿的变化都在其身上有所体现，反映了中国伦理于家具风尚的集中体现，"官上位"的民俗观念，也淋漓尽致地得到表达。官帽椅的礼仪功能在其形如坐钟的形态表现中得到诠释。

官帽椅仿建筑化的倾向突出，在结构上参照建筑梁枋、立柱的营造法，使其省材又有优异的稳定性，体现了农耕文化历来讲究节材省工、物尽其用的伦理观。

此类官帽椅充分发挥明式构件的线条形态装饰作用，形态挺拔稳健，比例尺度和谐，在人体功能上更适合体魄强健的成熟男性使用，使颈、肘、臂、腕、背、腰、胯、臀、足等都有良好的依托。

■ 图4-59 双"S"靠背官帽椅

■ 图4-60 曲轴式搭脑四出头官帽椅

■ 图 4-61 牛轭式搭脑四出头官帽椅

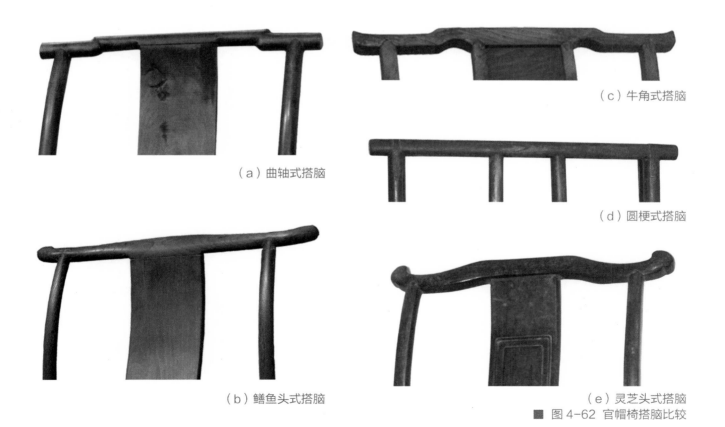

（a）曲轴式搭脑

（b）鳝鱼头式搭脑

（c）牛角式搭脑

（d）圆梗式搭脑

（e）灵芝头式搭脑

■ 图 4-62 官帽椅搭脑比较

赏析（图 4-63 至图 4-67）

■ 图 4-63 画作中的二出头官帽椅（四出头官帽椅的变体）

■ 图 4-64 面条搭脑四出头官帽椅

■ 图 4-65 壶门式四出头官帽椅

■ 图 4-66 方梗马蹄足四出头官帽椅

■ 图 4-67 榉木面条搭脑四出头官帽椅（灵岩山房藏）

2）圈椅

圈椅、交椅的圈背连扶手，是中国独特的生活体验而造就的，魏晋时盛行的凭几典型线条，让人们充分认识到靠背垫腰对消除疲劳的重要性。高型家具的广泛传播，对椅背的功能提出了新的要求。相关史料表明，宋代的交椅完善了圈背连扶手的重大发明（图4-68）。明代的圈椅，更是完善了各种尺度、场合的圈背连扶手椅式。

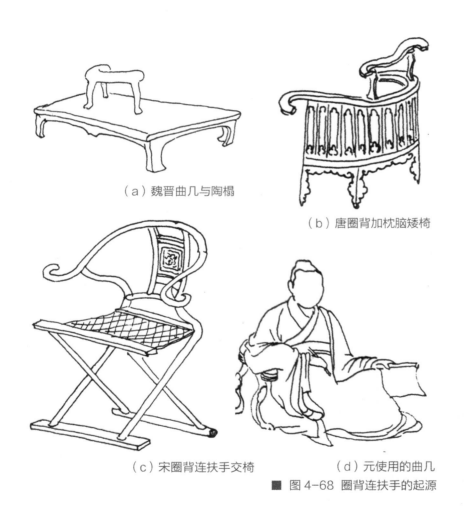

（a）魏晋曲几与陶榻

（b）唐圈背加枕脑矮椅

（c）宋圈背连扶手交椅　　（d）元使用的曲几

■ 图4-68 圈背连扶手的起源

专例：鱼肚牙螭龙团花圈椅（图 4-69）

圈椅因圈背连扶手久负盛名，是世界古典椅子中以经验相传而成的独特范例。此椅以榉木制作配有软屉，典型的江南文人家具风格，圈背柔婉而强劲，扶手头为鳝鱼式，伸展有度，后腿抵圈无托牙，独"朝板"为"S"形双向相切，鱼肚式牙圈与修长的连邦棍相互映衬，从各个角度看，此椅都是曲直相对、刚柔相济。螭龙团花和灵芝形亮脚，是此椅的主要装饰点，文雅大方，尤其螭龙图案是正侧面造象，见龙双目，应该是明螭纹较早期的式，也说明此椅的年份不晚。

结构分析：从侧面看靠背板弯曲度大，很契合人体脊线，舒适度高，鹅脖弯曲适当，衬一托牙，使前探之势稳健许多。四个牙板辅助椅面边抹，管脚枨二高二低，不另附牙条，无一赘件，属成熟期圈椅最简约的范本。

装饰工艺分析：此椅冰盘作竹爿混面，无一复线，前、后腿全圆，不是后期椅腿外圆内方起线辅助的式样，仅牙板起

■ 图 4-69 榉木鱼肚牙螭龙团花圈椅（灵岩山房藏）

一道圆润珠线，配一团花、一亮脚，属简中求精、以少胜多的佳作。

横向比较：圈椅的主要构件是圈背连扶手，偌大的圈有同心弧，有多心弧。太湖流域偏向同心弧，椅圈浅 [图4-70（a）]，而有些后仰度大，更有一些流派作圆曰"簸箕式"，即弧中略带有方，坐感还不错，但看相略粗气 [图4-70（d）]。圈背的倾斜度也不同，大致往北偏大、往南偏小，可能是北方人长得高大，故有此需求。扶手也有出头、抹头之分[图4-70（b）、图4-70（c）]，装饰上更是各显神通，有方脚、圆脚，有阳雕、镂雕的，有前脚直挺扶手，也有鹅脖斜托扶手[（图4-70（e）]。有壶门牙板做主要装饰，也有罗锅枨配卡子花、矮老的。唯一不变的是都仿照建筑构架而成。

设计文化评价：明式圈椅的装饰也有简、繁，一般文人家具多集中于靠背板，俗称"朝板"（如大臣上朝时用的笏板），壶门牙板上功夫很深。图4-70（c）是"C"形式朝板，开框混面夹平板，中间镂空灵芝，两侧雕花牙。图4-70（e）是三攒板，上段雕螭纹，亮脚细巧复镂空小灵芝，典型文气，属苏式京作中文气的特例。所以鱼肚牙螭龙团花圈椅和以上几例比较更显得简洁、文雅，柔婉大气。

（c）束腰三弯腿圈椅

（d）满背壶门式圈椅

（a）黄花梨单弧连邦棍刀牙板圈椅
《明式家具珍赏》插图

（b）梳背式圈椅

（e）无连邦棍式圈椅

■ 图4-70 各式圈椅对比

赏析（图 4-71 至图 4-75）

（a）黄花梨直帐卡子花圈椅（维扬家具展）

（b）榉木单弧靠板大圈椅（林通木业供）

■ 图 4-71 黄花梨直帐卡子花圈椅与榉木单弧靠板大圈椅

■ 图 4-72 黄花梨单弧靠板壶门圈椅（清华大学博物馆藏）

■ 图 4-73 圭形朝板洼膛肚圈椅

■ 图 4-74 方腿方壶门式圈椅

■ 图 4-75 圆梗不出头圈椅

3）南官帽椅

专例：有枕脑罗锅枨南官帽椅（图4-76）

此件南官帽椅，属于低靠板平扶手型，敦厚稳重，构件纵横舒展，因搭脑、扶手都不出头，凸显了南官帽椅式的淳朴内敛。由于是江南地区的产品，所以顺一方水土，尺度略小，又因为以太湖流域中硬性榉木为材，所以整体构件制作略粗，显得丰腰柔润，特别是座面冰盘不做装饰线，仅做大混面，显得朴素厚重，很有现代感。椅座下面罗锅枨矮老也做得比较粗硕，扶手、前后腿也如颜字强劲丰满，诚属稀品。

结构分析： 南官帽椅的结构特征是搭脑不出头，这在宋元以前可能不会出现，因为搭脑与后背立杆相接，无论是割角榫还是烟斗榫都是有制作难度的，后者更甚。明代承宋式的玫瑰椅，出现了烟斗榫的形象，一般也仅流行于苏作地区，扶手插入背杆也与四出头官帽椅的水平斜插一样有难度，故南官帽椅看似平和淡定，但是制作技术和难度是所有椅子中较高的。此椅的创举是枕脑后冲式，借鉴了四出头搭脑的枕脑高度。

装饰工艺分析： 一般北方的壸门"火焰尖"较复杂（图4-77），南方的较为简单，江南苏作甚至多是平直线（图4-78），也不称其为"壸"了。而罗锅枨矮老卡子花的组合也是大江南北皆有，一般顶牙式出现较早，矮老式较晚，卡子花偏重唯美的做法，可能更晚。

南官帽椅的装饰中心当是朝板上的开光团花及亮脚，但此椅的朝板仅素面混边，以榉本山纹来装饰。南官帽椅（图4-79）座面下的装饰部位有壸门式、罗锅枨式、刀子牙板式之分，有的直壸门线还是像飘带一样的曲线。

（a）枕脑局部

（b）实景图

■ 图4-76 榉木单弧靠板大圈椅（林通木业供）

横向比较：南官帽椅式因搭脑平展，酷似明朝官帽而得名，但细究其形，是由宋以来一类靠背低而空灵的玫瑰椅演化而来，所以其成熟形制的出现应晚于四出头官帽椅与圈椅。南官帽椅出现后应该经历了三个阶段：①早期高背型，搭脑高度近于四出头官帽椅，有的搭脑中段还有凹形枕脑腔［图4-79（d）］，后退立杆上升也作了"S"形弯曲，同朝板一致。扶手水平展开，短鹅脖连接前腿，这样的形制应该出现得比较早，伦理感也较强。②中期搭脑［图4-79（g）］简化成圆梗，高度降低，扶手插入靠背的点却抬高了很多，这是受圈椅的启发，使其对大臂的依托更为舒适合理。③晚期则搭脑演化成罗锅枨形［图4-79（f）］，比较平整低矮，显得更平凡朴实，所以南官帽椅在全国流传最广，品类也最多。从大形看此件为明中期偏晚的作品。

设计文化评价：在明中期后，文官体制及文人队伍的扩大，造成了对家具伦理的一种新的认识，就是内敛、个性化、雍容大观，所以南官帽椅构件上的简、形制上的俭、装饰上的微妙变化，都适应了这一时期大众消费层的新要求，因此广为传播。此椅式由圆梗时期，到方圆梗合用期，再到方梗混面期，都有充分的发展，成为存世量最多的明式椅。

南官帽椅的文化特征有三点：一是搭脑与扶手高度的差距拉开，使脱胎于宋式玫瑰椅的形象完全以另一种新功能尺度展开，并获得社会的认可。二是搭脑、扶手的构件都做成了弯曲状，适应了人体功能的要求，这是吸收了四出头官帽椅的优点，做出了合理的设计调整，增强了中小型椅子的舒适度。三是吸收圈椅的装饰定位，把靠背板上部的团花、下部的亮脚小壶门线作为重点的装饰部位，赋予适合使用者身份、喜好的设计内容，如灵芝、螭龙、八仙、八宝等，增加个性色彩。

朝板细部

实景图

■ 图4-77 榉木平榫葫芦棒壶门南官帽椅（孟渊先生供）

154

赏析（图 4-78 至图 4-83）

■ 图 4-78 黄花梨三攒板南官帽椅（清华大学博物馆藏）

（a）

（b）

（c）

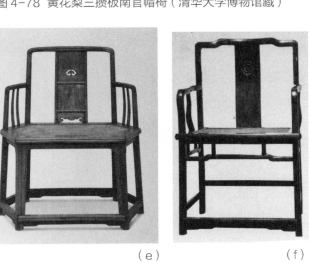

（d）　　　　（e）　　　　（f）

（g）

■ 图 4-79 各式南官帽椅

图 4-80 的构架比例与一般矮靠南官帽椅无异，唯扶手作了出头状，应是匠师创作的新款式样，传品中不多见，也足见此式无法得到当时社会商贾的认可，但对于此孤例设计界应引以为傲，这种胆略也是当下设计师要奉为楷模的。

■ 图 4-80 榉木二出头扶手南官帽椅（李斌先生藏）

图 4-81 的款式是典型的苏作"文椅"，属南官帽椅类，尺寸宽绰，壶门素雅而有张力，椅板虽为攒做，但造型古拙典丽，尤其椅板环螭纹饰，是清初好仿古玉的见证。扶手搭脑的曲线圆润、柔婉中生动有力，对人的肩、背、肘、臂都有很好的衬托作用，实现了功能性和形式美的统一。综上所述，可见清初对明式家具的推崇还是很有市场的。

■ 图 4-81 榉木三攒板南官帽椅

图 4-82 是一件双 "S" 高靠背南官帽椅，构架比例
比一般南官帽椅大，唯扶手不是水平状，而是前高
后低，是一种区域风格的体现，特别是搭脑作官帽
式枕脑，应是匠师创作的新鲜式样，也足见此式当
时得到了社会的认可。靠背舒适度非常得体，扶手
相对偏低，适合身材高大、上臂较长的人使用。靠
背板自上而下的渐变，运用得当。脚枨两高两低，
除脚踏外无牙条，与素壶门相得益彰。

图 4-83 为圆梗构架，藤面软屉，背板素式，直枨变
体矮老，椅盘边抹冰盘沿古朴、规整，非常丰富到位。
扶手平直，中间连邦棍 "S" 弯较小。此椅坐身适中，
后靠背板立杆与朝板都作双 "S" 形曲线。管脚枨两
高两低，脚踏与侧枨下都有牙板，属于明早期做法。

4）灯挂椅

灯挂椅因酷似古代挂式油灯而得名（图
4-84）。灯挂椅在明清的日常生活中
运用很广，图4-85是一幅明万历年间
的木刻画，图中清晰地展示出灯挂椅
在厅堂中的使用情况。在历史长河中，
图4-86的灯挂椅也许是一例很少见的
简约款式。

■ 图4-85 明万历年《紫钗图》

■ 图4-84 灯挂椅

■ 图4-86 简约的灯挂椅

专例：官帽搭脑直牙板灯挂椅（图4-87）

这件灯挂椅，背杆颀长，搭脑舒展有度，作鳝鱼头。椅面冰盘素混，不起线棱，配软屉。朝板较宽，弧形弯度不是太大，直牙板圈口以中等圆弧相交，落于脚踏，四腿外圆内方。管脚枨素圆，两高两低。脚踏起方棱前探，下有牙条相抵托。因是榉木，用料偏大。

结构分析：灯挂椅具有最基本的倚靠功能，配托腰、枕脑、靠背，虽无扶手，却很受欢迎，因为像古代挂式油灯而得名。结构难点在于背杆穿过椅子座面而维持整个靠背强度，造型难点是官帽搭脑俯仰变化取斜势，不易掌控。此类搭脑除了太湖流域，较少能做得如此得体的。朝板两侧也做成倒八字形，单面收圆角，也是太湖文人家具的特点。

装饰工艺分析：灯挂椅之美多在造型精妙，几乎没有依赖装饰纹样的必要，人称"美人肩"椅，亦多有朝板加团花开光、灵芝龙纹，若镂雕精美确也是添彩不少。此椅装饰手法取圆浑为主，仅前腿与牙板起一根弦线，可见古人用心良苦。

横向比较：灯挂椅的搭脑形式颇多（图4-88），超过四出头椅，原因是其形制简、构件少，便于变化而不需与其他构件互动呼应，如官帽式、牛角式、面条式、圆梗式及曲轴式都有。而与其他椅相比，灯挂椅使用转向灵活、起身方便、占空间小，现代宽敞或紧凑的空间皆可使用。

设计文化评价：中国人喜欢物尽其用，功能开发合理，旧时居住空间局促，经济水平也限定了少作扶手椅，所以单靠背椅兴盛，这样也符合国人的伦理感。而这种椅的形态个性，就世界文化而言也是极强的，几乎没有相近的出头形式及理念与之匹敌，最能体现中国文人甘清贫、崇傲骨的感性思维。此式用在餐厅、办公室既适合也最能体现中国范儿。

■ 图4-87 官帽搭脑直牙板灯挂椅（灵岩山房藏）

（a）官帽式搭脑

（b）罗锅枨式搭脑

（c）牛角式搭脑

（d）面条式搭脑

■ 图 4-88 各式灯挂椅比较

赏析（图 4-89 至图 4-91）

图 4-89 的灯挂椅在明式家具中，是一个常见的品类，有牙子牙板、顶牙高拱罗锅枨、壶门牙板、罗锅枨矮老等多种款式，而卡子花的较为少见。该椅用料细挺有力，冰盘下抛弧展而收边，属明式晚期之款，卡子花雕刻温润饱满，是清闲安富的庶族文人的内心独白，特别是前腿外圆内方但不起线的做法。

■ 图 4-89 榉木罗锅枨卡子花灯挂椅（明轩藏）

（b）灵芝纹细部

图 4-90 为官帽搭脑，刀子牙板，管脚枨圆润、两高两低，前腿内方外圆，突出特点是在"S"形朝板上雕了一个透空灵芝，形正纹美，是难得的优秀纹饰。椅面为铲簧镶板作，冰盘沿一混（弧面）一线（凸线或凹线），可见灯挂椅佳作年份跨度很大。

（a）实景图

■ 图 4-90 榉木透空灵芝纹灯挂椅（许明东先生藏）

161

■ 图4-91 榉木曲轴搭脑灯挂椅（一对）（灵岩山房藏）

图4-91的灯挂椅的搭脑式样中，有一类直线形且在中段错位拱起，而像一根曲轴的形制。如这对灯挂椅的搭脑，有两个突兀的切口，也不同于常见罗锅枨，应是早期搭脑变体的雏形。该椅运用的刀子牙板体现了明早期的传统格调，管脚枨两高两低，有明显的太湖流域的痕迹。软屉藤面，座面冰盘沿作竹爿混面。流畅的"C"形朝板，应该说是明式家具的早中期款式。整体器形挺拔清新，空灵俊逸，是一对难得的以纯线形结体的椅子。

5）玫瑰椅

玫瑰椅是一种很优雅的款式（图4-92）。虽然就今天看来它的实用功能不强，形式意味抽象，但是非常耐人寻味，一般认为它是宋式座椅的"嫡系"。玫瑰椅是椅子中较小的一种，用材单细，造型轻巧美观。从传世实物来看，它无疑是明代极为流行的一种款式。在明、清画本中摆法灵活多变，可用于书房、闺房等。宋画中，有一类低背椅可看作玫瑰椅的雏形［图4-92（a）］。

玫瑰椅搭脑横直低矮，只能倚，舍去了"靠"的功能，让人更能正襟危坐，专注于谈话、交流；靠背与扶手同高横平，使人联想到北魏的三面围屏矮榻，三屏直立与人肩同高，这种无扶靠功能的构件，更多的是为了体现仪式感。扶栏只是对君子姿态的规诫，体现了一种法度，故而瘦挺，强度可忽略不计。

（a）

（b）

（c）

（d）

（e）

（f）

■ 图4-92 玫瑰椅的沿革

专例：壶门牙子玫瑰椅（图 4-93）

这例玫瑰椅为楠木，上下均为素牙圈口，扶手下有矮栏杆，通身除牙板外都为圆梗，仅腿料为外圆内方，椅面冰盘也是半圆混面，不起弦线，是典型的苏作文人家具，也是玫瑰椅形式构架的标配。

结构分析：此玫瑰椅上下直线造型，受力均匀，除靠背搭脑与扶手四处盖榫（俗称烟斗榫）外，并无太复杂的结构难点。但是扶手下栏杆细如手指，上圆底平，仅为 12 ～ 15 毫米。冰盘沿抹头出榫，管脚枨都不出榫。圈牙稍嵌入腿中，因楠木性软，故用料直径比榉木略粗，比黄花梨、紫檀等硬木就更粗一点了，但是淳朴恬然之态更盛。

装饰工艺分析：玫瑰椅在于形和比例，一般不多施装饰为好，此椅仅有几道珠润的弦线。直料圆整，铲底平滑，所谓"清水出芙蓉，天然去雕饰"。

横向比较：玫瑰椅使用时限跨度较大，自宋至清，八百余年延绵不断，其形态特征是直背平横，略高于扶手，仅靠腰上部，让人正襟危坐，含胸拔背。玫瑰椅的构件南北差异很大，加之时尚更迭，有壶门、圈口、梳背、花板、开光等多种形式。

设计文化评价：玫瑰椅仪式第一、功能第二的设计理念的转变，符合东方传统礼教。玫瑰椅古雅恬静的形制不仅受古玩爱好者的追捧，也受到设计师的青睐，究其原因是它创造了东方人喜欢的"淑女型"格调。笔者曾将一把近代变体玫瑰椅在电脑上改形（图 4-95），结果发现放低搭脑后立即呈现心仪之态。可见只有维系在一定的"度"上，器物的形式、心理美感才会迎合人们的口味。

■ 图 4-93　楠木壶门牙子玫瑰椅（研山堂藏）

（a）勾云背圈牙玫瑰椅（灵岩山房藏）　　　（b）苏作壶门牙板玫瑰椅（怀古阁藏）　　　（c）屏背式玫瑰椅（林通木业供）

■ 图 4-94　南北玫瑰椅的区别

■ 图 4-95　仰弧高靠背玫瑰椅（明轩藏）

（a）榉木直背官帽搭脑交椅（怀古阁藏）

6）交椅、另类椅

专例：直背官帽搭脑交椅［图 4-96（a）］

直背交椅是最受文人欢迎的座椅之一，吴门画家多有坐于交椅上的自画肖像，如唐寅的《山庄图》［图 4-96（b）］。与霸气的圈背大交椅相比，直背者更小巧、文气，用料细挺，构架更是简单，少了许多附属构件，便于在书斋、庭院之间往返使用。

这把交椅为中低直背，榉木制作，织物软屉，有脚踏。所以坐高偏高，制作年代偏早，因此背上为圆梗，下渐方，座面屉穿绳大边、托泥均为方形，整体感觉疏朗、挺拔。搭脑双抛弧面较讲究，"C"形朝板上窄下宽有度，与背杆同弧度，坐深浅于普通灯挂椅少许。属于文人的玩赏家具，以及园林、交游家具。

结构分析： 官帽式搭脑两端较平。搭脑竖直与背杆相交（官帽式搭脑大都为倾斜），不用割角榫。座面两根穿绳条固定在大边上，与前后腿穿榫连接，椅子靠托泥支承，前托泥上设有内翻马蹄形脚踏，

（b）唐寅的《山庄图》

■ 图 4-96 直背交椅图例

是形象淡泊、结构合理到位的一件活动家具。

装饰工艺分析：此椅以构架为基准，形成方圆结合、疏密有致的椅式。不做任何起线雕刻，软屉以棕绳、丝带为编织材料，网状纹编结，线径细而牢固，形成一个看面。脚踏下的马蹄小巧玲珑，成为一个装饰亮点。

横向比较：明代结构交叉结体的坐具，形式多样。靠背有直搭脑官帽式、不出头南官帽式。朝板有"C"形，有反弧抵腰式，也有朝板分段镂花式。脚踏有直牙内翻马蹄式（图4-97）、壶门外翻马蹄式（图4-98）。

设计文化评价：交椅发展时间漫长，从东汉胡床到明代的直背交椅，有近1600年的民族文化融合史。从游牧民族、军队的便携家具开始，到宋代象征地位的圈背大交椅，再到明代文人雅士所好的园林直背交椅，是一条纵向的线，完成了一个哲学上的螺旋式上升。它实现了家具引导生活潮流的梦想，由此也延伸出各类休闲椅，对休闲、健身、活动家具有很大的促进作用。

■ 图4-97 柞榛直背亮脚镂花交椅（佚名藏）

■ 图4-98 榉柏后仰灯挂式直背交椅（怀古阁藏）

赏析（图 4-99 至图 4-102）

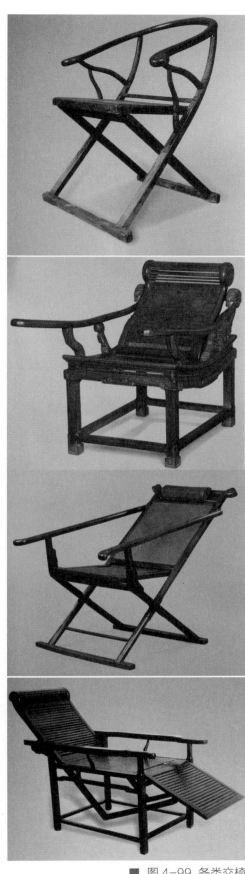

■ 图 4-99 各类交椅

■ 图 4-100 榉木四出头搭脑休闲椅（灵岩山房藏）

■ 图 4-101 榉木书卷式搭脑按摩椅（缺腿）（林通木业供）

椅背细部

■ 图 4-102 榆木灵芝纹卷叶腿排椅（灵岩山房藏）

（二）凳、杌、墩

1. 凳、杌、墩的沿革

凳类虽小，但在家具中也占有重要地位，发源于垂足而坐流行以后。

凳起源于墩，《集韵》曰："平地有堆曰墩。"在魏晋石窟壁画中，就有方墩或圆墩的形象（图4-103），若要垂足而坐先要满足能坐在一个实心体上，或模拟实心体的空构架，这就是墩和凳的由来。从史料来看先有框形的墩，后有四足的凳，宋代的八爪凳就是板式开光墩、榻结构的残留（图4-104）。

凳属于无靠背、无扶手的小型家具，伦理感较差，所以在古代日常生活中，大多为中下层人所用。加之其轻便，易于携带，所以宋画的多种场景（图4-105），甚至庭院，都有其影子。凳的种类其实也有尊卑伦理观，其排序为方凳（图4-106）、杌子（图4-107）、墩（图4-108）。另有民间常用的春凳、两人凳、条凳、小凳、上马凳等。

古诗中曾有皇帝赐官员坐"紫金杌子"和墩的记载，也有讥笑某家妇人坐凳而无法度的记载。可见古代小小的坐具也有贵贱等级之分。凳的尺寸一般为40～50厘米见方，但高度要高于椅子，达到48～52厘米之多，因为无靠背，高了才使人重心前倾，容易保持平衡。

■ 图4-103 云冈石窟菩萨坐鼓凳

■ 图4-104 敦煌壁画《迎昙法师入朝》中的八爪凳

（a）《宋人吹箫图》中的剑腿凳

（b）宋画藤足开光凳

■ 图4-105 宋画中的凳

■ 图 4-106　有束腰罗锅枨马蹄方凳

■ 图 4-107　明无束腰双枨机凳

■ 图 4-108　红酸枝五开光鼓钉墩（何惠忠先生供）

此墩（图 4-108）尺度适中，墩柱膨出饱满，劲挺而抛大弧度，张力较强，膨牙宽大，且起一条珠线、一圈鼓钉，与托泥装饰相对应，处处表露简洁与统一，体现了明式墩的审美情趣。

2. 专例分析

专例：裹腿直枨矮老方凳（图 4-109）

此凳为劈开纹面盘，圆脚裹腿枨矮老长方凳，但管脚枨离地较近，面与牙角都是圆包圆裹腿的做法，皮壳尚好。

结构分析：裹腿结构是明式成熟期所创款式，有仿生、仿竹器的内涵，结构接点较复杂。

装饰工艺分析：凳类圆包圆结构，是考究的做法，美观效果也相应提升。文人家具不依赖雕刻纹饰，惯用构件转折中产生的美来取悦于人是可取之法。

横向比较分析：方凳的构架形式多样，有杌凳、束腰凳、直腿喷面凳、圆包圆凳，以四平式为最早，也稀见托泥式、八叉脚式方凳。裹腿凳相对较少，而且多偏于文气的家具。

设计文化评价：方凳在明代时多作长方形凳面，入清后多见方形状，可能与西方文化输入有关，国人在方位伦理上很严谨，如宋代长方酒案，所以早期明式凳多长方形，与此有关。

■ 图 4-109 榆木裹腿直枨矮老方凳（善居藏）

赏析（图 4-110 至图 4-113）

■ 图 4-110 榉木软屉六角凳（善居藏）

此六角凳（图 4-110）凳面较小，配软屉，坐高较高，牙板洼膛起钩，富于装饰。凳面与凳腿走海棠线兜通，腿边抹管脚枨，都起阳线，尽管制作年代久远，做工仍然一丝不苟。

■ 图 4-111 楠木直枨刀子牙两人凳（明轩藏）

■ 图 4-112 榉木撇开纹面罗锅枨矮老春凳
（灵山岩房藏）

在明式家具初创中，限于榫卯结构的作用和技术水平及宋式的惯性做法，在家具中运用加强枨式设计，如双枨式、牙板加直枨式等。图 4-111 中大边抹头圆浑，不做盘线。四腿正圆，直枨扁圆形，仿承宋式，整体比例匀称，风貌妍秀，平和淡然，尽显文苑清韵。

图 4-105 喷面敲框，软屉为座面，劈开纹牙条裹腿，四足圆润，挓度内敛，但腿间为罗锅枨，弧度起势优雅、精准，颇有古意。矮老在中间，既是形式分割，又是重要的加强支撑。文人家具在改革宋代的托泥过程中，十分重视枨的受力作用，形成美观与功能统一的理念。

（a）海棠面有托泥凳

（d）四开光束腰圆凳

（b）有束腰三弯腿圆凳

（c）五开光鼓形圆墩

（e）《金瓶梅》中的六角凳

■ 图4-113 各式墩赏析

（a）战国床

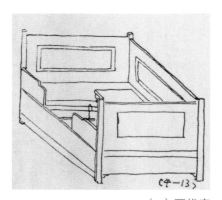

（b）汉代床

（c）五代床

（d）元代床

■ 图4-114 床的沿革

五、经典款式解析——卧具类

床

1.床的功能与审美沿革

床是中国最早的家具之一，起初是作为象征地位的坐具[图4-114（a）、图4-114（b）]，前后有栏像戏台一样，"人君处匡床之上而治天下"，这里的床多是指坐、卧具混用。经过秦汉、魏晋的风俗演化，到了唐、五代时期躺的功用才固定到床上（图4-114（c）、图4-114（d），而它的坐具功用才逐渐为椅子所取代。

今天常见的传统床的形制，如架子床，是到明代才逐渐成熟的器形（图4-115），而古床的功能形态被稍加改动，以罗汉床与凉榻的形式流传下来，在书斋、客厅内作为次要卧具而沿用下来。随着使用功能的创新与拓宽，床又发展出了新的形式——拔步床，这类床的尺寸巨大，外形就像一座房屋，所以也称作飘檐拔步床，其是在架子床前面加了一个轩廊一样的顶、围栏，以及宽大的床前踏板，上面甚至能放脸盆架、梳妆镜台以及恭桶箱之类的物件。

■ 图4-115 榉木双卪足八柱架子床（何惠忠先生供）

在明式众多的床例中，大多是四腿立在床的四角为支点，这样的构造在连接上比较方便（图4-116），但是床框的大边由于太长容易弯曲变形，所以也有一种案形结构的壶门宝剑腿架子床，类似游牧民族"车"的形象。

中国的床的结构，始终在一个框形构架中演化，首先卧躺的面除了有硬板与软屉之分外，没有曲面和弧边。其次处于四季分明的温带民族，对驱虫的功能早就予以关注，所以帐架的概念应该早已形成，具体形式从明初的单檐到复檐、飘檐，再到清代的屏式床榻，只有形式的变化，没有实质性的功能创新。元代家具遗迹甚少，难以评估其时代风格，但插肩式剑腿床，应该有元代遗风。

床按外观主要分为两类。

①围子床。床体很大，三面有围栏，有帐架。座面以下有脚枨或箱座。

②屏风床。即罗汉床，三面等高，或后栏杆高、两侧栏杆低。床前设有脚踏凳，有三屏、五屏、七屏之分，上面满是花饰，一般没有帐架。还有一种简卧具称为凉榻，仅榻面下有四足。

■ 图4-116 各式明式床

2. 专例分析

1）架子床

专例：壸门宝剑腿架子床（图 4-117）

该床是一件六柱壸门牙剑腿架子床，穿软屉连框制作，边抹下做复框座（实为束腰构件反凸而成），剑形退足与牙板连接，插入边抹为床架，看似与一般架子床的结构大相径庭，其实只是受草原文化影响，将腿足收进呈案形，反映出明式床融入了少数民族家具元素。床的受力点从四角向内移，单尖大壸门与回字挡栏杆保持了明式床形的简约风格，但是床架的禹门洞分割和牙板牙子宽窄比例比较随意，缺乏经典苏作的精到，可以说这是一件略逊于文人家具的作品。

结构分析：这是一件案形足结体的少见床型，插肩榫为床的主要受力点，所以粗大、壮实。着力点内收使床的梁式大边距离缩短，有利于床的荷载功能均匀分布。床框微出头，挑起帐架及四柱，托起并不太重的帐架是完全可能的，围子的攒接做法与帐架的割角节点达到了苏作的基本标准。

装饰工艺分析：此剑腿床的牙板、禹门洞、壸门都未起线，六根床柱及床围子也未做混面修饰，唯有床柱垫的造型比较细致，帐架的雕刻也比较丰富。此床的整体造型比例适度，下实上挺的气势雄健脱俗，尤其是腿足的抛牙与单尖壸门舒展有度，充分体现了明式文人家具对形线追求的"范"。

横向比较分析：这里专论此例，一是推断剑腿式床出现在明代早期，款式值得深入研究，它具有"元式床"遗留的"勒勒车"外形的痕迹，同时也在力学上突破了汉式框形床榻架的范例，是明代卧具重展雄风的桥梁。

■ 图 4-117 榉木壶门宝剑腿架子床（怀古阁供）

■ 图 4-118 垂花门竹纹飘檐拔步床（陈仲贤供）

图 4-118 为拔步床。三面不封板，私密性不同于其他的拔步床，从中可以读到明晚期至清的装饰元素：垂花门仿建筑构件是早期做法，床前的花栏板完全仿窗棂格，垂花床楣锁子甲纹一如建筑中门的气势。装饰造型手法多样，如仿竹透雕栩栩如生。二重床罩更如两扇宋式棂格落地门格局，实板床额，倍觉古拙，前、侧高栏却有清式的影子，其丰富程度体现了古代设计中文化融合的一面。床身床框气势凌厉，足见古代匠师把握审美尺度的能力，此器值得深究。

图 4-119 为单人床，床座束腰牙板一木连做，四周牙板为壶门式，四脚内翻兜转有力抱柱圆球，为明早期款式。壶门非常优美，线脚老辣，床栏杆为常见海棠花，移植在小床上是比较少见的。床腿抱球踩莲一木连做，小珠的作用很明显，既保护了马蹄球，又增加了节奏感。

■ 图 4-119 榉木壶门抱球足菱花围子架子床（博古斋供稿）

图 4-120 为六柱架子床，床座仿宋式壶门足，古朴、俊朗。床柱方形混面，床帽厚而喷出少许帐围花形为灵芝纹，简洁疏朗。而床围子前后统一，有竖枨分隔，一段段隔成开光状，中间缀一组如意花八角纹，形成主要装饰元素。此床在苏作家具中很有独特性，是充满个性色彩的文人创意型家具。床的木料也厚重，下方粗壮方腿与托泥相连，方腿之间均做直牙式壶门，是整体器形最华丽的高潮，文绮、沉静，让人流连忘返，不忍移去目光。

■ 图 4-120 榉木六柱灵芝纹围板开光足架子床
（端木堂供稿供）

■ 图 4-121 各式床品鉴

2）罗汉床

专例：螭龙围板膨牙鼓腿罗汉床（图4-122）

此床款式别致。围板以螭龙透空雕而为，充满张力，软屉榻面，榻身边抹下做束腰开窗膨牙鼓腿造型，进一步突出了螭龙神游的灵动雄健。

结构分析： 围栏为实板或敲框镶板的常规做法，此件改为实板镂雕纹样，对榫卯强度的连接是一个考验，暗榫的节插口需要合理安排。床面之下高束腰，开禹门洞构件，又对鼓腿与边抹的连接提高了要求，在这里厚实的膨牙斜势插入起到了很好的稳固作用。

装饰工艺分析： 此床的观赏价值很高，关键在于其装饰形式与众不同，放大后的螭龙纹得体地契合围栏功能，既体现了匠师的巧思，也体现了其功力的深厚，手法严谨而卓越。放大的龙眼、鼻、口、角柔和到位，不显粗陋反而增添可敬可亲的情趣实属不易，束腰的开窗形态丰富适度，鼓腿膨牙更是抑扬顿挫、笔笔有丰蕴之力。

横向比较分析： 作为罗汉床围栏，做实板、做攒接法的有很多，而以实板做三面半圆、镂空雕处理的很稀见。所以，这件罗汉床可谓匠心独具、纤想妙得，深藏文化修养与内涵。而玲珑剔透的围板配上并不太粗硕的弯腿，相得益彰，也体现了匠师设计功力的成熟老道，有意与其他床榻迥然不同。

设计文化评价： 对于实用艺术来说，每一点改进都是对社会整体的推动，其现实意义远高于一般的艺术品。一件有创意的作品摒弃世俗老套，敢为尝鲜，有助于推动生活品质的提升，所以这件作品应该是文人家具中的杰出典范，后人需要学习的不仅是此式，更是这种敢于在人们习以为常的领域内另辟蹊径的精神。

螭龙栏板细部

实景图

■ 图4-122 榉木螭龙围板膨牙鼓腿罗汉床（灵岩山房藏）

赏析（图 4-123 至图 4-125）

图4-123为三围板五屏式，框架挺拔，榻身凝重，大边、束腰混厚，反而使牙板细挺秀气，衬托马蹄内翻、兜转有力的钩劲。围屏镶板刻高浮雕螭龙，形态灵动，栩栩如生。牙板起线流畅有力，是一件典型的"东山工"榻床，体现出吴地家具比例匀称、仪态饱满，以及形线张弛有度，确实为江南佳作之例。

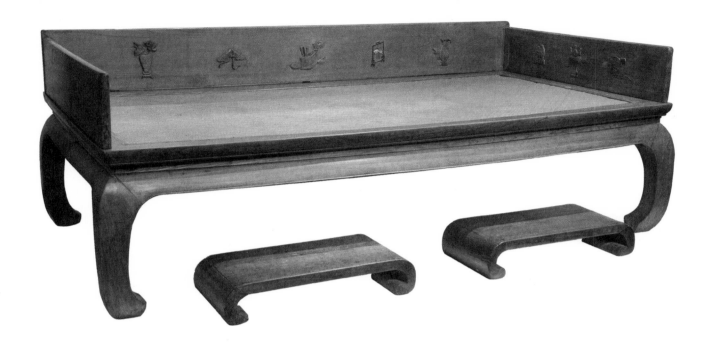

■ 图 4-125 榉木膨牙鼓腿三围屏嵌八宝罗汉床（灵岩山房藏）

图 4-125 为围板三屏式有束腰膨牙鼓腿内翻马蹄，出自无锡荡口古镇。框架挺拔，榻身凝重，大边束腰混厚，牙板微抛，细挺而秀气，衬托长马蹄内翻而兜转有力的钩劲。围屏为厚板，镶高浮雕"八宝"图案，均为嵌彩石而成，形态各异。高浮雕立体感强，工艺精湛，代表着晚明时期人们向往美好生活的淳朴愿望。牙板起线高叠且有韧劲，非常圆润。这是一件典型的"苏作工"榻床，体现出吴地家具比例讲究、造型劲挺雄健、形线俊朗有度，确实为明式文人家具佳作代表。

3）凉榻

专例：有束腰膨牙鼓腿螭纹榻（图 4-126）

明代榻与唐宋之前的榻功能完全不同，主要是躺。此榻面宽，敲框穿棕绷编细藤，为典型的明式文人家具软榻，榻面盘较厚、束腰内收、牙板膨出，鼓腿长而弯度大，俗称漂亮的"香蕉腿"。器物保存完好，皮壳清亮尽显榉木华纹。

结构分析： 榻结构的关键点在于腿与面接合点的稳固度，尤其该榻腿间无枨，只能靠上宽下窄的腿形，来增加牙板与腿的抵力，加宽的束腰增强了抗压力，提高了无枨榻的牢固度。

装饰工艺分析： 文人家具在形态曼妙的基础上，几乎不需要附加装饰，此榻因做于清中期，所以除牙板连腿起线外，在牙板上增加了一组古玉纹样，恰到好处，彰显出文人家具以小博大、着力一个点而控全局的设计理念。

横向比较分析： 榻床的形式颇多，主要在腿上做出变化，常见马蹄腿、三弯腿、直腿罗锅枨等式，但也有稀见的剑腿式与圆腿处撇式，体现了文人家具百花齐放的情怀。同时也反映了有枨榻用料细巧、无枨榻用料必壮硕的特点，看来先人早认识到托泥、管脚枨对打扫来说是一种负担，所以宁用大料来创造便捷生活。

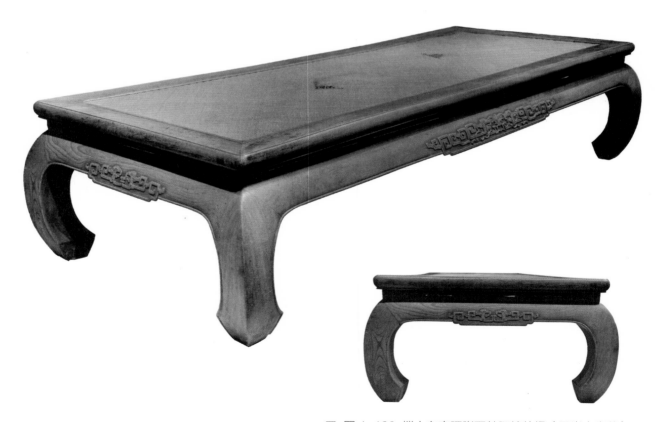

■ 图 4-126 榉木有束腰膨牙鼓腿螭纹榻（灵岩山房藏）

186

设计文化评价：中国榻型源于秦汉，到宋代方有完备的高榻（图4-127），这是休闲文化发展的结果。榻作为人们相叙或小憩的用具，早于西方的"沙发"概念。无栏无围、四面都可以上下，有充分的伦理包容性，体现了东方的生活哲学。这件清作的榻，在造型上充分遵循了明作的规范，出自无锡荡口，给后人留下珍贵的文化信息。随着社会经济的增长、文明的提升，榻类家具在东方社会生活中更会体现其宽泛的生活情趣及调济功能，更加受人欢迎。

（a）唐代榻

（b）五代木榻

（c）宋元古韵有围栏木榻（佚名藏）

■ 图4-127 凉榻的历史沿革

赏析（图 4-128 至图 4-133）

■ 图 4-128 圆腿罗锅枨凉榻

■ 图 4-129 插肩榫剑腿凉榻

■ 图 4-130 束腰直牙马蹄凉榻（邢伟先生藏）

（a）明六足折叠式榻（北京故宫博物院藏）

（b）《风华明式》中的外霸王枨直腿小马蹄榻

■ 图 4-131 稀见古榻

■ 图 4-132 榉木有束腰壶门牙三弯腿凉榻（林通木业供稿）

■ 图 4-133 榉木有直枨矮老圆脚撇腿凉榻（陆林先生藏）

图4-133为无屏凉榻，是明代文人书房首选之器，文震亨在《长物志》中说"云林清秘，仅一几一榻"，说明古人对书房家具的要求是少而精。此榻狭长，边抹用料厚实，尤其四根椭圆形的腿料特别壮实有力，罗锅枨细长但劲挺利索，矮老也很秀气。最令人赞赏的是，椭圆腿下端足部微微外撇，一如黄庭坚书法大撇大捺之笔意，极具文人匠心独运的风范。

4）弥勒榻

参禅、打坐是佛教引入后，出现的一种修炼功课的行为仪式。一般要作跏趺坐即足背接触座面盘膝而坐（图4-134），所以需要宽大的座面以保证人体不接触靠背及扶手，形成了一种独特的有靠背、扶手却不能依靠的坐具——禅榻，也称为弥勒榻。

一般参禅、打坐多用座面宽大的禅凳、禅椅（图4-135），由于有级别的高僧或有身份的居士需要一种特殊的参禅坐具，所以使用罗汉床的围板与宽广的禅凳座面，将围板的仪式感与座面的实用性结合，达到一种特殊的功用，催生了一类稀见的坐具出现。弥勒榻的尺寸一般不超过1.3米左右，只能坐、靠，而不能躺，有时需要配凭几、隐囊一起使用。

■ 图4-134 敦煌西魏壁画《禅修图》

■ 图4-135 唐代弘法大师像（奈良法隆寺藏）

赏析（图 4-136）

■ 图 4-136 榉木有束腰三弯腿弥勒榻（灵岩山房藏）

图 4-136 是一件三围子弥勒榻，属于打禅用的"宝座级"坐具。素混面实板为屏，后屏作"罗锅线"三屏状，与大抛牙洼膛肚牙板相呼应，属于清早中期的作品。而三弯内卷叶腿的形态刚柔相济，似有明风尚存，沿牙板的半圆线体现了精致的做工，洼膛肚部分出现皮条线，运用了明式早期流行的皮条线，是较为珍贵的工艺痕迹。忍冬纹花饰也非常流畅写实，有西洋装饰手法渗于其间，属木行大器之工。在结构上，三围屏板的连接点非常有特点，有两板结合部位镶木楔形的构件，属于创新的做法。

六、经典款式解析——庋具类

柜

1. 藏的功能与柜的发展

庋具是一类满足贮藏功能的器具，为后堂内室所用，上古时期由于人们对此关注较少，其演化较慢，款式也少，多见箱、箧、椟、匣，一些熟语如"翻箱倒柜""买椟还珠"就是例证［图4-137（a）至图4-137（c）］。

随着人们越来越注重生活品质和文化情趣，柜架类就显得热门起来，唐宋时期柜的使用就比较普遍了，出现了方角柜、圆角柜。元明时期橱、柜就更加丰富多彩。除了出现了柜门能自动关闭的圆角柜外，还衍生出其他品类［图4-137(d)至图4-137（g）、图4-138］。尤其是明万历年间，收藏之风日盛，推出了万历柜，这种以展示藏品为功能的家具，在没有玻璃使用的年代确实使家具的面貌焕然一新，在藏与露之间，设计理念得到了升华，开创了展示家具的先河。

（b）汉代漆盒

（c）宋代竹笈

（a）秦汉漆盒

（d）元代柜桌

（e）黑漆五抹门大圆角柜

（g）明代闷户柜

■ 图 4-137 庋具类的沿革

（f）明末清初的亮格柜

■ 图 4-138 大漆彩绘瓜棱刀子牙板圆角柜（北京故宫博物院藏）

2. 专例分析

1）圆角柜

专例：瓜棱刀子牙板圆角柜解析（图 4-139）

这例圆角柜是典型的尺度中等了、造型修长、柜体比例适度的大小头柜。有闷杆而中心铜件抢眼，柜帽喷圆起二线，整体弧线柔婉、直线挺拔，而挓度下放上收之势，尤添稳健之风，属榉木圆角柜中的上品。

结构分析：圆角柜部件众多，藏物丰富，加之自身重量很大，所以必须牢固结实。落到各个构件上，柜身的四根立梃外圆内方，闷榫在内不外露，横档自下而上，根根插入柜梃，连接处或割角或齐碰头。闷柜帽上喷，上下框素面落门臼，帽头边抹如桌面一样压在四梃上，前后左右框料都较粗，门框与中梃闩杆却要细许多，门打开后，一松手，门能在重力作用下自行关闭，所以制作难度很大。

装饰工艺分析：圆角柜的装饰手法是多样的。一是柜体弧面与平面相交，凹凸形线丰富；二是主题突出，有挓度的柜身气势不凡，线条挺拔；三是利用双门与两侧板的木本纹理，形成完美自然的装饰趣味。

横向比较分析：与方角柜比，圆角柜个性突出，收纳、封闭、防尘性能好，与闷户柜一样，还兼有一定的防盗性。还有一种双门到底并且不带闩杆的圆角柜（一般认为后来演变为书柜或较开放空间使用的家具），由于没有闩杆，门的开启、取物的方便程度大大提高。透空直棂柜、花格柜也有做成圆角柜的。

设计文化评价：圆角柜是传统柜子中最有造型特点的，据考证，与农耕社会的谷仓形式有直接关系。最初的柜型多保留农户谷仓的结构特征，如图 4-138 的大漆彩绘瓜棱刀子牙板圆角柜，后来设计形式有独立性，看似与其他家具外貌不和，但是笔者收了两件另类家具，一是罗汉床，二是钱柜，都是从圆角柜的结构中脱胎而来[图 4-140（ a ）图 4-140（ b ）]，可见已有匠师已关注家具陈设的系列性和成套感。圆角柜的文化个性较强，体现了东方哲学的圆和绵里藏针的生活理念。在平和的外表下，有丰富的构造理念与象征意义，以及特别的闭合创意。

■ 图 4-139 榉木瓜棱刀子牙板圆角柜（灵岩山房藏）

赏析（图 4-140 至图 4-144）

（a）圆角榻床

（b）圆角钱柜

（c）刀子牙板方凳

■ 图 4-140 圆角系列化设计实例

■ 图 4-141 榉木刀子牙板圆角柜（周建新藏）

■ 图 4-142 榉木四门无落膛刀子牙板圆角柜（许明东藏）

图 4-142 圆角柜立面规方，宽 108 厘米，深 47 厘米，高 137 厘米。柜帽喷出，柜体上下挓度显著而又不夸张。尺寸比例适宜。此柜迎面开阔，以小见大，设摇梗门四扇。四门柜常有，而小四门柜不常有。之所以设门四扇其原因有二：首先过宽的门会给木轴带来较大负担，容易损坏；其次四幅小门，有四屏条之感，若稍刻诗文、绘画于其上，更是一片丹青天地了。一门到底的不多，应为书斋清玩之品。其细部也精致优雅，正是增之一分则太高，减之一分则太低，实为太湖榉木文柜中的绝佳之作。

■ 图 4-143 榉木刀子牙板书架（灵岩山房藏）

■ 图 4-144 榉木方梗圆角书柜（博古斋藏）

2）亮格柜

专例：直腿有屉带托板亮格柜（图4-145）

此柜通身瘦长，亮格与柜门不做直线分隔是其特点，亮格的分隔采用实用构成的手法，与一般的博古架不同（图4-146），体现了匠师设计的功能至上的出发点。五个抽屉分上下布局，也体现了这一点。

结构分析：颀长的门，竹爿混面门框面板起堆肚，使平板的立面富于起伏变化，既达到装饰目的又防止板面变形。侧面的亮格对应框架附加牙圈，起到应有的装饰和遮挡作用，说明制作者的理念是采用表面简约而细部丰富的手法。

装饰工艺分析：此柜的装饰手法是多样的。一是以线、面为第一语言，柜体中的弧面与平面相交，凹凸形线形成对比。二是主题突出，无拖度的柜身气势不凡，纵向挺拔，框型分格大小对比适度，丰富立面。三是利用四门与五抽屉的数列美，来形成理性的装饰趣味。

横向比较分析：与其他书柜相比，此柜个性突出，收纳、展示、封闭、防尘性能兼备，显示了明式的柜体之美可以多样性。

设计文化评价：该书柜在古典柜子中多丰富造型是其特点。因为书柜体现的文化个性较强，也将主人的喜好和东方哲学的生活理念相融合。在平和的外表下，有着丰富的构造理念与象征意义。

■ 图4-145 榉木直腿有屉带托板亮格柜（灵岩山房藏）

■ 图4-146 一例亮格书柜上部（灵岩山房藏）

赏析（图 4-147）

■ 图 4-147 榉木有托子灵芝纹围栏刀子牙书架（孟渊先生藏）

图 4-147 的书架有托座，外形高大，帽沿喷出，四腿有力，混面四角洼线，中间有一支香线。栏板雕镂空灵芝纹，呈两方连续纹满排，比较别致。刀子直牙板，牙头颀长，整个架与托子之间均无抽屉，属于一件讲究、空灵的书架。

帽沿与书架托子的喷面、盘沿都是作两线夹混面，代表了一种时尚的风格，与刀牙起线相呼应。

架座整体比例匀称，挺拔有力，宽大的构架与精细的灵芝雕花进行虚实对比，富于文人情趣。

3）闷户柜、钱柜、棂格柜（图4-148至图4-151）

■ 图4-148 柞榛木双屉海棠牙闷户柜（肖建华先生供稿）

（a）实景图 　　　　　　　　　　　（b）花叶牙细部

■ 图4-149 榉木花叶牙喷面圆角钱柜

■ 图 4-150 榉木棂格书架（承启堂供稿）

（a）金钱纹细部

（b）《营造法式》中的金钱纹

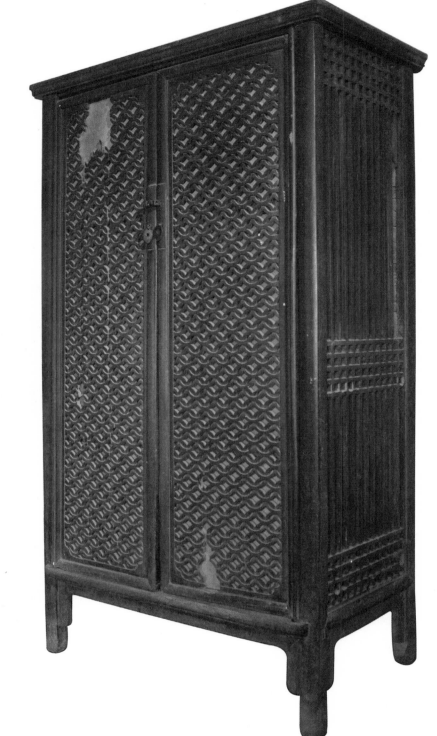

（c）实景图

■ 图4-151 柞榛木镂空金钱纹刀子牙板方角柜（许明东藏）

赏析（图4-152）

■ 图4-145 各式柜赏析

七、经典款式解析——其他类

1. 不可或缺的屏、架、箱、盒

明式家具中的其他类包含屏、架、座、箱、盒等，若以文人家具来定义的话，这些都属于文房小家具及文案用器。结构、形制同样是从建筑演化而来。

屏：大的如折屏，七八米长，如照壁一样宏大；小的砚屏如手掌一般大（图4-153）。屏作为单件家具，起源于秦汉，人们置于床边挡风之用（图4-154），以后逐渐扩大或缩小为多种实用器具。在宋代有堂前之屏、折屏。明代文人家具中，屏纯属提升生活格调的"展示牌"，可录古训、家训以警示或勉励，也可载绘画、书法以怡情，还可点缀珍珠、宝玉、宝石等以炫富，其构架形式也多种多样。还有放在书桌上的砚屏。

架：实用的托架，在生活中必不可少，像冰鉴架、火盆架（图4-155）属于古代空调系统的配套用具。衣架的构造，借用了立屏式，即二托泥，四站牙撑立杆，然后撑起多层横杆，顶杆多两边探出可挂帽子，托泥之间有小圆杆，可搁置靴袜，这种结构有春秋时期剑架的痕迹。由于衣架为轻便家具，用于装饰的站牙与探头就丰富多变、千姿百态，往往成为命名的依据，如双圈书条纹中牌子衣架，也有较为特殊的圆梗撇脚衣架，更显古朴优雅。衣架是明人生活中的重要物件（图4-156），无论独架、双架，在挂衣裳、裤裙方面都卓有成效。由于古人衣服结构的单一性与形式的多样性，所以明人统一用横插式的衣架，可适应各类衣裙的悬挂，少的二档，多的三四档，有的在中间有牌子起到装饰与分档的作用。此外，也有少量的双档横撑并列，可获得更多的悬挂面。还有一类是用途较广的面盆架，结构清晰，立体感强，富有装饰性（图4-157）。

箱、盒、多层提盒、轿箱：拜帖盒是古人的日常办公用具，如今也不能褪去其上层用品的光环，成为文玩陈设品。而轿箱只是重要的办公用品，其结构工艺一般不太复杂，但做工精细、

■ 图4-153 插屏式小座砚屏

■ 图4-154 汉彩绘屏

装饰到位，是伦理之邦的小件"大器"

另一类书箱、奁箱（图4-158）、首饰盒却与上面不同，
有可能在今后的生活中继续发挥其功能效应。而文
具盒更是明代文人的重要文玩用品，从书插到小屉
搁置印章，还有多子盘、笔筒、墨床、水注、镇纸，
其用途应人而异，应有尽有。

■ 图 4-157 灵芝头面盆架

■ 图 4-155 有束腰膨牙鼓腿火盆架

■ 图 4-156 战国云雷纹架子

■ 图 4-158 宝座式镜台奁箱

2. 专例分析

1）衣架

专例：弓背站牙翘头衣架（图 4-159）

此件为榉木作，形体宽大，搭脑舒展为帽翅头式收尾，足见明人的形态、伦理元素观念还比较强。

结构分析：从明墓流传的实物上，就能看到古人对衣架的重视，有单、双立杆是常例。这件衣架的结构特点是简中有内涵：一是搭脑有了一定的装饰作用；二是有了明显的社会阶层特征；三是此衣架无中牌子，应是构造学的螺旋式上升，即晚明时期以简为规格、身份高的结构理念。

工艺分析：作为典型苏作榉木器，构件形正圆润，榫卯精到，所以气度非凡，体现如下：一是以圆材为主，统一形线，便于精工细作；二是直径粗细匹配，榫卯大小就划一而定。

横向比较分析：横杆增设长矮老既是结构，又是装饰，替代了中牌子，有别于大多数明式衣架，这体现了明式成熟期追求结构美的自信心增强。尤其在太湖流域多用榉木，家具构件改细改少是常识，所以衣架间插角下单撑多被舍弃，把主要装饰点聚焦在搭脑与站牙上。

设计文化评价：细部精致，舍去中牌子而凸显搭脑与站牙的形线，有利于表现曲线构件求准求精。这不是简单的功能表现，而是审美理念上有较强突破，突出了简约的人文色彩。

■ 图 4-159 榉木弓背站牙翘头衣架（灵岩山房藏）

赏析（图 4-160 至图 4-164）

实景图

翘头局部

■ 图 4-160 柏木圆梗撇脚翘头衣架（半梦斋藏）

■ 图 4-161 圆梗中牌子翘头衣架

■ 图 4-162 双圈中牌子翘头衣架

■ 图 4-163 方杆官帽搭脑衣架

■ 图 4-164 双杆鳝鱼头衣架

图 4-160 的衣架造型秀气，全部用圆料构筑上身，中牌子装饰很特别。用镶板开圆窗为主要元素，整体结构清晰，分割比例适宜。站牙疏朗劲挺，唯托泥用方料。整件衣架形制细巧，结构紧凑灵动，构件多而有条不紊，在转折灵动中显示出太湖家具以线为美的亮点。

2）脚踏（图 4-165 至图 4-167）

■ 图 4-165 榉木冰裂纹有束腰马蹄脚踏（善居藏）

■ 图 4-166 榉木有束腰壸门牙小马蹄脚踏（明轩藏）

图 4-166 为大床脚踏，长 1 米，进深 55 厘米，高 18 厘米，是比较少见的脚踏尺寸，可见是配大型架子床所用。无束腰，牙板稍抛与腿连接，因为脚踏长，中间加一短足加固，然后向两边翻马蹄，其实是早期壸门型托泥架的退化残留。

■ 图 4-167 明万历《入境阳秋》插图

3）灯架、盆架（图4–168至图4–172）

图4–168 的灯架以插屏式架座为形，最底下的墩子有石鼓形，是早期款式，牙子的壸门弧线优美，涤环板上有海棠形开窗，两端变体为圆形，站牙为简洁的勾云纹。灯杆细圆，顶框设中牌子镂雕海棠形开窗，两端向心镂出灵芝花圆雕，再向两侧是两个镂空的心形。圆形灯托下有两片灵芝勾云纹牙。纵观全局，精心创造了较多稀见的明作元素。

■ 图4–168 榉木鼓座式灯架（灵岩山房藏）

■ 图4-169 榉木五足鼓形面盆架（牟军先生藏）

■ 图4-170 柏木黑漆描金灵芝头面盆架（林通
木业供稿）

■ 图4-171 榉木龙头卷叶足面盆架（林通木业供稿）

（a）莲头细部

（b）腿足细部

（c）实景图

■ 图4-172 柏木莲叶头马蹄足面盆架（雅典堂供）

212

4）插屏、文玩案座（图 4-173 至图 4-175）

■ 图 4-173 紫檀直开窗刀牙披水插屏（刘传俊先生藏）

■ 图 4-174 黄花梨桌上灵芝牙小翘头案（维扬家具展）

图 4-174 的小炕案，两端有翘头，直牙
横撑双腿，腿部双线夹混面直抵托泥，灵
芝牙头的细巧与挡板的大灵芝形成较大的
对比，更显得器小而凝重。

（a）屏座

（b）插屏一

（c）插屏二

■ 图 4-175 屏座与两例插屏

5）神龛、镜架（图 4-176、图 4-177）

■ 图 4-176 紫檀五屏式带屉镜架（林通木业供稿）

■ 图 4-177 黄花梨壶门牙板混面座佛龛（维扬家具展）

6）文玩小品（图 4-178 至图 4-184）

■ 图 4-178　黄花梨嵌八宝葵口大笔筒
　　　　　　（刘传俊先生藏）

■ 图 4-179　铜九峰笔架山、剔红羲之爱鹅毛笔（刘传俊先生藏）

■ 图 4-180　黄花梨独板小几、紫檀座天然原形水晶花插、紫檀墨床、紫檀镇纸（刘传俊先生藏）

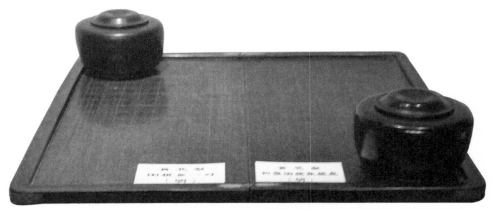

■ 图 4-181 黄花梨素工围棋盘、棋缸（刘传俊先生藏）

■ 图 4-182 黄花梨螭纹站牙三级提盒（明轩藏）

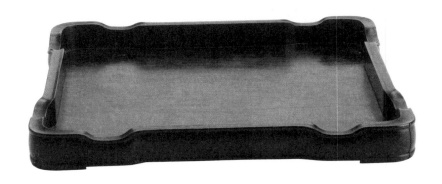

■ 图 4-183 酸枝木文盘（明轩藏）

图 4-183 的器形规整，设计超然，运用"罗锅线"，尽情挥洒，区区文盘，品味卓然，是明式文具盘的经典之作。做工上一丝不苟，工艺精湛，盘外框做双线夹混面，盘沿打洼，外围起双弦线，连低足设计也错落有致，恰到好处，可见中国家具制作精致之一斑。

（a）明鸡翅木多层盘

（c）黄花梨波形盖枕箱

（b）折叠经架

（d）有屉提梁式天平架

（e）束腰鱼肚牙板马蹄滚凳

■ 图 4-184 杂件品赏

7）轿箱、官箱、帽架（图 4-185 至图 4-189）

图 4-185 的轿箱造型无特别之处，但表面贴棕竹的工艺却是内廷细活，十分考究。打开箱盖内髹红广漆，箱外用铜角线满包，结实牢固，是一个比较少见的例子。

■ 图 4-185 竹编包铜角轿箱（林通木业供稿）

■ 图 4-186 杂件品赏

图 4-186 的轿箱为黄花梨制作，灵芝纹白铜包角，铜件厚纳，并镶在箱盒表面，是考究的做工。用料纹理美观如行云流水，足见古人对随身携带的出客用品极其重视。

图 4-187 的轿箱雕刻有花纹，两边搁轿栏的部分做了斜面，而且十分厚重，可能是一类携带银两的轻型"保险箱"。

■ 图 4-187 白木雕刻轿箱

（a）铜件细部

（b）官箱侧面

（c）实景图

■ 图4-188 原木大漆灵芝纹座托官箱（万乾堂藏）

■ 图4-189 榆木大漆鳝鱼头帽架（万乾堂藏）

卷

五 纹饰工艺篇

一、明式文人家具的纹饰特色

（一）研究家具图案纹饰的意义

在中国艺术设计史上，任何一个朝代，装饰纹样都是意识形态的自然积淀，都会受到政治、宗教、民俗的制约，具有鲜明的时代特征。也会受到其他国家、民族艺术风格的影响，产生相应的演变。家具也不例外，只不过实用器物属于意识形态的边缘学科，所以变化会迟缓一些，时间也会滞后一些。在纹饰上，陶瓷装饰与纯美术绘画相对接近，受到的影响更为直接，家具则要晚些时候才见分晓。古代木家具因为其材质容易腐烂，故其留存年代相对短暂，但是，由于保存条件的不同，也会使家具皮壳产生巨大的差异，以木质风化程度来论年限也就不足取了。因此，利用纹饰判断古家具的年代是一个行之有效的方法。将纹饰作为断代佐证的研究，可从三个方面入手：

1. 从利于工艺制作的实用性看

工艺品上的纹样，必是有利于生产。如瓷器上的纹饰，由于所用工具同绘画大致相同，所以勾勒点染的形态笔法可以细腻写实，但转移到家具上就不同了。彩漆尚可用笔，却只能平涂、勾勒，而木器雕刻是以刀代笔，所以更适合图案化，因此有利于木雕工艺的纹样，应多为后期作品（图5-1）。

2. 从区域身份的规范性看

中华疆域辽阔，即使同写汉字，审美情趣的差别也很大。拿江南一带来说，即使同用吴语，时尚品味也行之一里，差之百里。所以研究纹饰可进一步细化明式家具的南宗北祖的研探，从而梳理出纹饰的脉络，推断文人家具传播的文脉走向。

3. 从时代符号的诠释性看

装饰的符号化，有较强的时代烙印，很难在其他时代反串再现，所以一旦以某种纹饰佐证了一些标准器，就能举一反三，比对出一大类同代佳器，以正视听（图5-2至图5-4）。

■ 图5-1 炕桌云纹牙

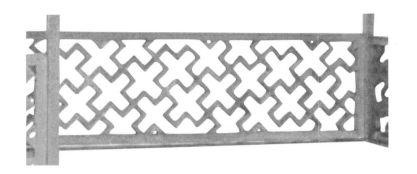

■ 图5-2 明万字纹、壶门开光

■ 图5-3 闷户柜屉板与炕几足比较

■ 图5-4 早、中、晚期的明式家具

（二）家具图案纹饰之源

纹饰是民族艺术的重要特征之一，体现了一个民族的政治、宗教理念、民俗、大众审美，以及经济、工艺水平等诸方面内容。中国的各式纹饰，表达了国人在各个历史阶段对美学伦理的态度，是人们在生活中积累的对社会生产关系妥协的智慧，也是全社会的生活享受，是对审美情趣的重要注解。如史前双墩文化，以日为题，表达了先民在自然崇拜中对太阳的重要性的认识，伏羲时二仪生四象，四象生八卦，表达了人们对宇宙洪荒之力的膜拜，成为中国实用器图案的始祖。

商周青铜，汉代漆绘、织锦纹饰则体现了人们对神秘力量的崇拜，在云仙瑞兽的腾飞中，把农耕社会关注的天文地理形象符号，或与之相关联的龙凤、虺蛇神物比作咒符，可以震慑人们，所以作为主流纹饰。唐代金银器借鉴了富丽堂皇的波斯纹饰，把西亚享乐主义的人生观融入了以象征主义为主的中国图案中，联珠、对鸟的构图使纹样的装饰性进一步落到了为生活服务的实处（图5-5至图5-7）。

（a）汉代耳杯

（b）青铜簋

（c）马家窑小口尖底瓶

■ 图5-5 汉代及汉以前的纹样装饰

■ 图5-6 史前的纹样装饰

（a）唐联珠对兽纹　　（b）唐对鸟纹玉佩

■ 图5-7 唐代的的纹样装饰

宋代是中华民族进一步沉思的年代，在发展生产力的同时，重中之重是注重伦理纲常，进一步奠定了封建文化的基石。宋代建筑构件中的纹饰，完整地表达了儒、道、释三家的理性美，以及向世俗人文精神过渡的现实美，"审美兴味"和美的理想由具体人物故事、侍女、牛马转到了自然对象、山水花鸟上。这当然不是一件偶然的事情，它是历史行径、社会变异的间接而曲折的反映。从唐到宋是封建社会的繁荣时期，世俗地主及士子开始以官禄为荣，而不是以门阀、世卿为荣，这两个阶层对自然、农村、下层人民的态度是完全不一样的。魏晋的隐退是政治性的，而宋代的隐退体现了社会分工的意识，表明文人参与生产、科研以及做美术设计师等"正当职业"被社会上层所认可，"实用艺术"在社会阶层中的地位被抬高了。从两宋画院走出来的文官们，理当是社会审美宣教的执行者，所以图案纹饰这个利用率很高的行当，在宋代得到了规范的培养。今天看敦煌宋窟、大足石刻和宋明建筑（图5-8），都能发现图案在其审美上起到了极其重要的作用（图5-9、图5-10），原因有三。一是成熟的纹饰形成艺术风格在作品中的地位陡增。二是图案手法更本土化了，形成中原艺术审美的农耕文化色彩特质。三是艺术的社会品位被提升了，除了礼教孝道、民俗寓意，人类觉醒的本义也开始渗透其间，这就是朦胧的人文主义倾向。

（a）皖南宏村明祠堂门楼

（b）宋代建筑形瓷枕

图5-8 图案在审美上的作用

■ 图5-9 大足石刻养育图榻床

■ 图5-10 榻床细部

二、纹饰创作法在家具上的妙用

凡是了解中国工艺美术史的人，都会被上古时期的图案纹样所吸引，并被深深地打动，华夏文明的光彩重要的一脉就是图案。从半坡、河姆渡图案到商周图案，中国的绘画、图案、文字就相继产生了，尽管华夏图案的创作史绵延数千年，但是，用现代社会科学知识来系统总结图案创作法，还是近百年的事。

20世纪初，著名画家傅抱石先生、陈之佛先生引进了现代图案学，并且于1918年在北京开设现代图案教育课；1936年，雷圭元先生系统编纂图案教育大纲，整理了中国图案教育学，开始了美术与设计的分工。从此，画家不直接指导设计创作工作，放手给专职设计师，之后的学科就越分越细，使之成为中国几代设计师的看家本领。

图案忠实地记录了社会的审美时尚，并且推动了社会的美学积淀与进步。今天若将它细细研究，将成为考证明式家具历史文脉的重要支撑。因为图案纹饰设计就是文人、画家、全民参与的审美时尚风向标。因此从图案纹饰学上看明式家具的时代特征，是一条显而易见的良好路径。汉代的漆作餐具、唐代的金银酒具、宋代的瓷茶具（图5-11、图5-12），都是依赖纹饰来使之成套化、系列化的。所以，从图案法入手，破解明式家具纹样的奥秘，应该能找到家具断代的良好例证。

■ 图5-11 唐代錾金花纹酒具

（a）宋葵口花叶纹碗

（b）宋褐彩牡丹纹梅瓶
■ 图5-12 宋代瓷具

（一）图案三大构图法在家具上的运用

图案是借助纹饰元素来表达实用美术作品的装饰之法。从构图学上讲，图案分为自由纹样、适合纹样、连续纹样三大类。

1. 自由纹样

自由纹样指的是外轮廓形态没有限制，自由延展到美观即可的单独纹样图案，一般用于家具立面的开光中，相当于绘画的折枝花（图5-13）。

2. 适合纹样

适合纹样指在特定形状中，整体图案盘曲伸展其中，连绵不断，其张力支撑着该种形状，这样的纹饰在中国古典瓷器、漆器上很多见。由于木家具装饰层次的需要，适合纹样的轮廓有方形、圆形、花形，也有配景压角的三角形（图5-14），用于朝板团花、插角等构件上（图5-15、图5-16）。

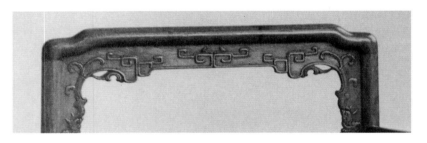

■ 图 5-14　木雕修饰玫瑰椅圈牙

■ 图 5-13　清初玉兰螭纹笔筒

■ 图 5-15　对螭木雕团花纹

■ 图 5-16　多灵芝木雕修饰插角

3. 连续纹样

连续纹样在家具木雕上运用也很多，常见的有罗汉床围子、架子床帐架及家具束腰装饰。其中二方连续纹样是一个独立纹样，向上下或左右两个相反方向反复排列，形成装饰带（图5-17）。四方连续纹样则是一个单独纹理向上下左右四个方向复制成一大片（图5-18），更适合大面积的装饰，如床架挂檐上的涤环板纹与柜门镶嵌的涤环板纹，由此形成比较意象的装饰风格。

中国家具装饰的主线，是运用几何形、文字笔意和特征鲜明的图案形象，与西方具象的写实纹理有较大区别，包括器形纹样的构图、骨式排列的方式、主图案造型手法、色彩及工艺特质等方面。骨式是组织构图的规范序例；主图案是主题形象的选定；手法是图案创作的方法，如对主题原形态的修饰、夸张、变形、添加、排列重组等手段；工艺特质是纹饰对木器、陶瓷、织物、金属器的适应性的掌控。

因此，家具木器上的图案纹饰，除了内容要适合家具本身的服务对象，纹样也要适合木工艺的镂、雕、挖、磨等工艺方法和木纹木性，所以只能用雕的"减法"而不能用塑的"加法"（图5-19、图5-20 ）。

■ 图 5-17 双向对称螭龙纹涤环板（二方连续纹）

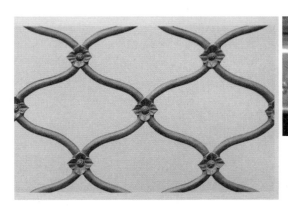

■ 图 5-18 海棠花网纹（四方连续纹）

■ 图 5-19 实地阳雕只能用减的方式（要将非图案部分挖去铲平）

■ 图 5-20 泥塑、铸铜一类的创作可采取加的方式

（二）图案创作五法在家具纹饰上的作用

不论何种图案都离不开基本单独纹样的创作，现代学者分析古人图案，发现其不外乎运用了下面几种手法：

1. 修饰

对于写生获得的具象形态，在不妨碍他人识别的前提下，将其原来写实的形进行规整、简化、理想化的梳理，达到比原物更加美丽、丰满、序列化的效果。如传统的牡丹纹，把牡丹花瓣复杂的皱褶、翻卷边加以整理，表现出别样的美观。进行适当想象化，使之既有一定的艺术化，又能保证其原有的生动性。如植物的茎枝穿插、叶瓣翻卷，尽显风韵（图5-21）。

■ 图 5-21 牡丹花修饰规整化

2. 夸张

在写生获得的具象形态的基础上，把一些线条或主要特征进行适当的夸大，使得该线条周边区域或该特征在整个具象形态中更加醒目。或把原物的局部特征进行夸张强化，使得该特征超过其他特征而更为醒目。如《明式家具珍赏》中的一种展腿式拆卸桌（图5-22），其霸王枨原来是龙额上的一撮鬃毛，居然夸张地成为一个枨形的构件，真是匠心独运。

3. 变形

在写生获得的具象形态的基础上，对一些线条及主要特征进行形状上的变化，使之呈现特殊的艺术效果。变形的具体方法包括放大、缩小、扭曲、拉伸、翻转等。如仿商周青铜器上的一些动物纹插角（图5-23），在造型和笔法上已经和动物本身有较大不同。

■ 图 5-22 将龙额鬃毛夸张成枝芽状

■ 图 5-23 变体拐子龙插角

4. 重组

在具象的形态中，截取一部分进行复制拼接、组合而成。重组主要有上下重组、左右重组、四方重组三种。这种方式多见于青铜器、瓷器，在家具上多见于床榻的围板等部位。图5-24的桌牙板上的纹样，初看似二龙戏珠，细究却是花叶杜鹃，与《明式家具珍赏》另一床牙（图5-25）的纹样相比较，完全看得出二者纹样的转承关系，即同一图案的骨式，承载不同形态内容的纹饰。还有图5-26的这个变体刀牙，将螭纹云纹加花等重组成一种新的图案。

5. 添加

在形象组合中加入与之相关联的其他形象，发挥一定的想象力，将之结合到一起，使得图案寓意丰富、富有情趣。图5-27中这个龙插角的身体演变成桃枝，并且点缀桃花图案，添加与其相得益彰的纹样，使之转变成新的祛邪纹样。还有在鱼的身上添加荷花、水草等美化的小纹，成为一类复合的装饰。

■ 图5-24 将花叶杜鹃纹组合成龙形纹装饰牙板

■ 图5-25 多见的龙吐仙草纹装饰床牙板（此为上例的母题）

■ 图5-26 螭纹云纹组合装饰刀子牙

■ 图5-27 桃叶龙床插角

三、明式文人家具的纹饰类别与民俗内涵

（一）植物纹样

植物纹样在明代家具中的比重很大。农耕社会的人们善于将植物赋予一种人性的寓意。

植物纹样在明代家具图案中出现较多，在中国古典文学作品中，借助植物特别是农作物抒发感情、寄托遐想的比比皆是，并且意蕴很深，使农作物所具备的农耕民族的创作特征得到充分的发挥。

清代顾绶诗云："杨自花开风荡天，花开成朵不成锦。不如落向西湖水，化作浮萍个个圆"，描述自然之景却有弦外之音。古人又云："藕丝寸寸真难断，莲子房房各有心"，完全是影射人情世故。

计成在《园冶》中关于供园植物之要求有如下说法："轩楹高爽，窗户虚邻，纳千顷之汪洋，收回时之烂漫，梧桐匝地，槐荫当延，插柳设堤，栽杨绕屋"，在明式家具的纹饰上，也充分体现了这一特点。

在明式文人家具纹样上，最为突出且常见的是灵芝纹（图5-28）与莲花纹，这正是华夏道家、释家相得益彰的宝贝。道教中，灵芝为百味仙草之首，所以太上老君、太乙真人、鹿童、鹤童都与灵芝有着极深的渊源。脍炙人口的"白娘子盗仙草救许仙"的故事，不知感动了多少人。从历代家具灵芝纹的变化中，就可演绎出一部图案史。而莲花本来是汉传佛教的重要的装饰宝物，是佛学故事传播中的重要题材，魏晋仰覆莲花尊之泛传，自此之后更为中国人效仿。

■ 图5-28 灵芝仙草纹

中国古典文学作品中，多是借助植物特别是农作物，来抒发感情、寄托遐想。在家具设计上也充分体现了这种特点。

1.莲纹

在唐代吸收波斯文化将莲花组合成宝相花，更加脍炙人口（图5-29）。而因思想家周敦颐的《爱莲说》，莲花纹更被赋予了人的品格，"出淤泥而不染"成为中国妇孺皆知的名句，成为洁身自好的楷模。因此，莲花纹在家具上应用的部位很多、很广，形象变化也有很多。

■ 图5-29 莲花纹双面雕

在宋代莲藕的意义更是有广泛的外延，至明清，甚至衍生出"鱼穿莲"的纹样（图5-30），表达了民间的生殖崇拜。在明代文人家具上，莲纹主要有以下形式的实例：

（1）写实连年鹤寿纹（图5-31）。

（2）环莲纹：开始为双环莲对称，演化为三环莲均齐。

（a）鱼穿莲纹　　　（b）螭穿莲花纹

■ 图5-30 鱼穿莲纹样

■ 图5-31 连年鹤寿纹

双莲并蒂纹：图5-32（a）是一种望形生义的创作方法，歌颂了美好的爱情。

三环灵芝纹：图5-32（b）则是玲珑聪慧的智多星的象征。

（a）双莲并蒂纹　　　　　　（b）三环灵芝纹

■ 图5-32 双莲并蒂纹和三环灵芝纹

2. 灵芝纹

中国对灵芝纹的应用（图5-33），源于道教的求仙术，自汉代以来经久不衰，是封建社会中建筑构件、陶瓷器皿中多用的工艺图案。将灵芝形图案化后造就的如意纹，应用广泛，承载了华夏民族对生活吉祥如意的美好愿望。

（1）灵芝是一种菌类植物，在绘画中常常是形态古怪并且长毛的仙物，但是在木雕刻中灵芝多是圆润可爱的形象，更有少数将其做立体处理成为半圆雕形。

（2）图案花灵芝是将其夸大为壮硕之形，装饰案牙。

（a）天然灵芝　　　　　　（b）多头写实灵芝牙　　　　　　（c）双牙合并灵芝式

■ 图5-33 灵芝纹的应用

（3）四簇灵芝纹（图5-34）源于人们的四方如意的祥瑞创意构图式，图案花灵芝，将其演化为玉玦状的形象，可以组合成适合纹样，或者双圈相抵的插角类构件，更多是用作案牙，变化多端，玉玦状双圈相抵的图案在家具中用得很多。

■ 图5-34 四簇如意灵芝纹

3. 蕉叶纹

蕉叶纹是生于宋、盛于元、流芳于明的重要纹饰题材。古人诗云"留得芭蕉听雨声"，这种意境至今脍炙人口。宋人多画蕉荫，元代通常把蕉叶画到青花瓷器的口足上。明代家具上蕉叶的演化过程颇有文采，从花叶腿的造型、卷叶裹球足的创新到抱球踩珠的简化，体现了明代匠师的智慧，图5-35为蕉叶纹饰的演变图。

（a）蕉叶纹镇纸

（b）花叶腿（乃蕉叶变体，多装饰插肩榫案腿）

■ 图5-35 蕉叶纹

4. 其他植物纹

有葵花（图5-36）、海棠花（图5-37）、牡丹、水仙、芦荻、石榴、荷花、百合、松柏、柳梅、梧桐、柿蒂等。

■ 图5-36 葵纹果盘盒盖

■ 图5-37 海棠纹床楣

晚期明式家具又有一些新植物纹饰不断涌现。

竹节纹[图5-38（a）]：有关民族节气的觉醒，借物喻情。

冰梅纹[图5-38（b）]：寒窗苦读，梅花香自苦寒来。

纹藤纹（绳纹）[图5-38（c）]：仿生法设计，有感于生命力。

（a）竹节纹炕桌

（b）冰梅纹脚踏

（c）绳纹方桌

■ 图5-38 明式家具仿生纹

（二）人物故事纹

这是一类有人物、有风景、有故事情节的画面。一般是家具装饰中心或重点部位，往往是内容丰富、雕刻精细的开光式装饰组画，题材范围也很广。

神仙：如会昌九老、麻姑献寿、三星高照、刘海戏金蟾、八仙过海、麒麟送子（图5-39）等。

戏文：如桃园结义、群英会、三国演义（图5-40）等。

名人：如孟母教子、二十四孝（图5-41）、满床笏（郭子仪祝寿）等。

■ 图 5-39 麒麟送子纹

■ 图 5-40 三国演义人物故事纹

■ 图 5-41 二十四孝故事纹

（三）天象地理几何纹

自然气候等现象成为装饰纹样，在华夏农耕文明中出现较早，也很别致。云雷纹上承上古青铜器纹，高度概括天祥，千年来贯穿于实用装饰，如用于建筑、家具、陶瓷等器物上，在明式家具后期，由于清代对上古琢玉、青铜工艺的崇拜，用处更广。

雷纹：横式，雷状盘曲、反复，呈扁长状，连绵不断（图5-42）。

云纹：较写实，绘画性强，有四柱云，表意张扬（图5-43）。

星云纹：有甲骨文的意味，如北斗七星象征性装饰（图5-44）。

几何纹：雷纹变化纹（回纹）、编织纹（三角转折形）。

（a）雷纹青铜镜

（b）雷纹印纹陶罐

■ 图 5-42 雷纹

（a）案档板云纹朝阳图

四合云纹（明）　　四合如意云纹（明）

朵云纹（明）　　卧云纹（明）

（b）明代云纹四式

■ 图 5-43 云纹

■ 图 5-44 由星云纹演绎而成的门楔图案（东山）

（四）动物渔猎纹

明式家具对植物纹样有一种情怀，但这并不是说明人就不喜好动物纹，尤其是喜闻乐见的有象征寓意的动物纹。比拟人的性格、情操的追求，动物纹比植物更为贴近。动物纹一般应用于家具装饰中心或重点部位，以政治内容、宗教故事为表现主题。动物纹在明式家具中多表现祥瑞的题材。

1. 龙纹

龙是一种上古形成的图腾，其鹿角牛鼻、鲤须虎目、蛇身鹰爪，象征力量神勇，法力无边，在封建社会统治者看来，这种寓意是最符合自己身份和地位的。同时龙也是人们崇拜的超自然的神力，是勇士的象征。家具上多见的纹样题材如二龙戏珠（图5-45），明代还有一特例为龙吐仙草，见上海博物馆黄花梨大床牙板（图5-46）。

■ 图5-45 二龙戏珠纹

■ 图5-46 龙吐仙草纹

2. 凤纹

凤纹就是以凤凰为内容的装饰。写实的及图案化的均有，为牙板、牙头、柜橱门板上的主体纹样之一。一般组合成丹凤朝阳、凤穿牡丹等形式（图5-47）。凤凰的特征是鸡首、鹤腿、鸳鸯翅膀、孔雀尾，为象征吉祥如意的飞禽之皇。虽然上古言凤凰雄者曰凤，雌者曰凰，但在多年民间传言中，凤成了女性的象征，是尊美、富态、贤淑的象征，所以凤纹通常用在案子牙头、衣架翘头、柜子门板开光团花上（图5-48）。

■ 图 5-47 灵芝凤头纹

■ 图 5-48 丹凤朝阳纹

3. 螭纹

螭龙是传说中一种无角、无鳞的龙。典型的螭纹图案有环螭纹、负子螭纹、望子成龙纹等（图5-49）。

■ 图 5-49 望子成龙纹

4. 麒麟纹

麒麟乃士子之楷模，为仁、义、礼、智、信五德皆备的君子之兽。麒麟纹多用于床靠、衣架中牌、柜门、床围上（图 5-50）。

■ 图 5-50 灵芝开光麒麟纹

5. 鹿纹

"鹿"与"禄"谐音，表达了古人企盼加官进爵、仕途无限的心愿，由于比较写实，一般用在案腿的牙圈、柜门团花等表面积较大的图案中（图 5-51）。

■ 图 5-51 祥鹿仙草纹

6. 鹤纹

鹤象征多寿，配以松、梅，多用于床靠、柜门、床围（图 5-52）。

■ 图 5-52 双鹤嬉莲纹

其它主要动物纹饰有龟、鹰、蝴蝶、鸳鸯、蝙蝠、喜鹊、黄莺、白鹭、猴、马等，值得一提的是，明式家具少见狮、虎纹（图5-53至图5-60）。

■ 图 5-53 喜鹊登梅

■ 图 5-54 双莺果熟

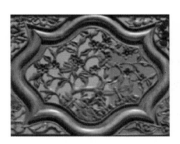

■ 图 5-55 蝴蝶草虫

■ 图 5-56 秋草苍鹰

■ 图 5-57 芝桃仙猴

■ 图 5-58 荷花白鹭

■ 图 5-59 祥云神马

■ 图 5-60 双蝠献寿

（五）综合纹

1. 博古插花纹

将古玩花枝图案化，成为静物装饰画面。

2. 八仙八宝纹

佛教八宝（图5-61）：金鱼、宝瓶、法螺、宝伞、吉祥结、法轮、宝幢、莲花。

道教八仙（暗八仙）：扇子、荷花、宝剑、葫芦、签筒、洞萧、笏板、花篮。

3. 蝠钱纹

蝙蝠与铜钱整合在一起，不言而喻是祈财的主题。意为五蝠（福）齐全（钱）、蝠（福）在眼前。

4. 塔刹纹

由佛教的灵塔宝顶的造型变化而成，多和灵芝形开光结合在一起[具体图示见第268页图5-121（a）]。

5. 寿纹盘

以寿字变化作为器形图案[具体图示见第269页图5-121（b）]。

6. 家具纹

将奇石家具图案化，成为陈设装饰画面。

7. 团花

如凤穿牡丹（图5-62）、松鹤延年。

宝瓶　　莲花　　宝幢　　宝伞

法螺　　法轮　　吉祥结　　金鱼

■ 图5-61　佛教八宝

■ 图5-62　凤穿牡丹

（六）祥瑞纹

祥瑞纹是具有祥瑞寓意的吉祥纹饰的综合纹样。

1. 象征性纹

石榴、莲蓬（多子多福），牡丹（富贵），灵芝（长生不老），松、鹤（长寿），蝙蝠，加双圈（福在眼前）。

2. 记事性纹

如鱼化龙纹、过墙龙纹、过海龙纹（图5-63）等。多为建筑、水纹结合的纹样图案，构图形式多变，应用部位很广，起到良好的装饰作用。

（a）鱼化龙纹

（b）过墙龙纹

（c）过海龙纹

■ 图5-63　祥瑞纹赏析（一）

3. 谐音讨口彩纹

莲（连）年有鱼（余）、马上蜂（封）猴（侯）、瓶（平）
升三戟（级）。

4. 隐喻性纹

鱼戏莲（男女交欢）、喜上梅（眉）梢、三羊（阳）开泰、
鹿（六）鹤（合）同春。

（a）麒麟叶玉书　　　（b）海马吐云福

（c）瑞门双神

（d）博古戏文柜门花板

（e）珊瑚佛宝

（f）丹凤朝阳

■ 图5-64 祥瑞纹赏析（二）

四、明式文人家具纹样的作用及意义

（一）传承了中国木雕纹饰的神秘内涵

木家具生于树，是有生命力的材质。中国古代棺椁都定材为木，而不取金属或石材，是因为国人认为木是有生灵、通天国的。汉代就有厚葬制法，名为"黄肠题凑"，即以尺寸统一的黄心柏木围棺椁一周为殊荣，所以木雕尤其是贵木雕刻在工艺美术中，一直有着很高的地位，只是因材质原因，保存下来的较少罢了。虽然明代漆家具的纹饰很多，但其偏绘画法，本书以介绍木雕纹样为主。

中国木雕纹饰深受社会其它文艺形式题材的影响（图5-65）。就文学而言，从唐宋传奇到明清章回小说，人们的兴趣从对英雄传奇的欣赏到对世俗生活的品味，越来越多的人物故事、吉祥寓意的题材被创作出来，呈现在木雕作品中。

具体纹饰表现，中国的纹饰从上古到明清，可以说走了一条从抽象到写实的演变之路，与古希腊艺术相比，似乎正好相反。这一点上与西方早期的写实之风大相径庭，体现了华夏民族独到的装饰理念。明式家具成熟初期是装饰趋向写实的高峰，晚明与清早期出现装饰性比较强的图案。这种现象与明代继承宋代写实花鸟画，在明中期将之发展到又一高峰不无关系，属于工艺美术借鉴绘画形式新装饰审美流的时间差。所以在晚明时期，经济虚繁、艺术情趣高涨之际，装饰风格精致而写实是一种较为普遍的特征（图5-66）。

古代家具因为其材质容易风化、腐烂，故其留存年代相对短暂。但是，由于保存条件的不同，也会使家具皮壳的完整性产生巨大的差异。

（a）战国虎座双凤鼓架

（b）希腊狮腿折叠凳

■ 图5-65 东方图案与西方写实纹样对比

■ 图5-66 明末清初写实花鸟纹柜

（二）体现了明式文人家具的时代印记

在古代，纹饰的复制、传承技术远比现在低下，只能靠"拓"，在社会上代代流传，靠"描"在田、巷间相互传递。这种纹样的传播演变也由于古代交通的闭塞，而变得非常缓慢。因此，以纹饰确定年限与产地，是一条比较直观的途径。在明代的文人家具上，纹饰可以从三个方面给予我们启示。

1. 纹饰能表达时代的精神诉求

在任何朝代，装饰时尚总是一个区域的政治、宗教、艺术风尚的综合体。明式家具形成的社会背景是文官政治体制。生产关系上手工业发达，出现了资本主义的萌芽。宗教意识上在宫中求仙之风兴盛的影响下，本土化的道教装饰略占上风，农耕文明带来的小康经济，使人们远离战争的记忆，享受物质的繁荣，装饰之风就从夸耀帝国之威仪，到宣扬生活品质的个性化，再到粉饰社会之太平。应该说即使到了康熙年间，仍顺延着天启、崇祯时期的恬然之风。所以古拙粗砺、生动质扑的纹样多为明代早期作品，形线飘逸灵动、遒劲有力的纹样多为明代中期作品，而丰满华美、规整拘谨的纹样多为明代后期作品。

2. 纹饰能显露时代的工艺技巧

唐宋时期木器装饰多以彩漆、描金等平面化的语言为主，至明中晚期仍不衰落（图5-67）。明初家具上的木雕花纹受元代影响，多仿金属浇铸手法，纹样写实，透雕盛行，但是比较粗陋。为仿金属纹样的表现风格，多留刀痕。明中期趋向层次丰富的浮雕、半圆雕，多为装饰化实地阳雕，起线圆润，铲底平整，打磨光洁，甚至有仿漆器剔雕的网纹镂空底。后期的明式家具则多采用凸花加阴刻的简单工艺，缺少浮雕的层次感（图5-68）。

■ 图 5-67 红黑漆禹门洞纹台屏

■ 图 5-68 八宝嵌庭院纹亮格柜

3. 纹饰能记录时代流行的民俗语言的演变

明初纹饰内容从讴歌农桑之乐到多加入人文意识，如仕途进取、家族繁衍、求仙发财等寓意。到明中后期时，文人进入无力抗争、寄傲琴书、转而追求生活品质的新时期，这一阶段，祥云、灵芝、环莲、白鹿、螭龙等纹样尤为突出。入清后，尽管装饰风格仍旧效仿明代，但龙及动物题材明显增多，体现了清早期尚武平乱的社会格局，而这一时期的明式家具纹饰如神兽美女、八仙、八宝、博古杂宝纹样又多了起来，体现了文人精神的衰败和迷惘（图5-69）。

■ 图 5-69 清代人物纹

五、实例分析家具纹饰特征与年代风貌

困扰学术界的明式家具断代问题，其突出表现年限也不过是从明宣德到清乾隆的 300 多年，就工艺美术的风向标——纹饰的发展变迁而言，借助石刻、玉器、服饰、陶瓷等纹样的时代特征，参照排比是可行的。下文试以有代表性的纹饰为例，来划分各个阶段不同的形式特征。对纹饰的研究也可以根据明式家具的发展划分为四个阶段。

（一）继承整理期的造型、意象阶段

在明初文人家具出现之前，中国家具主流有一个繁缛粗犷的阶段。因为在那个时期，受蒙古族审美情趣左右的时尚惯性仍然存在。元朝的文化主要来自漠北几千年游牧民族自身孕育出的萨满教文化，唐朝以来广传的藏传佛教，以及来自西亚大陆的综合文化，最主要应当是与中原长期交流的汉化游牧文化。但是，由于其产生方式的独特性和生产关系的运动性，他们的审美点会集中在少量的、可携带的"宝物"上，如车马具、刀鞘、皮酒壶、矮桌，这样他们对坚固精细的金属工艺雕刻纹样的青睐会远胜于汉族士子所欣赏的木石雕刻，所以早期的漆木家具装饰纹，应该是深受元代装饰纹的影响。从明清青花瓷纹饰上可以梳理出不同时期的系统图（图 5-70）。

龙纹是中国纹样中不可缺少的部分。龙上古就是华夏之图腾，是一条神通广大的爬虫，也是国人意象的综合体现。龙拥有鹿之角、牛之鼻、

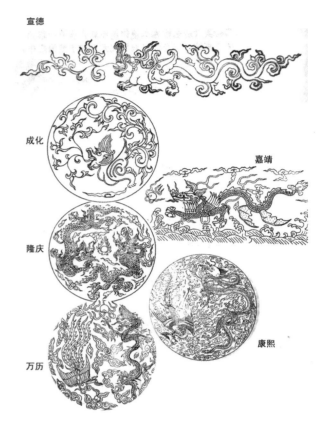

■ 图 5-70 明清瓷器龙纹演变

鹰之爪、鲤之须、蜥之鳞、马之鬣、蛇之身，通体神威。从古玉龙的冠到青铜器的口，龙早就成形了，流传千年至明代，龙成为皇家的象征，所以较为规范，不像螭有时候模棱两可。从瓷器纹样中，可以看到明代的龙的形态比元代的龙要更加丰满，但又不如清代的龙那么壮硕。明代龙的形态特征是额上一撮毛冲天而起，从宣德到万历始终如一，从此能推断出案挡板绝对是明图案。

元代的水墨写意画，继承了宋代的"没骨法"，曾达到辉煌的境界，使元青花瓷的龙纹表现达到了巅峰。明初的家具纹饰深受瓷画之惠，特别是造型上以瓷画为范本进行创作，加以标准化，故明家具上龙纹的威仪不下于元代龙的凶猛，颈较元代龙粗短，但曲项有力，鬃毛少而前冲居多，青花器图 [5-71（a）] 的龙纹更是演变出一类适合浮雕或绣品的夔龙纹，除头部外其它肢体变化成花叶纹，这也许就是后来木

雕泛用的"螭吭龙"之前身 [图 5-71（b）]。

明清木雕龙纹分期特征还体现在不同团花造型设计的龙形，用在不同时期的器物上，可营造不同的气场，从而把家具的伦理感进一步附着于器物上（图 5-72）。

下面具体分析几种明代木雕龙纹：

1. 精瘦龙纹形

宋以后，元人在家具上喜好雕刻一些仿金属工艺的纹样，其往往是写实但不精确的形象。明代早期的龙吻部特别长，身体、腿都比较瘦，基本仿元。龙是一种上古形成的图腾。其鹿角、牛鼻、鲤须、虎目、蛇身、鹰爪象征力量神勇、法力无边。因此，此造型也象征着统治阶级至高无上的地位和尊贵的形象。龙纹多用于桌、床、榻的宽牙板上作为写实类浮雕，也有盘成开光团花火做成插角在桌子、床架上作为加强枨。

（a）明弘治 绿彩碗

（b）早期"怒发冲冠"的龙

■ 图 5-71 明初家具纹饰受瓷画影响

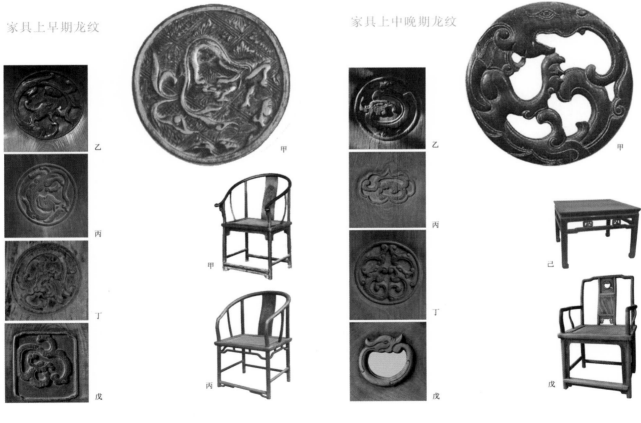

家具上早期龙纹

乙

丙

丁

戊

甲

甲

丙

家具上中晚期龙纹

乙

丙

丁

戊

甲

己

戊

（a）早期龙形团花及所用家具

（b）较晚期龙形团花及所用家具

■ 图 5-72 早期和较晚期龙形团花及所用家具

2. 龙须冲天形

明代的龙颜际鬃毛向前、上方冲出，是其一大特征，所以口鼻较长，凶神相，多见于明青花瓷器的纹样。在上海博物馆有一张展腿式方桌，龙额头上的鬃毛夸张地伸出很长，竟变成一个角桄——霸王枨。当我分析这类超越普通变化的手法时，不禁哑然失笑，不得不佩服古人的智慧与自信。

3. 龙身丰满形

随着社会政局的稳定、经济的繁荣，生活富足后的人们，渐渐淡忘血雨腥风，追求平和祥实的精神享受，所以这一时期龙的形象发生了很大的变化，彪悍的身躯显得强健而从容。龙的纹饰种类也多有创新，有双龙戏珠、神龙上吐祥云、环龙衔尾等。多用了添加的手法，使纹饰图案变得很有趣、富有装饰性。

4. 龙颜写实期

这一时期龙的鳞、爪雕刻得精致规正，角、须完美确切。虽然龙是汉文化几千年来的臆造物，但是越来越有板有眼，如威武的宠物一样。

从明清木雕龙纹演变简表（附录三）细读这些纹饰，将获得政治理念、世俗审美等许多信息。

据记载，入清后，对龙纹的管理相对宽松，所以明式家具后期民间纹样有的螭龙混杂、龙形螭首，或剪影如龙而无角、无须。而真正的宫廷器，龙纹则龙额饱满连壮角，眼如铜铃，长须蓬松，五爪有力，不再效鹰之四爪。纵观传世木器，龙纹少、螭纹多，还是与封建伦理有关的。

（二）农耕复兴期的寓意、传神阶段

明代是华夏民族重归汉族农耕文化主导的时期，经过洪武、永乐时期的休养生息，汉文化渐渐复兴，意识形态上追求天人合一，产销关系模式除了自给自足，还参加社会生产贸易，审美上华贵而又典雅。鉴于气候，土地对产出影响很大，所以植物茎叶、球形果实、种子、根须这些在明人的眼中是生活之源，在家具纹样上也加以充分体现（图5-73）。

从明清灵芝纹木雕演变简表（附录四）可以看出，最初工匠从工笔画上拮取图象，偏重写实半圆雕。后来适合木雕简化图案而为之。再后来结合工艺直接以构件做整灵芝形，或结合其它纹化更意象的纹饰，如云纹结合体。

 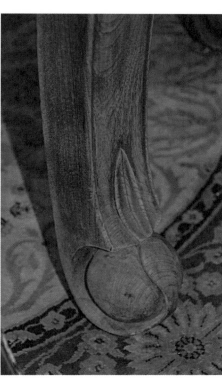 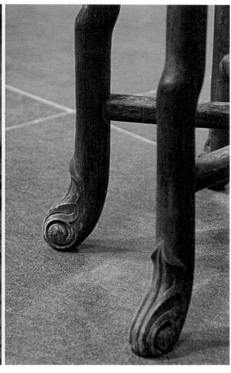

（a）卷叶足 （b）卷叶抱球足 （c）卷叶裹球足

■ 图5-73 早期和较晚期龙形团花及所用家具

明式家具纹饰中，最应关注的是灵芝纹的产生与演变。

《说文解字》曰："芝，神草也。"《康熙字典》引《本草纲目》曰，芝有"青赤黄黑白紫六色"，后面有一句"芝为瑞草，服之神仙"的注释。王充在《论衡》中曰："芝生于上土，气和故芝草生"，表明灵芝生长需要阴阳平和。另记《瑞应图》曰："王者敬事耆老不失旧故则芝草生"，是说得芝草要心善之辈。

灵芝在中国久享盛誉，是上至帝王贵族、下至平民百姓公认的瑞草，秦汉已有对其的描绘，唐宋均有其铜、木雕刻实物传世，明代作为文化复兴时期，灵芝更是重要的纹饰形象，所以在家具的许多部位都有对其的写照，这是中华民族的仁心大观。

从明代或明末清初的家具上，可以看到灵芝在明代早期以写实型居多，甚至半圆雕，也有灵芝虚形变成图案装饰。到了中期则对灵芝的环形纹运用娴熟，有竖、卧、斜多种构图方式。后期更多的是横芝形，中国夹案腿实现了灵芝牙代替刀子牙的大转变，这里面的前后曲直，据图形学来看，应是刀牙在先，化成海棠委角，再探出芝头，继而愈加宽大的演变过程。这是人们审美理念的渐进习惯，所以分析芝牙的形状、角度、比例，能判断出其特定的生产年代，尤其在太湖流域，交通发达，信息传播快，文化接受度高，可谓"五十里必有变，二十年必有改观"，因此，以纹断代更是行之有效的佐证。

（三）精神上升期的简约、象征阶段

明式家具盛期偏重于文化精神的表达。在战云散尽、民生大计上升的时代，国人因朴素的人文精神所致审美发生了变化，大约在嘉靖至天启的明式家具中期，龙纹有了很大的改变，不求凶猛狞厉，但求威仪神勇，似乎从天道人事运转中重新提取了符号，寓意于新一代统治者的精神意象。苏作家具上的纹饰，更是牵动着主导明式家具设计史连续演进的文脉，表达了江南颇具代表性的地域文人内涵——温婉的文人精神。这种对文化理性的吸收、转化，使其呈现出适应于文官政权统治下的背景，让文人士子与社会平民的审美理想得以充分表达，从而使这类纹饰迅速沿大运河周边扩散，充分奠定了苏作文人家具的社会基础。这一时期的纹饰确实造就了明式家具气定神闲的文人风格，但是缺少了发展期的那种上升的豪情，如环莲纹、牡丹花、螭龙纹。

螭龙纹中的螭是中国上古以来就有的神兽，与龙的理想综合型又有所不同，其型是根据猫科兽的脸面、厉爪特征以及爬虫类变化多端的身躯结合而成。

《说文解字》曰："若龙而黄，北方谓之地蝼，从虫离声，或云无角曰螭。"意思是说，螭像龙而呈黄色，北方称之为地壁虎，读音为虫的声母与离的韵母组配而成，又说无角的龙为螭。可见汉代对螭的认识与今天基本相同。

螭龙母子相随，有耳无角无鬣毛（或有浅毛痕），加入了一点西亚风尚。所以纵观明式家具早期的纹饰，螭龙有以下几个特征：

（1）头有双耳而无角，如猫头，额后有一撮鬣毛状的东西。

（2）身盘曲如云，如云纹、花叶纹，变化螭身。

（3）腿爪猫科，后多演化成花叶状，更适应纹样构图的灵活性。口吐灵芝，是象征神力、魔法的艺术夸张。

（4）母子相随、主宾有别的处理，有仁

心辅德、望子成龙的美好愿望。

明中期的螭龙是一个文化回归期，形象规整化，螭头多作四分之一侧面，即通过鼻能看到另一只眼，写实、立体感好，脸型稍带有透视效果。

明晚期的螭龙形象多是正侧面，螭鼻伸长卷曲，毛冠夸张，如帽，匠间称为螭吼龙。

清中期的螭龙（图5-74），形象更加规范，螭首上下吻，鼻上翘，张开眼睛，起眼线，四肢隐化。

螭龙纹也叫蟠螭纹，有诸多吉祥纹样表明其起源于秦汉时期，牙板与螭龙纹在该时期的表现形式——"螭吼龙"纹已经从瓷器青花的龙纹中脱颖而出，成为建筑、家具构件上的重要纹样，图5-79的螭龙、长眉杏目、长鼻短腭。这类纹样在日后变得更加柔婉可爱，这种文化精神的转变为设计师辟出一片天地，使凶猛神威的天龙华丽转身，成为江南文人家具的重要纹样。

螭龙团花的演变有三个阶段。一是早期，头部俯视，双耳、双目。二是中期，头部作四分之一侧面（人物画术语，即在鼻梁上能看到另一只眼，与近处的相呼应，有立体感）。三是后期，约从明崇祯至清雍正，一眉、一目、一角，口鼻夸张，富于装饰美，康熙年后尤为华丽优美。具体见明清木雕螭纹演变简表（附录五）。

■ 图5-74 螭吼龙纹牙子

《左传·宣公·宣公三年》曰"螭魅罔两莫能逢之。"注："螭，山神兽形。螭，怪物。"说明古人对蛟龙一类动物的神化，甚至有蛟龙为周穆王驾车的传说。螭作为一种纹饰，很早就出现在实用器物上，多用于铜器、碑额、台阶、印钮上。韩愈《奉和库部曹长元日朝回诗》曰："金炉香动螭头暗，玉佩声来雉尾高。"螭纹用于玉器、铜器是早有的作法（图5-75），用于瓷器、木器也不算晚，在明故宫的大漆彩绘家具上，螭就是一类常见的纹饰。明中后期的实木家具上，螭纹更是比比皆是。究其原因，螭纹不像龙纹那样需要避讳只能允许帝王使用。但是从晚明到清中期，传统螭纹已演化得很有龙形，俗称"螭吼龙"（图5-76），是一种眉目似龙而无角，吻鼻奇长且像米老鼠鼻尖的小黑球，很"卡通"，有神力的螭被充分民俗化了。

曾闻猫龙之说，但榉木家具很少见过，现方知农耕文化的龙是这样的：善面善眼的猛兽变化体，并且多变成花卉身体，这种才符合400多年前的明人的心态（图5-77、图5-78）。

到了文人家具成熟期，龙形多为双目可见，并且有角出现，鬃毛又少，如器皿上一样，前冲、后掠均有，眉目图案化，多以凸线表示，龙鳞及四肢化作祥云或忍冬莲叶纹，极具装饰性（图5-79至5-82）。

■ 图5-75 汉玉螭龙玉佩

■ 图5-76 宣德有翅云身螭吼龙纹

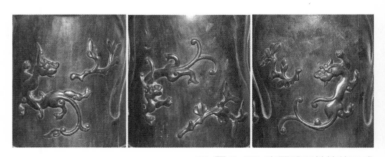

■ 图5-77 半圆雕玉兰螭纹三式

■ 图5-78 螭头花叶身的猫龙纹罗汉床后屏（榉木）

明早期近似半圆雕的螭龙头往往采用正俯视的形象，体现写实的仿爬虫类，木行中俗称"壁虎龙"（图5-83）。龙纹多用于桌、床、榻的宽牙板上作写实类浮雕，也有盘龙开光团花火做成插角。在桌子、床梁上作加长枨。还有双龙捧珠、神龙吐祥云、环龙衔尾等（图5-84）。

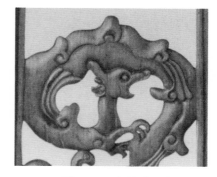

■ 图5-82 立体雕云身环体螭

■ 图5-79 独角兽形螭龙石雕

■ 图5-83 灵芝壁虎龙螭牙头

■ 图5-80 独角桃叶身螭龙　　■ 图5-81 古玉工云纹螭

■ 图5-84 独角环体螭

下面是实例分析：

1. 环体螭

2011 年，我在苏州西山的金庭工艺厂见
到两把清作南官帽椅，椅靠上赫然雕着
龙吻衔尾的图案，有人联想到红山文化
玉雕环龙的形象（图 5-85），感到不可
思议，其实这是古代龙纹中一类环体螭
的变体。环，是纹样结体的一种方式，
形成向心力，增加标志性，如环莲纹、
团花。从它的侧面形态饱满的形象，可
清晰感到清代的风格（如第 253 页图
5-84），中间以环形螭为中心，四周爪
牙以云龙纹展开，实属文人家具的收尾
之作（图 5-86）。

■ 图 5-85 中华玉龙 史前红山文化

■ 图 5-86 清花叶环体螭纹

2. 望子成龙螭

还有一例望子成龙纹也很值得一提。明末清初遗留下了许多玉带钩，其中一类是一条大螭扭首回眸面对一条小螭，这类纹饰题材在家具上也常见，可谓文人念血脉之盛的美好意愿罢了。图5-87中大螭与小螭顾盼生情的样子，非常令人动容，这也是文人家具成熟期的经典纹样，反映了人们追求太平盛世、享受天伦之乐的朴素愿望。团花螭龙纹抽象灵动，体现了对自然生命力的又一诠释，这在明式家具的纹饰中是较为罕见的一例（图5-88至图5-90）。

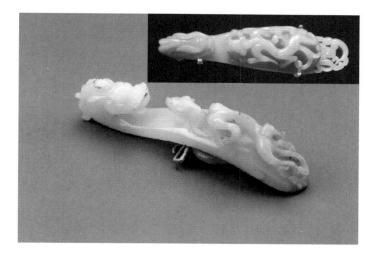

■ 图5-87 望子成龙玉带钩

■ 图5-88 望子成龙螭寿纹盘

■ 图5-89 兽形对螭（四足写实）

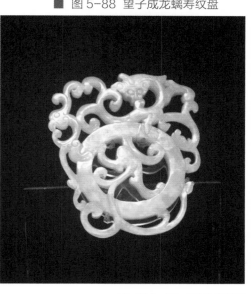

■ 图5-90 明猫龙玉佩

3. 螭龙团花

在文人座椅纹饰中，椅靠板的团花是很重要的一例，具有鲜明的时代特征，体现了主人的个性偏爱，如环莲纹、牡丹花、螭龙纹、人物八仙及文字暗八仙等，其中螭龙团花尤其可作为断代依据。文人家具上的螭龙纹兴衰时间应短于明式家具，大致在明宣德至清乾隆中期。根据这一时期的典型器物，可辨端倪。螭龙团花从宏观上讲，元代时凶猛精瘦，明代时威仪灵动，清代时雄壮富态。这种对自然描摹的提升，使人联想到中国史前的纹饰，就善于以自身就物的传统贯穿其中，获得"拟"物的意象精神。这例螭龙之体后来就化作桃叶上下翻飞了（图5-91、图5-92）。

■ 图 5-91 螭龙紫檀瓶

■ 图 5-92 双螭团花

（四）晚期纹饰唯美主义的流露阶段

明代文人家具虽然在如日中天之际，遭受到政坛剧变的厄运，但强大的民族精神与主流文化的惯性，使它在入清后继续兴盛发展。从文人家具的龙纹装饰来看，清顺治、康熙时朝的家具纹样仍然继承了明中期的云龙互化式样，灵动有力，丰满雄健，只是更规整了，少了一些威仪（图5-93、图5-94）。

入清后，尽管装饰风格不变，但龙及动物题材明显增多，体现了清早期尚武平乱的社会格局，以及游牧民族对龙纹管理得相对宽松。而到了明式家具末期，神仙人物、鼎彝器物又多了起来，体现了世俗唯美主义的上升发展。在文人座椅纹饰中，椅靠板的团花是很重要的一例，它具有鲜明的明代特征，如人物八仙及文字暗八仙等（图5-95至图5-96）。暗八仙实际上是一种隐喻，属于晦涩的"后风格设计"，表达了匠师的高超心智（图5-97）。

■ 图5-95 八仙人物装饰纹

■ 图5-96 观赏器花卉组成博古纹

■ 图5-93 独角螭吼龙图案式浮雕

■ 图5-94 花叶云身立体式螭吼龙

■ 图5-97 寿纹洞箫（韩湘子）、花瓶宝剑（吕洞宾）

六、纹样创新中的弦外之音

纹样是以装饰为主要目的，但是在许多情况下，纹样的内容总是附带着意识形态的观念，积淀了特定时代的民风民俗的说法。如清代的文人，虽然留了辫子，心里却总不是滋味，所以在家具上画了许多竹子纹样，来印证"人怜直节生来瘦，自许高寸老更刚"。有一种迹象表明，清代龙纹、动物纹增多，匠师们甚至以植物纹组合成动物形态来充数。10 多年前，笔者得到一张翘头案，一直以为其牙板上雕的是螭龙纹，近年研究纹式才恍然大悟。

图 5-98 的翘头案器形稳重，比例匀称，造型上牙板浮厚，四腿仅正面打洼角起海棠线，牙底落平线，属清早期的风范特征。台面翘头简洁高古，而牙板弦线却深雕 7 毫米之多，属于工艺到位的典型苏作明式家具，表露出江南家具简洁而一丝不苟的文风。牙子上的纹样，粗看似螭龙缠绕，但是细看恰是 7 个林芝头尾回转，整合而成的假螭龙形象。这种纹饰借形转化的特例，摆明了是社会时尚压迫造成的。有三种可能性：一是因为市场追捧龙纹，匠人仿之而趋炎附势，乃半拉子创新；二是社会崇拜龙纹，主人曲意附势，勉强为之；三是文人有意逆势而动，藏头掐尾，暗藏玄机，将中华灵芝变作一个似龙非龙纹样，唬弄时尚，那就太高明了。从清代文人崇尚竹节纹、冰梅纹，暗中变相抗清的事例来看，第三种意愿很有可能。

■ 图 5-98 翘头案

所以说，纹样的创新与演变绝不是单一的审美问题，其中多半暗藏着创造者的内心独白，有吉祥的、讽刺的、象征的，更有暗喻的。这里刻画了人们内心深处丰富的心理活动，值得深入探究。

明式家具的纹饰特征在300多年间，经历了政体剧变、社会兴衰的影响，但是总的发展方向是农耕文化，儒、道意识浸润其间，经历了从写实粗犷到图案化精细，再到复古、几何化这样的过程，体现了社会审美流在意识形态及生产关系影响下的变化，也体现了民族文化融合中，合理取舍与强势冲击下的不同结果。

明式家具初期，社会开始消化蒙古贵族引进的草原文化与西亚文化，家具从宋式的简洁、劲挺转至着重融合仿生形态的强健和承挂构件的支撑力度，纹样也偏重动植物兼顾的风格特征，继而在三弯腿、霸王枨、带屉桌等一类创作新品的引导下，华夏特有的书法意识在不断觉醒，纹饰相对简化、图案化、序列化，写实形态缩小（图5-99）。但到了明式家具后期是陈坛装老酒，清代的审美意识被贯穿期间，器形仍为明风，但纹样清式化，甚至将西方写实雕刻风格注入器形及纹饰中，这也是历史发展不可逆转的事实。

■ 图 5-99 序列化的雷纹与图案化的螭纹结合

七、文人家具纹饰的创作简析

（一）创作方法及工艺规程

明式文人家具的纹饰继承了宋代图案秀丽清雅的风骨，其创作手法也是从适应农耕民族的好恶中寻找切入点，与社会的政态、经济、生产、娱乐取得同步的效应，所以哪怕从单一的题材中也能体现出不同的精彩。

如灵芝纹，此图案可用在家具的各种部位，但是需要放大、缩小，或做平面、立体变化，才能合理应用成为系列元素。

1. 选题材

纹饰选材主要看家具的用途。如婚嫁、寿庆之类大抵热闹、富丽一点的场合，图案中大多用螭、麟、凤、桃、松、鹤、牡丹、戏文。礼品一般精致、豪气一些，图案大多用龙、马、猴。自置书房茶室之用则高雅精巧一点，图案大多用灵芝、鹿、莲、鹭。这是一个文学、思想性的话题，因人因时而异。但是明代匠师还是很注重讨口彩、求寓意的（图5–100）。

2. 找形式

形式是艺术创作的脸面，不管主题寓意多么喜闻乐见，最终还是要有恰当的形象来展现给人们一种新颖独特、可接受的视觉享受。明式图案的形式一般是选取完美的整个图形，植入设计理念，如灵芝纹，可写实，如雕塑，也可简化为

■ 图 5-100 图案元素使用部位

图案。可以变换横竖方向或角度，也可以分成两半创作，如隔开一条腿，合成整个形状，一切都显得灵活多变。特别是文人家具的虚形法，是中国图案的一大特点，让生动而美观的虚形一下子俘获观众的眼球，达到有利的宣教效果。所谓"一招鲜，吃遍天"，在家具中就是说匠师们独创的艺术形象或手法，能获得丰厚的商业效果。

3. 定工艺

晚明时期的家具从漆器、漆木器中蜕化为实木家具，天然木石纹理与凹凸雕刻成为新的装饰手段，所以利用线的起伏勾勒纹饰形态是非常重要的。雕刻主要有以下几种手法：

（1）实地阳雕。在牙板等平滑面构件上，选取大片空白区域，勾描图案，然后将非花纹处铲去几毫米，整底铲平，再将图案修成高凸的形态，取得立体效果，这是比较费工的活，却看似简洁。这样的手法多表现线形纹，如卷枝花、莲纹等相对平面化的纹样，用途较广（图5-101）。

（2）镂雕。镂雕是在整块板上镂去纹饰之外的"空白"部分呈虚空状，衬托实在的图案形状，再在实体上用挖、磨、锼、刻等刀法精雕细刻（图5-102）。这种技法多用于床帏、亮格柜门、椅背等需要透空处，适合表现云、山水衬人物、走兽、花叶托果实、翎毛的意境，看似繁，实际上比实地阳雕省工。

（3）浮雕。浮雕在中国是汉画像石发展而来的一门艺术，在文人家具中一般表现山水人物题材（图5-103），利用雕刻的深浅与刀法的粗犷、细腻，来表现深远的空间和丰富的山川楼阁、人物树木形象非常有效，一般谓之"多层雕"，能起到咫尺千里的效果，多用作开光框内的独幅画，常见于柜门的腰板、裙板。

（4）半圆雕。半圆雕多适合人物特写与花卉、草虫、翎毛走兽及博古图文的主题表现，往往以雕塑的手法，精致刻画所雕物的形态与神态，起伏大，完全走宋、明工笔画的路子，一丝不苟，一般高处突起，醒目且有吸引力，多用于柜门、床帏、屏座。

■ 图5-101 实地阳雕双龙吐仙草纹牙板

■ 图5-102 靠背中心半圆雕及花边镂雕

■ 图5-103 浮雕人物故事开光画

（5）镶嵌雕。镶嵌雕（图5-104）是一类用繁琐的工艺，在光滑平面的素面上铲下一层，形成图案的外轮廓，嵌入不同的材质，如玉、彩石、骨、螺钿及黄杨木、湘妃竹等，再在嵌入的材料上精雕细刻，形成富贵华丽的艺术效果。一般来说这种工艺的效果很有震撼力，令人第一眼看上去就认为其贵重而对其肃然起敬。

■ 图 5-104 动物八宝嵌柜门

（二）主题表现及构思方法

明式文人家具的纹饰，在艺术风格上，循于儒道传统，彰显农耕民族的严谨、质朴，又有联想、细巧的创作理念。主要的构思方法大抵有如下几种：

1. 写实法

此法套用绘画，求生动逼真，但艺术功力要求较高，费工，商业价值也很高。一般为明式早期及重要家具上使用，传世的作品比较少，多属于文人画家自制的个性器。

2. 意象法

此法似是而非，添加、变化手法都可以用，如龙身变蔓、龙爪变花叶，构图较为随意，便于各种组合，容易满足客户要求，也有利于匠人个性的发挥（图5-105）。这是明式家具中期多见的方法。由于装饰风格已经形成，意象化的图案更适合木雕作品的制作，属于生产诱导而成的新风格。

■ 图 5-105 刀子牙板装饰

■ 图 5-106 棂格柜花窗

3. 几何法

以龙纹为例，索性将龙体变成直角盘曲的几何形，其实也是从上古云雷纹变化而来，有利于工艺制作，适合构件搭配。由于明式家具节俭的攒接做法使用得很早、很广，带动了图案的几何化、规范化发展，所以较早出现了一类四簇灵芝形象的图案，就如几何纹一样（图5-106）。

（三）创作构图与表现法则

艺术的效果在于整体与局部的呼应、衬托，纹样也是这样，需要设计中布白、留空，宾主相宜。

1. 衬托法

（1）虚形法、虚实相生法

家具上的图案一般面积小，表达的内容多，需要充分利用空间，所以计虚当实是一大法则，满幅都是纹饰而能对比衬托，也是中国特有的图案法则在实用中的体现（图5-107）。

（2）左右共生法

腿两侧各做半个灵芝，由案腿联系成一个整灵芝纹，这也是明式家具纹样中的一大亮点，简而不空，多而不繁。实际上就是采用了二方连续纹的手法（图5-108）。

（3）变化角度法

利用单独灵芝纹样的角度转换，与主要家具构件形成不同倾斜角，这样就会出现不同的趣味（图5-109）。

■ 图5-107 虚形法、虚实相生法

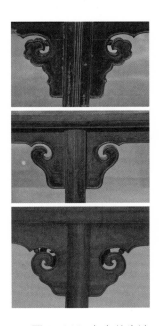

■ 图5-108 左右共生法

■ 图5-109 变化角度法

（4）立体半圆雕手法、线刻意向法

用立体半圆雕手法或线刻意向法将纹样所需要的不同层次反映出来，形成观赏面的多层次展现（图5-110、图5-111）。

（5）上下反转法

就是把一个单独纹理向下反转、再左右反转合并后会出现一种"旋转"的向心式效果，这样获得较好的动中有静的艺术形态，又事半功倍，省力而讨巧（图5-112）。

（6）共用形法

中国图案多有一形多身之法，如敦煌莫高窟壁画的三兔共耳，家具团花中的双身共首螭纹（图5-113）和牙雕中的小孩双首四身的"四喜图"（图5-114）。

■ 图5-112 螭龙上下反转团花

■ 图5-110 线刻意向法

■ 图5-111 立体半圆雕法

■ 图5-113 螭龙共首团花

■ 图5-114 四喜童子

2. 方向法

（1）竖式

竖式构图，挺拔向上，有威仪，用于伦理要求高的部位（图5-115）。多用于案挡板、椅背、屏牙。

■ 图 5-115 螭龙满雕圈椅朝板

（2）斜式

斜式构图动感强，方向性强，用于打破平淡气场求抢眼的区域（图5-116）。多用于案的牙子、桌的插角。

■ 图 5-116 螭龙纹霸王枨

（3）横式

属于较为惰性的构图，平和稳定，用于求装饰但不需要太出挑的部位（图5-117）。多用于桌、床牙板或床楣、束腰开窗镂花等处。

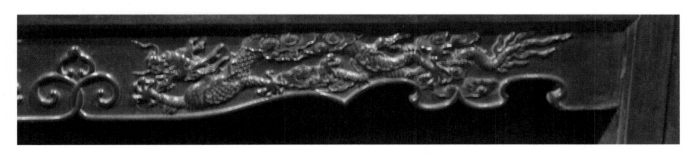

■ 图 5-117 仙草双龙纹牙板

（4）环式

环式受国人中庸之道的影响，气场求圆，不冲突，不妄生枝节，是明人求一团和气的绝妙写照（见5-118）。多用于椅子朝板、柜门团花，形成独立性、装饰性较强的主题图案，环螭、环莲是明人喜闻乐见的纹饰。

■ 图 5-118 螭龙环体灵芝开光纹

纹饰之道，早于文字，在人类社会漫长的发展过程中，曾经是文化的曙光、文明的先河，在封建社会的悠悠岁月中，更是被赋予了政态人伦等种种社会意识形态的凝重色彩，甚至曾形成了桎梏般的严律。今天我们品文人家具的纹饰，主要体会古人对生活的细腻情怀，探索他们利用丰富的艺术手段来统一社会的审美戒规，开创世俗的审美风尚，在神化的社会清规中注入人伦品德，审美感就在一代代先民的繁衍生息中，淌过了历史枯涸的长河。今天要传承这类纹饰，并不是不可能的，华夏人的汉字文化注定要流经适合今天华夏生活的脉络，打通这种脉络，正是当下要努力的中华复兴工程之一。

以下为各类纹样赏析选图：

花叶纹（图 5-119）；

莲纹（图 5-120）；

塔刹、寿纹盘（图 5-121）；

天文几何纹（图 5-122）；

祥云纹（图 5-123）。

■ 图 5-119 花叶纹样

■ 图 5-120 莲荷纹样

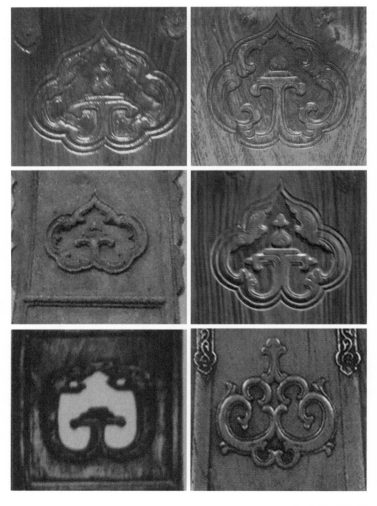

（a）塔刹纹样

（b）寿纹盘纹样

■ 图 5-121 塔刹、寿纹盘纹样

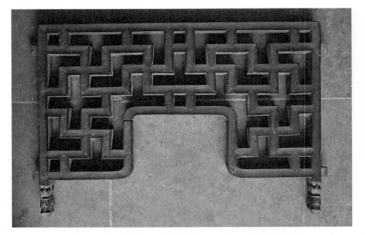

■ 图 5-122 天文几何纹样

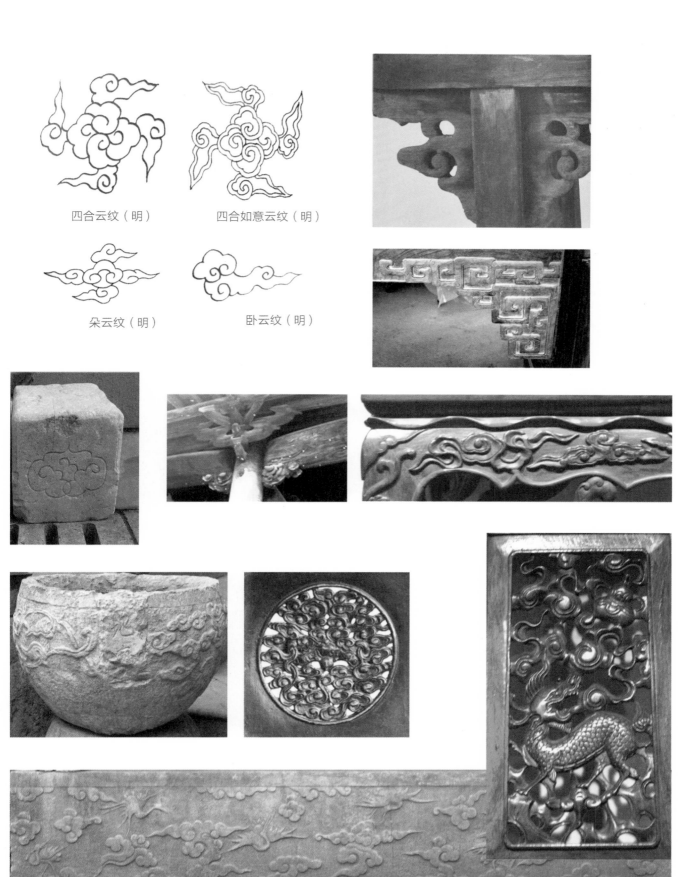

四合云纹（明）　　　四合如意云纹（明）

朵云纹（明）　　　　卧云纹（明）

卷六

文人家具
纵横地域篇

一、概说文人家具发展四期

中华民族历史悠久，神州大地幅员辽阔。人文家具的沿革，要用唯物主义的宇宙观来看待。宇者东西南北，宙者古往今来，从洪武到宣德，明朝用了 60 多年来恢复国力，从而开始复兴唐宋文化……

《明式文人家具分类进化简表》（附录二）是迄今为止发现的主要明式家具可纪年的实物（含冥器）例表，表中所列是从大明洪武年到大清康熙年制作的家具形款，鲜活地反映了明代家具在继承宋元家具文化的过程中，结合本朝的科技、人文精神的发展观，把国人的家具审美观调整得日臻完美。

通过对表内家具形款的分析，可以看到，洪武年的家具虽然有一定形制，但缺少深度的比例推敲以及细部的处理，体现了初创期的水平。而宣德的几件带款漆器构架有度，形态有韵致，呈现了发展期的家具按照宋式风格在演化，具有上升的趋势。到了万历时期，不仅款式丰富、功能完备，并且有较多的创新，同时有精准的设计把控，那时求简、求精的程度甚至超过了后期的款式，把这一时期定为成熟期是合情合理的。入清后，中原文化的巨大惯性依然推动着明式家具的发展，而进入一个求变的时代，尤其是一些线形结体，超脱了明代的风格，是一个文化融合的转变期。

1. 初创期：洪武元年（1368）至宣德前期（1426—1435）

明初的家具属于元代家具的自然过渡，甚至还保留着许多宋式成分，造型繁复，构架粗壮。朱檀墓出土的洪武二十二年顶牙枨云头牙案，就有非常鲜明的特点，比例上求夸张对比，案面短腿料较粗大，云头牙细巧，属于初创期的形制。在直牙条上多镂出一片云头，顶牙枨的形态也很别致，中间段略带拱起，两端起大弧而没有插入腿足段的短直线，还有叶芽翻卷。可见这时社会的审美观已经缺乏宋代对刚性构架的崇拜，改成由天真朴实的自然形态烘托家具构架。

明式家具初创期的特征为：尺度比例务实，形制稍小不夸张，结构断面以单纯的圆或方形居多。装饰构件之形无稳定模式，如朱檀墓出土的软木直枨酒案，牙头为翘角银锭形，这说明当时并不像明中期之后有较统一的刀子牙板欣赏时尚（图6-1、图6-2）。

主要构架格局与特征：

（1）直枨、十字枨、高拱顶牙枨普遍使用，说明家具款式还有待完善。

（2）复式细云头牙板流行于使用的家具上，多有丰富优美的式样传世。

（3）如意形宝剑腿、三弯腿在当时仍作为时尚款式，多见于漆器，以及大漆家具、漆木家具。其实这类形制带有宋莲花壶门的蜕化痕迹。

（4）刀子牙板处于断开或通长混用期，相当于建筑中的雀替，这是元代疏于结构力学考量的缘故。

（5）四平式还停留在如意腿形式，似乎没有马蹄出现的先兆。从汉到唐，马蹄形足一直在家具上留下仿生的形象，但是，不知为何，明代的内翻马蹄却出现得很晚。

■ 图6-1 夹头榫罗锅枨半桌　　　　　　　　　　　■ 图6-2 夹头榫直枨半桌

2. 发展期：宣德元年（1426）至嘉靖（1522—1566）

在故宫收藏的带年款的漆器上，可以清楚地看到一批早期明式家具的形制，经过这一时期的发展，出现了各种功能的柜、案、画案、香几、炕几等造型，并且许多传世器记有宣德年款。

这一时期的特点是漆器家具、漆木家具及少量的清水家具混用，已充分具备各类明式家具登场的规模格局。譬如柜的门、牙板的位置比例，以及案的结构长度、主要装饰部位的构件特征，还有代替直枨的罗锅枨出现了，尽管与壶门一起组合还不太合拍，但是这根"枨"不仅奠定了明式家具的演变方向，更决定了明式家具的力学与装饰并重的方向。

主要构架格局与特征：

（1）继承案榻的"须弥座式"开光造型，确立了明式家具以壶门为装饰中心，在桌、案、椅、凳，甚至柜、架等家具中均有壶门的体现。

（2）通常刀子牙板的确立，与夹头榫一起组合成家具副构架，代替了宋牙板仿建筑"雀替"的断开形式，实现了加强案结构的功能新格局，一般牙板较厚，受力强度大。

（3）束腰由宋代流传开始了新的演化，作为桌面与牙板之间的过渡备受重视，在仿石座高束腰开始流行时，以"露腿式"进行分段，中间出现了涤环板、开窗镂花。束腰之下也多有托腮来承受，但后来匠师们发明了简便的加束腰构件，这是对构造的提升，解决了桌面与牙之间技术、审美等多种问题，是受托腮的启发而成的新构件（图6-3）。

（4）腿足仍以三弯腿、剑腿、如意足为主流，内翻马蹄也已初成，小而细巧，有刀形意。

（5）壶门线条演化得丰富优美，用途较广，但也开始有简化的趋势。从分尖式到单尖式，长而大的壶门要在两边加两个下垂尖（图6-4、图6-5）。

■ 图6-4 海棠面束腰开光有托泥花几（故宫博物馆藏）

■ 图6-3 壶门花叶剑腿大漆彩绘平头案（故宫博物馆藏）

■ 图6-5 刀牙大漆描金方向柜（故宫博物馆藏）

3. 成熟期：大约从万历（1572—1620）至康熙（1661—1722）

中期明式家具趋于成熟，这一时期的器形更加简洁明快、做工精巧，而绝无多余之笔，这是中国家具史上的黄金时期。

南京博物馆收藏的万历乙未年元月款黄花梨画案，是这一时期的标准器。此外，故宫旧藏的黑漆刀子牙板平头案也是这一时期的作品，标志着宋式刀子牙板转化为明式家具的重要装饰元素，堪称中国传统家具无法替代的装饰注解。这一时期的特点是文人匠师力求设计精确、比例协调、对比适度、形象语言突出主题。在构件造型上，下了很大功夫，并且根据案类家具"横看成岭侧成峰"的特点，把腿料做成椭圆形或扁方形，把椅正面牙头与侧面牙头做成前者长、后者短，使立面之美更符合视角需要。

主要构架格局与特征：

（1）约在明中期后，文人们开始崇尚木材的天然纹理，回归宋代所倡导的返璞归真的理念。社会上的家具审美情趣，也从彩漆、镶嵌转向了素木雕镂。起线最初是若隐若现的"碗线"以及微微凸现的折棱线（如大小头柜门上的双线夹脊棱），另外案牙上有极细的灯草线出现（仅1.5毫米粗）。

（2）霸王枨是由十字枨转化而成的两根弓形枨，分叉而成，实则也是在高拱罗锅枨的启发下发明的。起初在桌子下运用，改变了宋代直线枨的单一性，使家具枨式朝着多元化方向发展。成熟的霸王枨形式定型，普遍用于束腰式、四平式桌子、凳子上，称为明式家具结构创意的最佳看点。

（3）案腿间直枨高拱顶牙枨，被收敛为有度的罗锅枨，这根两端微曲的枨，使明式家具的构架更加舒展有序、刚柔并济，空灵中不失简单，也是中国装饰元素和审美时尚的一个独到的创举，使之完全区别于欧洲和西亚的圆拱、尖拱装饰线，其中"出门就拐弯"的二头底端较短的罗锅枨是偏早期的（图6-6）。

（4）桌凳罗锅枨矮老，直接插于边抹，简略大气。卡子花与矮老并用，更加丰富了看面。也有椅子的牙板保持用云纹、灵芝纹，这是对农耕文化的崇拜的回归。

（5）束腰也有一木连做，低束腰增多，成为独立构件。高者有开窗、凸线装饰。

（6）牙板与罗锅枨并用的款式，应该也成熟于这一时期。著名的一腿三牙方罗锅枨方桌，是富有中国人理性色彩的典范。

（7）壶门以直牙式素尖壶门（不加纹饰）为主，也有少量鱼肚式出现。

（8）腿足以直马蹄内翻代替了许多三弯腿、剑足、如意足形制，成为主流。圆及椭圆腿也颇为流行，方腿多作打洼、起委线角。

（9）案牙等起线出现了丰富柔和的弦线（仅2.5～3毫米宽），也用于案腿二柱、一柱香线，还有边宽的"韭菜边"微凸线。

（10）由于清水木漆的推广，实木雕刻、镂刻变得时尚起来，成为装饰的主要手法。斜开木料，使得山水纹的工艺盛行。还有一种雕刻，实地突出花型，边缘再镂刻凸线，这可能是宋代就流行的装饰手法。

（11）屏风的构造主要是仿建筑，如鼓座、木栅式墙，但中间嵌石、画及其他贵重材料成为主式。

（12）搭脑的造型比较注重"枕脑"的作用，不但四出头官帽椅注重这一点，连高背南官帽椅也讲究"枕脑"部分的凹形设计，这种类似于感应工学的新思维，为成熟明式家具注入了新的活力，而引起了对人体功能适应性的关注点，所以南官帽椅的扶手也自此有更适合臂、肘的弯式。

（13）平头案开始有极小的翘头，估计是文人为了阻挡画轴滚落而添加的一种构件，但后来却引来了审美与伦理的要求，并超常发挥，所以明中期1～2厘米小翘头到清初就发展为十几厘米的大翘头了（图6-7、图6-8）。

■ 图6-6 束腰马蹄壶门牙罗锅枨炕几（故宫博物馆藏）

■ 图 6-7 夹头榫刀牙平头案（南京博物馆藏）

4. 转变期：顺治（1643—1661）至乾隆初年（约 1736—1760）

大凡手工艺美术的转变，都在这类工艺上有了充分的积累与成就时，出于商业需要和避免审美疲劳，对其进行较大幅度的改进，这在世界艺术设计史上是一个惯例。因为这是哲学层面上无法回避的"螺旋式上升"的必由之路。

明式家具的转变期应从顺治初年到乾隆早期，这也是一个封建统治更迭的时期，也是民族文化融合的时期。

明末首先体现的是"怀旧"，追念唐宋旧制，满足闲适之心，这本身是文人精神的"倦怠"期。具体体现在家具上，便是"减法""加法"混用，一味从简，有悖结构与审美的有之；追求异化，添加不着边际元素的也有之，达到哗众取宠的商业效应；再者便是强调装饰，把一些纹样、元素堆砌使用，华而不实。总之这一时期走的是明式家具的下坡路，需要今天的设计师予以认真的分析、解读，去芜存箐，方有裨益。

■ 图 6-8 壶门牙三弯腿万历柜（故宫博物馆藏）

279

主要构架格局与特征：

（1）霸王枨缩小，或外观被罗锅枨、插角、刀子花牙板遮挡。另外有许多霸王枨变体款式出现，改变了霸王枨构架的初衷。

（2）夸张了明式家具的线形结体、构架，过度运用了攒料的成线的形式。有时使家具构架支离破碎，影响了家具形象的整体性。图6-9这件一腿三牙式炕桌，中间的罗锅枨为了取得形式上的标新立异，演变成没有稳定性框型结构在枨上硬加的方框，应是"拱璧"的前奏吧，属于那个时期"舍本求末"的创新代表了。

（3）把罗锅枨形线用滥了，造成一定的审美疲劳，丧失了明式家具椅子丰富的伦理内涵和通达的气度。

（4）线脚装饰上以混圆高凸的弦线为主，后期也有皮条线出现，属于"韭菜边"打洼而成，富有装饰性而过于烦琐。

（5）明代习惯的暗抽屉，到这时就变成以明抽屉为时尚了，出现在柜子、桌子甚至炕几等家具上。

（6）雕刻变得时兴起来，连腿间插角也变成了重要的装饰部位，完全改变了中心作用。变体书卷圈椅的后背也透了起来，大开窗，功能让位于装饰，因袭西式的三弯腿外翻马蹄出现（图6-10）。

■ 图6-9 罗锅枨断开加入新形（故宫博物馆藏）

■ 图6-10 多了束腰的变体书卷椅

二、从明式家具成熟期的史料分析各类构件

从人的社会生活整体性和文化行为的整体性的角度出发，可以看到明代文人在晚明的文官体制下，思考人生思想与价值实现的可能性。他们凭借自身拥有的经济基础和文化修养，在悠然闲适的退隐生活中经营起精雅的理想世界。正是在这种生活陶醉之中，家具自然成为文人价值观和审美情趣的一种寄托，从而进入了传统文化史和艺术史的版图。应该说这个时期中国的设计理念与西方文艺复兴的人文主义思想相比并不落后。

史料表明，明式家具的成熟期是在嘉靖至万历年间，那么万历年间明式文人家具发展到了何种模式呢？

（一）明式文人家具的刻本图录与实物对比

《人镜阳秋》是一部中国刻本印刷史上比较精致的线装书，共22卷。书中插图是明代汪廷讷撰，汪耕（安徽歙县人）画，黄应组刻木版画，万历三十八年（1610）汪氏环翠堂刊本。辑录中国的历史故事，每事一图，为徽派版画之杰作。其中人物、景物尤其是器物，画得非常工整，家具的形态、结构乃至纹饰特征，都能勾勒到位，可以让今天的传统家具爱好者们了解万历年间文人家具的设计水平。

如果用其插图中的家具形象与现存的明式家具做比较，可以得到一张比较完整的文人家具成熟期的构件脉络图：

从案形结构到桌形结构，从四平式结构到束腰结构，从花叶剑腿结构到马蹄直腿结构，从复式壶门结构到直牙壶门结构，可以清楚地反映出晚明文人审美观演变的轨迹（图6-11至图6-22）。

任何具有典范性的文化艺术形态的产生，往往同时具有多方面的因素。《考工记》卷六言："天有时，地有气，材有美，工有巧，合此四者，然后可以为良。"从读图赏家具中，可以看出许多构件在竞相发展。如灵芝牙的各种式样，几乎在万历年间就完成了，以此类生的灵芝壶门也是品类繁多，这与嘉靖晚年崇尚灵芝仙草——"芝山"不无关系。宋代兴盛的花叶壶门，这时已退化成花叶足。不知何故《人镜阳秋》中，少见插肩榫的剑腿案，也不见翘头案。估计是画作者是江南人，或许那时江南少有剑腿案和翘头案。因为其它万历中期的刻本画上，还是有翘头出现的。

有趣的是，刻本画中桌子多无直枨、罗锅枨，无论四平式桌还是有束腰桌，多是无枨马蹄桌或无枨花叶腿足。

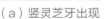

（a）竖灵芝牙出现

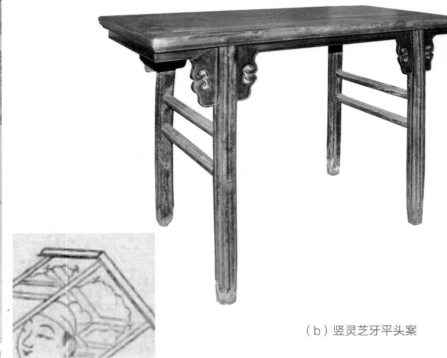

（b）竖灵芝牙平头案

（c）双圈斜抵灵芝牙出现

（d）双圈嵌抵花灵芝牙平头案

■ 图6-11 灵芝牙平头案比对

（a）适中形刀牙出现

从传世的刀子牙板看，共有三类：一类是牙子比较短而呈方形；一类是牙子较长且牙头呈四分之一圆弧形；还有一类是牙子上宽下窄，再收弧形。原来以为短形的早，长形的晚，但是从《人镜阳秋》中的图片来看，最晚在万历中期，这三类刀子就已经出现。

（e）灵芝化刀牙出现

（b）万历十年（1582）（李斌先生藏）

（c）天启七年（1627年）（博古斋藏）

（d）康熙二十五年（1686年）（秦刚强先生藏）

（f）刀牙与灵芝相结合的牙头出现

■ 图6-12 刀牙向灵芝纹转化举例

（a）上大下小刀牙出现

（b）刀子上大下小平头案

（c）细长形刀牙出现

牙头细部：这种细长牙，牙头小而与牙板连接的圆弧是一种特色。

（d）细长形刀牙，万历年间

（e）四分之一圆刀牙出现

（f）刀子牙平头案 万历二十三年（1595）

■ 图6-13 长短刀牙比对

（a）椅壶门比较

（b）花叶壶门扶手椅

（c）明有束腰十字枨长方凳（引自《明式家具珍赏》）

（d）桌几壶门比较

（e）无束腰壶门牙书房梯凳

（f）高束腰壶门牙花叶腿长方桌

（g）几凳壶门比较

（h）五足抱球圆托泥香几

（i）壶门牙板平头案

■ 图6-14 壶门牙比对

（a）束腰花叶腿壶门桌出现

（b）有束腰壶门花叶腿条桌（引自《风华明式》）

（c）束腰花叶腿壶门桌出现

（d）明高束腰壶门花叶腿条桌（引自《明式家具珍赏》）

（e）花叶腿直壶门桌出现

（f）明霸王枨花叶腿条桌（引自《明式家具珍赏》）

■ 图6-15 花叶腿繁简比对

（a）马蹄腿条桌出现

（b）四平式无枨马蹄腿小画桌（引自《风华明式》）

（c）马蹄腿方桌出现

（d）四平式无枨马蹄腿条桌（引自《花梨木家具图考》）

（e）直壶门无枨马蹄桌出现

（f）有束腰有屉素牙板马蹄香几

■ 图6-16 无枨内翻马蹄足比对

（a）圆墩比较

（b）海棠开光圆坐墩 （故宫博物院藏）

（c）无枨方凳比较

（d）有束腰壶门牙开光圆凳（故宫博物院藏）

（e）无枨圆凳比较

（f）有束腰膨牙鼓腿方凳（故宫博物院藏）

■ 图6-17 圆墩、弯腿比对

（a）有束腰灵芝牙脚踏出现

（b）有束腰壶门牙小马蹄脚跳

（c）有束腰灵芝壶门牙脚踏出现

（d）有束腰马蹄脚踏

（e）灵芝壶门连座脚踏出现

（f）两款交椅脚踏

■ 图6-18 脚踏、壶门线比对

竹节纹的家具已经出现，并且很完善。椅、衣架的竹节装饰非常成熟。以前认为竹节纹是清初文人为表达抗清情绪而设计的纹样，其实在万历中期就已出现。

（a）竹节衣架出现

（b）竹节罗锅帐矮老长方桌

（c）竹节翘头搭脑椅出现

（d）竹节变体罗锅帐矮老平方案

（e）翘头如意纹衣架

（f）无束腰仿竹材方炕桌（引自《明式家具珍赏》）

■ 图6-19 竹节构件创意比对

屏风在明晚期使用普遍，但是图中多出现灵芝花叶站牙，抱鼓墩式座反而未见。

（a）灵芝站牙屏风出现　（b）螭龙纹站牙素框屏　（c）简化螭纹站牙屏

（d）灵芝禹门洞屏风出现　（e）禹门洞镂花屏风　（f）螭纹站牙台屏

（g）素框灵芝站牙屏风出现　（h）素框砚屏　（i）灵芝站牙鼓墩屏座

■ 图6-20 屏风站牙、墩子比对

床的图形种类较多，牙板有单尖壶门、分尖壶门、复式花叶牙板三弯腿，结构有仿宋式托泥开光壶门式，也有直牙刀马蹄，呈现了晚明床的多种时代风格融合期。

（a）单尖壶门式床牙出现

（b）单尖壶门抱球牙板床座

（c）三弯腿复式起尖壶门牙板床出现

（d）复式壶门线牙板凉榻

（e）不起尖壶门雕花牙板床出现

（f）三弯腿不起尖雕花壶门牙板架子床

■ 图6-21 床壶门、足形比对

（a）直牙壶门凉榻出现

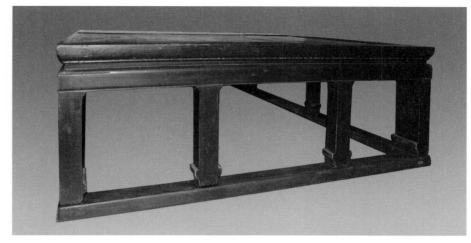

（b）壶门开光花叶足有托泥凉榻

（c）多壶门式床出现

（d）直壶门足架子床

（e）直牙板马蹄榻出现

（f）直牙马蹄腿架子床

■ 图6-22 床座比对

从以上的图画描述与实物对照，可印证家具构件演变的一些轨迹，据此排列了一张《明式文人家具主要构件进化简表》（附录六），可以帮助我们分析解释明代家具中兴点的盛况，在表中可以看出，洪武初年家具构件有浓烈的农耕文化崇拜的倾向，植物纹样几乎是写实的圆雕。宣德时期，出现花叶剑腿，把植物的形象刻在案桌的腿上，形成了独特的装饰。但到了万历后期，家具构件日益单纯，罗锅枨、马蹄足、霸王枨成为惹眼的新款，束腰的禹门洞窄了，甚至省略了。

《人镜阳秋》给我们留下了这样一连串的问题：

（1）在《人镜阳秋》一书中，没有看到霸王枨的影子，连外霸王枨也没有。是否能说明有两个疑问：一是万历中期还没有发明霸王枨；二是霸王枨最早流行于北方（元墓中已经出现外霸王枨冥器），南方画家没有将此形制列入书中，有点蹊跷。但是在万历汤显祖的《紫钗记》《还魂记》及元杂剧改编的《赵氏孤儿》木刻板本，都有霸王枨的图形，可见应该是画家的个人喜好所致，万历中后期已经相当流行霸王枨款式了（图6-23）。

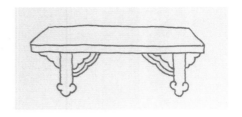

（a）山西元墓中出现外霸王枨冥器

（b）外霸王枨藤面凉榻（黄花梨）

（c）《紫钗记》插图

（d）《赵氏孤儿》插图

■ 图6-23 《人镜阳秋》中的家具

这里可以发现这样一个重要的问题，即无枨桌与霸王枨桌是哪个首先出现的呢？一般认为无枨桌是明式家具充分成熟的后期——转变期追求简约所致。因此，无枨马蹄桌很受行内追捧。但是从史料看，却是明代人首先改宋代直枨为顶牙枨，再由顶牙枨改为简约的无枨桌，最后才发明了霸王枨桌。

从科学的角度分析，无枨桌肯定是结构上不如霸王枨桌牢固，不管是硬木榫卯加固，还是匠人自信心增强，都不能改变这种事实。那么，可以得出新的结论：无枨桌是明式家具发展期到成熟期过渡阶段的"初级版"。

（2）《人镜阳秋》中也没有画剑腿平头案，也说明两个疑问：一是宣德年出现的剑腿在万历年间已不流行了，二是南方地区并不流行。通过对传世的南方剑腿案分析可知，南方插肩榫的剑腿的确很少，而且流行期短。因为剑腿成于宣德，至万历中期已经有百余年了，按照家具"各领风骚"数十年的情况看，南方清水漆明式家具兴盛期应该轮不到它了。

（3）《人镜阳秋》中还有踩着脚踏坐在凉榻上的图像，可见当时卧具的高度较高，也为传世器中约50～60厘米高的床榻类做了印证。《人镜阳秋》中座椅的脚踏牙板多是壶门形，比较细致，和传世的交椅牙板非常吻合，说明当时花叶牙板盛行。

（4）在《人镜阳秋》中，灵芝牙应用较广，而且与壶门牙合用的情况较多，也说明万历中后期插肩榫壶门剑腿案正向夹头榫壶门灵芝牙转型，有榫卯从简的倾向，就如同明末清初建筑的斗拱也在简化一样。

（5）刀牙的流行可以从《人镜阳秋》中看到一个大趋势，细长型、中长型、短型的都出现了，几乎完成了所有刀牙形的创作，甚至有刀牙与灵芝组合的牙。但是，如王锡爵墓出土的"海棠"委角床牙却没有，说明现存许多看似古朴的带尖刀牙板，也许到明末清初才出现。

（6）值得关注的要点是，腿间无枨形桌、凳的形制非常多，这种类型在传世的器物中较为罕见，说明其容易损坏，流行期短，但是这类型的创制还是可以看作"极少主义"的探索，在明式家具成熟期中就起了重要的作用。如《人镜阳秋》中所示，文人家具追求简约的契机，似乎要由明末清初提早到万历后期。

（7）书房、客厅各式鼓凳用得很多，大开光式和鼓形小开光都有，把宋式墩演变得更加结实。

（8）马蹄足应该是在花叶足的基础上变化而成，但那时似乎还不是审美时尚的主流。

所以将《人镜阳秋》的图例和其它明刻本比对，可以引出更多话题，有助于梳理明代家具的发展脉络。

（二）明式文人家具转变期的得与失

万历四十八年，得益于张居正的政治改革，中国的南北外患几乎平息，经济复苏，科技发达，文官体制日趋健全，人文精神也在资本萌芽中悄然长进，渗透到朝野各个角落。这些，对明式文人家具审美时尚的形成，起到了决定性的作用。怎样寓功能于形式中、寓精神于器物中，这种结合东方智慧的生活艺术感，使一代家具盛载的民族时尚，逐渐发展为民族文化的经典。

到了崇祯后期文人家具演变突然加速，形成了光怪陆离的现象，这也是艺术潮流发展到一定时期的必然反映。繁、巧、简是后期明式家具的显著特点：

1. 繁的虚伪风光

实质上是式样求变，因为设计师是不可能满足于继承、因袭古人旧式的。图6-24、图6-25从明式空灵淡薄的古韵，到攒牙细构的活泼，细究牙子构件的数量，明式一腿三牙为12个构件，而这一款式是42个构件，尽管省去了腿间的四根双枨，还多了30个构件。从构架的牢固度来看，远不如明式，这里可见"后期明式"求变添繁之一斑。再看图6-26所示的黄花梨炕桌，在牙板上镂花打孔，完全改变了明式牙板的静穆、温婉的感觉，甚至贯气都不顺畅了。满屏雕玫瑰椅（图6-27）用复杂螭龙纹饰做成靠背，明显影响了玫瑰椅特有的空灵，虽然形制有所创新，但却有悖于明式家具的正统理念。

■ 图6-24 一腿三牙矮老平头案　　　　　　　　　■ 图6-25 弓背牙子顶牙枨平头案

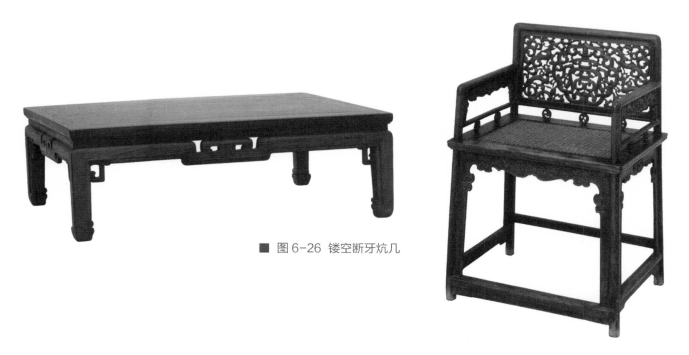

■ 图 6-26 镂空断牙炕几

■ 图 6-27 满屏雕玫瑰椅

2. 巧的构件颠覆

后期明式家具中有一类比明式"套换结构"讨巧的造型风格，是一种工艺上的细化与重复产生的时尚美。清紫檀攒牙条矮老翘头案（图 6-28）是在明式翘头案式样上，将刀子牙板演化成一根曲折多变的线，再添加矮老，实际上是用罗锅枨的线形做出刀子牙板的造型。而在明式桌面、牙板上加劈开纹，使得原来的两层形线变成四层，再加一根顶牙罗锅枨，一字摆开五根横线，体现了细化的特点。特别是它的四个角牙，做了弓背弧线的牙子，与细细的高拱枨呼应，这更是唯美主义的最好诠释。

■ 图 6-28 清紫檀攒牙条矮老翘头案

3. 简的另类风格

都说明式家具是以简而著称的，但后期明式家具似乎有追求更简的倾向，突出的手法是减少构件。案腿牙结构除插肩榫、夹头榫外，有一种变体插肩榫剑腿案（图6-29）甚至是无牙也无花叶腿，达到"极少主义"的境地。再如一件灵芝牙板翘头案，腿间明式双枨简化成单枨，还做成了"驼峰式"（图6-30），是否又开了"文旦椅"搭脑的先河呢？还有一件南宫帽椅扶手省略了镰刀把（图6-31），还做得非常小而后缩，比例有些滑稽。特别值得一提的是一种更巧、更简的尝试。清鎏金(铜)顶牙罗锅枨条桌(图6-32)，较为粗硕的木架造型上，一根细细的金属枨裹腿而成，一望便知是圆包圆罗锅枨的翻版，只是构思奇巧，一根金色的"软绳"感觉似有似无，构架更加简洁飘逸了。

（以上三点具体内容可详查拙作《线式结体——明式家具后期的一个独特类型》2010年6月版《家具》第46-51页）

■ 图6-29 插肩榫剑腿案

■ 图6-30 灵芝牙板翘头案

■ 图6-31 南宫帽椅

■ 图6-32 清鎏金（铜）顶牙罗锅枨条桌

三、家具地域性与意识形态倾向

文人家具的地域性主要体现在物质基础和社会行为上。

物质基础主要体现在自然环境与生活环境两个层面。自然环境对家具的影响是多方面的。材料是导致家具地域性特征的直接因素，还有就是气候的不同、温度的不同、全年干湿度的差异等，也使人们全年的生活习惯形成很强的地域性特征。如干冷的地方生活多在炕上，矮型家具延续的时间较长，品类较多；湿热的地方为求凉快，高大构架的家具模式就发展得较丰富。要继承明式文人家具，弄清中国传统家具区域特征是非常重要的一环，就像厨艺中，必须分清苏、粤、川、鲁一样。华夏家具自宋朝分门别类，成就一个庞大的体系，而受到各地民风民俗的影响，区域的造型特征也越来越明显，形成了特定的风格。

区域特征的表现有三个方面：一是用材；二是形制构件局部的造型特点；三是工艺上的习惯做法。这些都是生活方式、产业模式、审美习俗三大因素所促成的，这三个重要支点，是构成家具地域性的社会基础。

生活方式对家具的影响是全方位的，百姓生活的幸福感和文人对物质生活的价值取向，久而久之，也就形成了极具地域性特征的审美风格，从而奠定了极具地域色彩的设计模式，当这类观念上升到理念时，就构成了一方水土大统的设计思想。在中国，由于地理环境和生活方式的差别，形成了家具设计审美上的诸多元素，从而形成了明显的地域文化特色。其中"苏作""广作""京作""晋作"四大名作享誉最盛。除了四作之外，木行内还有"六作""八作"之说，即鲁、皖、浙、闽的特点也不能小觑。

当然，明清家具是在传统的农耕社会中与自给自足的自然经济相结合而产生的，但是，不少家具也在进入流通销售环节中发展壮大起来，在家具的地域特征稳定发展的同时，也有其他地区的加工方式进入，出现了区域文化的小范围的融合，所以有许多"广式苏作""苏式京作""广式京作"的传世器（附录八、附录九）。

在一些家具创作发源地的周边，也有文化较为发达的地区，家具的风格明显，传播也广，主要有皖、鲁、浙、闽。如由江苏南通等海运传播的鲁作、安徽南部的"皖作"、浙江宁波地区的"宁作"，还有浙江沿伸的闽作。

鲁作家具（图6-33）的特征：尺度比苏作大，喜欢用榉木，扶手多外撇，并且前高后低，构件连接点喜欢用铜皮加固，又是一种装饰。鲁作榉木家具比较接近苏作风格，苏鲁文化自汉唐起就有了密切联系。在古代，榉木也是国木中的硬木了。

皖作家具（图6-34）的特征：简朴、敦实，多有独板厚面。造型上管脚枨"步步高"、二高二低兼有，特别是牙板作"飘带"状，是比较稀有的款式。皖作家具是应徽商文化走出大山、传播四方的，唐宋时期其属于中原文化幅射长江下游，所以苏皖文化一直是互补的。

宁作家具（图6-35）的特征：用材多圆料，有仿竹器的特点，因多为清后期的作品，不讲究挓度，椅子一般不用"步步高"，与苏作同样是二高二低枨，牙板比较窄而混圆，一般没有上挖缺或洼膛肚。宁作融入了一定的西方设计审美，讲究对比，所以罗锅枨坡度小，没有书法笔意，矮老细得像根筷子是其重要特征。雕刻工艺善于精细而平面化，尤其是镶嵌骨雕，非常精美，纹饰倾向于写实。

闽作家具的特征：造型上挓度一般偏小，腿较粗，牙窄，柜子腿矮，柜牙板宽（与鲁作正好相反）。装饰上壶门尖高，曲线大，有的案腿下部外撇，如图6-36牙子厚重，有象鼻形纹，是受东南亚装饰风格影响。

（a）鲁作高扶手南官帽椅

（b）鲁作鱼肚壶门圈椅

■ 图6-33 鲁作家具

（a）皖作高扶手南官帽椅　　　　　　　　　（b）皖作刀牙无枨矮圈椅

■ 图6-34　皖作家具

（a）宁作仿竹圆包圆盆架　　　　　　　　　（b）宁作罗锅枨矮老南官帽椅

■ 图6-35　宁作家具

（a）闽作罗锅枨马蹄方桌

（b）闽作刀子牙硬挤门圆角柜

（c）闽作南官帽椅与壸门细部

■ 图6-36 闽作家具

人在木行中行走，过眼的家具也多了，但常常为南北家具的不同气息所困扰。离开江东两岸，沿运河东南延伸，自少习见的苏作味也随路程愈远，风格愈远。每每看到浙作、鲁作的精品，总要静心赏析它们的不同点，而中原的风尚也在不经意中得以体味，南柔北刚的建筑风格，是家具传承上的生动写照。平日采风、写生，老是往历史凝重的贫瘠之地跑，如新疆老城、甘肃佛窟、晋家大院、云南边陲，而有一次进京城一睹古家具业豪景，也属于国内木行汇聚处深入考察了，在北京吕家营的古典家具大市场，我终于也悟到了一些中原人的设计理念，那种求震撼、不求委婉，求大形、不求细处，求重复、不求恬然的设计笔意。

因此，首先要认识意识形态对区域特征的制约。限于篇幅，仅以椅子为例。可以从四个方面来看。

（一）政治中心贴近区突出伦理尊严

京作家具几乎是宫廷家具风格的代名词，宫廷造办处的匠师受皇家的影响，集各派之长，形成了独特的家具设计风格，一般以苏作家具为范本，但造型更为硬朗、劲挺，尺度稍大少许，以适合北方人身材高大的特征。由于京作主要用于皇室、官家，追求伦理感强，由苏作文绮之气转变为官家沉雄之气。京作家具在工艺上不惜工本，多用黄花梨、紫檀、酸枝为材，装饰力求华丽，有时偏离了功能性，淡化了实用性。有的家具最后成了为形式而形式的摆设品（图6-37）。

（a）三弯腿托泥圈椅　　　　（b）壸门牙圈椅

■ 图6-37　为形式而形式的摆设品

（二）文化艺术兴盛区崇尚个性

苏式家具，广义上是指以苏州为中心的长江中下游地区生产的家具，遍及古江南"八府一州"（就是大苏作，即江苏南通、泰州、扬州、镇江，包括上海松江、浙江嘉兴等地）。但狭义上来讲，明式苏作家具的范围，仅在太湖流域的一部分地区，如苏州及其辖下的东山、西山，常熟、太仓的南部，无锡辖下的甘露、荡口，以及嘉兴的北部等地。近在太湖，造型比例承苏作之韵，用材除紫檀、黄花梨等贵木外，多有鸡翅、铁力，且南方多白木，榉、柏、楠、银杏均有。装饰工艺上少起线多雕刻。家具用色上多作薄漆显木纹，但总体说来，苏式家具文妍、绮丽，还是具有南方设计的温文尔雅之观的（图6-38）。

明清苏作家具，品格雅亮，造型简练，线条遒劲，用材精心，往往以小木成大器，以少雕镂而显繁华。大件器具也可采用"包镶做法"，杂木为骨，外贴佳木、薄片。小件器更是精心套料、碎料拼接，移花接木，虽费工时，却天衣无缝，保证优美的外观。

苏作椅子的特征首先是管脚枨两高两低，后撑放低；其次是搭脑平展，中段不作高拱形，扶手水平前伸，鹅脖多作小"S"形，壸门多为单尖，少量早期的也作分尖式，多为软屉藤面（图6-39）。入清以后，苏式家具顺应皇家口味，曾向富丽豪华方向转变，但是终究不是江南人品格所好，所以显得勉为其难。加之路程较远，在商业贸易上逐渐被广式家具所超越，

总体而言，苏作家具的最大亮点是，造型上追求轻与小，装饰上追求简与秀，以静掺凝练，具有文雅大方的气息，成为中国古典家具杰出的代表。

■ 图6-38 直壸门矮南官帽椅

■ 图6-39 三攒板壸门四出头官帽椅

（三）商业贸易发达区满足需求

广州及附近地域制作的家具被称为广作，因为广州是近代中国的重要商埠，也是海外贵重木材进口的重要通道，同时两广及海南岛又是中国优质木材的主要产地，得天独厚的地理位置使得广作家具材源充足，且价格低廉，形成其不计成本、用材糜费的设计风格。

此外两广舶来文化比较早，异域风情也常渗透其间。清中期以后，广作家具在商贸上超过了苏作家具，成为清式家具最著名的产地。广作家具的特点是器形粗硕，构件多弯曲，雕刻写实化，彰显豪华气派，特别是受西洋家具影响，多为中西合璧之作。广作家具镶嵌工艺也独树一帜，极尽雕镂嵌宝之能事，堪称一绝。

就明式文人家具后期而言，广作在功能形式上多有突破，文化借鉴比较多，尤其是靠背、扶手部分有比较好的结构形态处理。（图6-40至图6-42）。

广作家具用材料阔绰，因多为入清后的作品，不讲究挓度，多是"步步高"枨，牙板多比较阔，或者为鱼肚、洼膛肚，一般没有"上挖缺"。广作较早融入了西方审美思想，雕刻工艺精美，纹饰倾向于写实。

■ 图6-40 鱼肚壶门圈椅

■ 图6-41 有束腰直腿托泥圆几

■ 图6-42 花叶牙弯腿有托泥三联几泥三联几

（四）传统农耕自给区彰显寓意

山西是两山夹一盆，有自然屏障保护的地理环境，形成了传统的农业自给自足的特点，文化交流比较封闭，款式演变也就相对缓慢。由于靠近游牧民族居住区，家具的粗犷与中原文化差异很大，笔者曾见这样一案（图6-43），兽腿修长脚趾清晰雕刻，但牙头的灵芝精细写实，有元代风貌。

晋作家具的特征有三个方面：

1. 家具追求古意，尺度也比苏作略大，造型敢于创新、夸张，形线起伏对比大，构件稍粗壮

由于主要材料是榆木、核桃木，考虑软木的榫卯牢固度稍逊，晋作家具的连接构件枨多为双枨，或者牙板下加枨，一如宋代家具。虽然烦琐，倒也别有一番古趣。如图6-44（c）在四平式的椅座上加圈背连扶手，是一种特创。

2. 家具的装饰崇尚雕刻、起线，与三晋之地的建筑一样，追求重复之美，通过弦纹来显示富丽

晋作家具好写实性的装饰雕刻，在疏朗的构架上冷不丁地冒出一组图案，这样的效果有好有坏。究其原因，应该是受元代融入的西亚家具风格的影响，山西地理位置相对封闭，民风、祖制容易得到很好的保留与继承，所以纹样寓意比较讲究。

■ 图6-43 灵芝牙兽爪腿平头案

（a）壶门牙四出头椅

（b）壶门牙脑南官帽椅

（c）四平式罗锅枨三攒板圈椅

■ 图6-44 晋作家具

3. 晋作家具一反苏作家具的外圆角，喜欢用硬尖角处理构件的转折处

这一点有如北碑书法魏字转折笔画的造型特色，显得夸张。由于晋作家具多用榆木、核桃木来制作，这类软木材质疏松，不宜雕刻、打磨，故起线、转折处容易被木纹断开，显得粗气，难与硬木家具比美，甚至工艺表现力比榉木还差许多，所以从设计的角度看，入眼的晋作家具适合细部简洁、圆润或者上大漆。这样远眺其张力饱满、神采飞扬之形，而免得零距离把玩刹风景。但是通过本书中《明式文人家具分类进化简表》的分析，晋作的家具靠背的尖角处理可能较晚，要到清中期仿明家具上才会出现。

四、区域出产决定的用材特色

（一）材料概说

中国幅员辽阔，材料的差异就非常大。"北榆南榉"形成了古典家具用材的两大阵营，但随着交通的发达，异地的优质木料源源不断地流入，家具的用材也趋向优劣互补，所以在明清家具中，用材是判别家具地域性的一个重要特征。苏作多以榉、柏为主，兼有楠（图6-45）、银杏、柞榛，南方白木柏、楠、银杏均有。北方白木则榆、槐、楠、银杏、核桃用得比较多。

在采风中我见过新疆细叶榆的炕几、内蒙古的沙槐柜橱、皖南的白果木拼圆、江淮的柞木方桌、甘南的拉卜楞寺的榆木玫瑰椅、云南的黑漆硬杂木方桌，这些都给人留下深刻的印象。形形色色的木材在各地能工巧匠的手中，变成上好的家具用材，真是令人叹为观止。

根据《座椅区域特色比较表》（附录七、附录八）仔细分析，可以简明扼要地梳理出一点脉络。苏、晋作是明清实木家具之源，京、广作是明清实木家具后起之秀，从漆家具过渡到欣赏木纹的清水漆显纹木家具，明代榉木、榆木家具的先行性是一个绕不过去的坎。用五大硬木——黄花梨、紫檀、乌木、鸡翅、铁力等材料做家具的黄金时代必然要在晚明硬木工艺与审美理念发达之后。

在中国消费者的观念中，木性的分类和木材学有一些不同，因为古代中原没有出产硬木的概念，所以形成了这样的认识：

硬木：黄花梨、紫檀、乌木、鸡翅木、铁力木，以及大量进口的老红木——酸枝类（除鸡翅木、铁力木外，一般都为舶来品）。

中硬木：榉木、桧木、黄杨、柞榛、麻栗（高丽木）等。

软木：榆木、银杏、柏木、红豆杉、桦木、楝木、衫木等。

■ 图6-45 楠木古树

（二）材料的分布与特性简述

中国的地理位置属于北温带地区，所以大多数省份都能生长同样的木材。但是又因为中国地貌西高东低，温差起伏大，所以也就产生了生长差异，所谓"生于淮南则为橘，生于淮北则为枳，叶徒相似，其实味不同"。这样就使得各地区都选择合适的材料来制作本地形式的家具（图6-46、图6-47）。

（a）紫檀　　　　　　　　　　　　　　　　　　　（b）海南黄花梨

（c）越南黄花梨　　（d）白酸枝（原木劈开面）　　　　　（e）白酸枝

（f）微凹黄檀　　　　　（g）交趾黄檀　　　　　　（h）鸡翅木

（i）铁力木　　　　　　　　　　　　　　　　　（j）乌木

■ 图6-46 传统家具常用木材（一）

（a）普通楠木　　　（b）金丝楠木　　　（c）黄杨

（d）高丽木　　　（e）柞榛木　　　（f）瘿木

（g）榆木　　　（h）榉木　　　（i）槐树纹理

（j）红豆杉　　　（k）楝木　　　（l）柏木

■ 图6-47 传统家具常用木材（二）

榆木：落叶乔木，在土地贫瘠的地方呈灌木状。分布于森林草原、干草原以至荒漠地带；在居民区周围也有零星散生，在海拔1500米的新疆地区，在陕西秦岭（可达海拔2400米）也有分布。从温带、暖温带一直到亚热带都可栽植。根系发达，具有强大的主根和侧根，有利于适应各种气候带的不同生存条件。

榉木：榆科榉属乔木，产于辽宁、陕西、甘肃、山东、江苏、安徽、浙江、江西等地。生于河谷、溪边疏林中，海拔 500 ~ 1900 米。在华东地区常有栽培，在湿润肥沃土壤长势良好。

柏木： 柏木属乔木，为我国特有树种，分布很广，产于浙江、福建、江西、湖南、湖北西部、四川北部及西部大相岭以东、贵州东部及中部、广东北部、广西北部、云南东南部及中部等省区；以四川、湖北西部、贵州栽培最多，生长旺盛；江苏南京等地也有栽培。木材纹理细，质坚，能耐水，常用于庙宇、殿堂、庭院。木材为有脂材，材质优良，纹直，结构细，耐腐，是建筑、车船、桥梁、家具和器具等的用材。

桧木： 桧木是红桧与扁柏的合称，柏科，属大乔木。现生存仅见于北美、日本及我国台湾阿里山区。因桧木富含芬多精，木材耐腐朽，会散发芳香味，纹路美丽，质地良好，可作为建材、家具、雕刻等用途。

楠木： 为常绿乔木，最高可达 30 余米，胸径可达 1 米。楠木为樟科常绿大乔木，是驰名中外的珍贵用材树种。在我国贵州、四川、重庆、湖北等地区有天然分布，是组成常绿阔叶林的主要树种。木质耐腐，寿命长，用途广泛。常用于建筑及家具的主要是雅楠和紫楠。前者为常绿大乔木，产于四川雅安、灌县一带；后者别名金丝楠，产于浙江、安徽、江西及江苏南部。

《博物要览》载："楠木有三种，一曰香楠，又名紫楠；二曰金丝楠；三曰水楠。南方者多香楠，木微紫而清香，纹美。金丝者出川涧中，木纹有金丝。"传说水不能浸，蚁不能穴，南方人多用作棺木或牌匾。楠木木材优良，具芳香气，硬度适中，弹性好，易于加工，很少开裂和反挠，为建筑、家具等的珍贵用材。

槐木： 又名国槐，树型高大。我国北部较集中，辽宁、广东、台湾、甘肃、四川、云南也广泛种植。木材富弹性、耐水湿。可用于建筑、船舶、枕木、车辆及雕刻等。

樟木： 常绿大乔木，别名香樟、芳樟、油樟、樟木（南方各省区），乌樟（四川），瑶人柴（广西融水）。

银杏： 全国各地都有分布，落叶大乔木，树型高大，木质细腻、耐变形、取料大、木性轻而软、便于加工。

鸡翅木： 鸡翅木木质有的白质黑章，有的色分黄紫，斜锯木纹呈细花云状，酷似鸡翅膀。特别是纵切面，木纹纤细浮动，变化无穷，自然形成山水、人物图案。鸡翅木以存世量少和优美艳丽的韵味为世人所珍爱。古旧家具市场上鸡翅木有新老之分。老鸡翅木"肌理致密，紫褐色深浅相间成纹，尤其是纵切而微斜的剖面，纤细浮动，予人羽毛璀璨闪耀的感觉"。新鸡翅木"木质粗糙，紫黑相间，纹理往往浑浊不清，僵直无旋转之势，而且木丝有时容易翘裂起茬"。

铁力： 藤黄科、铁力木属常绿乔木。主要分布于云南、广东、广西。木材结构较细，纹理稍斜，心材和边材明显，材质极重，坚硬强韧。

核桃木： 核桃木主要在华北、西北和华中栽培。核桃木密度中等、木纹理直，结构细而匀。核桃木的材质差异较大，心材一般自浅红褐色至棕褐色，略带紫色，材色悦目、雅致，有时带美丽的斑点或条纹。核桃木硬度中等，具有一定的耐弯曲、耐腐蚀性，用核桃木制作的家具和雕刻工艺品以古朴雅致见长，质地温润细腻，纹理美观而又坚实耐用，极能显示雕磨功夫和木质纹理的自然美，为晋作上乘用材。

柞榛木：属于常绿小乔木或落叶灌木，心材蛋黄色，因含丹宁年久显褐黑色。史料记载江、浙、皖、鲁、豫、冀等省均有生长。木质细密坚韧，木纹清晰雅致，南通的柞榛木为最好。

楝木：为楝属落叶乔木。分布于山东、河南、河北、山西、江西、陕西、甘肃、台湾、四川、云南、海南等省。木材轻软，易加工，供制家具、农具等用。楝材质优良，木材淡红褐色，纹理细腻美丽，有光泽，坚软适中，白度高，抗虫蛀，易加工，是制造高级家具、木雕、乐器等的优良用材。

柞木（也称高丽木、麻栗）：大风子科柞木属常绿大灌木或小乔木，东北林区中主要是次生林树种。生于丘陵、山地灌丛中或村落附近。产于东北、安徽、江苏、江西、浙江、福建及台湾等地，广布于华中、华南及西南各省区，华北亦有少量分布。

（三）从区域用料状况分析存世家具

苏作（大苏作）多用榉木、柏木、楠木、黄杨、柞榛、麻栗（高丽木）、衫木。明代画家聚集江南，自然美术设计意识高涨。

晋作多用榆木、核桃木，主要是耐北方干燥，此外晋作多用大漆、髹漆做装饰，对木材纹理不多显示，不重雕刻，而重造型表现。

京作常用榆木、楠木，而善用黄花梨、紫檀、乌木、铁力制作高级家具，并且多采用苏作、广作的长处，结合晋作的尺度，其用材的要求是多方面的。

广作多用进口的花梨、酸枝以及本土的鸡翅、铁力、黄花梨。广作靠近口岸，多用进口材料是理所当然的，并且广作受西方文化影响较早，所以唯美主义风格较早地呈现，也钟情于硬木的华贵与财富的象征意义。

除了苏作、晋作、京作、广作四作之外，从明清到民国时期，木行内影响较大的区域代表还有：鲁作（鲁东）、皖作（含江西北部）、浙作（宁波地区）、闽作（泉州漳州地区）等。这些地方实质上是古代经济繁荣区域。山东在古时"千里桑麻"，泉州、漳州在两宋时期就是重要港口，家具业得益是理所当然的。鲁作多用榆木、槐木、榉木；皖作多用榉木、柏木、樟木、银杏木；浙作（宁作）多用榉木、银杏、柏木，还喜欢用镶嵌骨雕刻的工艺进行装饰；闽作多用龙眼、花梨、铁力木及南方木材。

当然，各地在明清时期都好用硬木，如黄花梨、紫檀、乌木、鸡翅木、铁力木以及后开发的进口酸枝木等，但是，这不能算是主流，因为贵重木材毕竟受众面很小。

五、区域地理分界的造型特色

吐鲁番的细叶榆炕几、拉卜楞寺的榆木玫瑰椅、绥远大将军府的黄花梨大闷柜，还有丽江古城的铁力木大画桌，华夏民族文化是丰富多彩的，在广袤的大地上各民族的理想和信念多重渗透，随着人们居住环境与习惯的演变，家具制作也发生了变化（图6-48）。尤其有一种南北相通的环聚状分布，这与中原建筑对四周辐射有关，笔者认为区域特征的四大特色体现在家具构件与形材上。

（一）搭脑的民俗文化特色

北碑南帖话搭脑

晋作南官帽椅搭脑的挑角是众所周知的，究其原因也不深奥，完全是一方民俗的审美理念所致。硬朗的构架由此而生，即使作烟斗榫，转角仍特意起棱、尖，和南作的一些烟斗榫恰好相反。而南作中有些南官帽椅搭脑更追求抛弧，逐渐失去"烟斗"形了。因而做一下横向比较，就知与建筑有关，北作屋檐硬挑，硬山居多；南作歇山，悬挑居多，所以家具造型深受区域影响。苏州东山曾出榉木作尖搭脑孤例，应是念旧所为，属于个性作品。笔者在皖南黔县宏村采风，遇见一幢古屋采用山西宅院的建筑模式建造，问其原因，答清代有人在山西为官，归田后仿晋式造屋。

（a）晋作牛呃式搭脑

（b）晋作、京作强化搭脑

（c）鲁作搭脑拱脑正中凸出，有厚重感

（d）苏作搭脑，弧面与朝板圆润过渡

（e）晋作，小圆角榫

（f）晋作，翘脚烟斗榫

（g）苏作，小圆角烟斗榫

■ 图6-48 各地木作搭脑对比

榉木壶门牙南官帽椅（图6-49）是一个特例，这是一件江南晋式苏作，全身多是晋作构件，但比例、脚枨为苏作特征，这应该是主人怀念北方生活的一种文化遗存吧！

但是还有一种例子是需要发掘研究的。如仰背椅（图6-50 ）这种椅式搭脑是小弧角，朝板后仰，扶手下联帮棍也有"宝瓶葫芦"式，其实这是由宋式"瓶生莲花"栏杆纹饰变化而来，但此式传世品晋作、皖作甚至苏作都有。与图6-51的区别只是晋作榆木、槐木多，扶手略低，脚枨"步步高"。皖作、鲁作有榉木做的，扶手略高，脚枨二高二低。然而共有特征是后仰背搭脑与背杆转小弧角，看来这一古式来头早了。清《格至镜渊》引宋《李济翁资録》云，"近者绳床，皆短其倚衡、曰插背样，言高不及背之半，倚必仰脊不惶"，就是说当时的交椅搭脑有意放低，使靠板抵在腰的上部，"仰脊"在没有"S"形靠板之前，这种仰背椅是最好不过了。肯定比"C"形朝板令人坐而"仰脊不惶"。就如前面提到的皖南宏村，今天看似深山僻壤，但那古宅门前，宋时竟是一条"官家"大驿道，当时是经汉口、武昌通往河南汴梁京城的吧，所以徽、晋同样传承宋明式是可信的。而晋式搭脑为何越来越尖硬，据史料推断也只是入清后200年来的演化结果，也许与明代无关。但可以说明代，南北地区曾基于同一种审美理念，由于政坛更迭，意识形态变化，造成生活时尚的改变，进而艺术风格也就随波逐流了。

■ 图6-49 榉木壶门牙南官帽椅

■ 图6-50 晋作南官帽椅（榆木）及细部

（a）苏皖作壶门牙葫芦棒南帽椅（榉木）　　　　　　（b）鲁作壶门牙南官帽椅（榆木）

（c）皖作壶门牙南官帽椅（榉木）　　　　　　　　　（d）皖作壶门牙南官帽椅（榉木）

■ 图6-51 苏作、鲁作官帽椅对比

（二）管脚枨的民俗特色

1."步步高"管脚枨的由来

"步步高"是指明式椅子的管脚枨在榫入腿足时为"让榫"而作的构造形式，即前脚踏最低，二侧稍高、后枨更高。图6-52是与建筑特色有关的构造形式，也是明式腿足细、必须让榫位的缘故。中国北方的民居，以山西大院为代表，步步高院子的规划方式向四周扩散，影响着金中都、元大都四合院格局，并随着蒙古族铁骑南下，在云贵、两广甚至海南都布下了这种剖面规划的特点，即门外地坪较低，前院有阶梯抬高，中院继续抬高，后院则继续再上几级台阶。这些规范，不一定依山而作，而是为了一种伦理习惯和讨祥瑞祈福的口彩，采风所见至少冀、鲁、晋、云、闽都有这种步步高院落。但奇怪的是，皖南山地倒没有强求这种步步高院落的格局，而是强化了院中心低，以

求四水归堂而满足聚财之愿望，笔者有一种推想，由于皖南、苏南、江西、浙江在唐末时是华夏南方文化中心，歙县即李白吟"桃花潭水深千尺，不及汪伦送我情"之地域，可见皖南的建筑文化代表了古时建筑的主脉。皖南赣北山区、丘陵地带也不采用步步高，也说明古时华夏中心地并不注重步步高的院落设计。元军挥戈南下，把步步高建筑风格、展腿式拆卸家具（图6-53）带到云南、两广、福建。

（a）京作花叶：门素朝板圈椅

（b）晋作壶门南官帽椅

（c）广作方梗平刀牙南官帽椅（步步高枨）　　　　　　（d）广作扶手连鹅脖圈椅

■ 图6-52　与建筑特色有关的构造形式

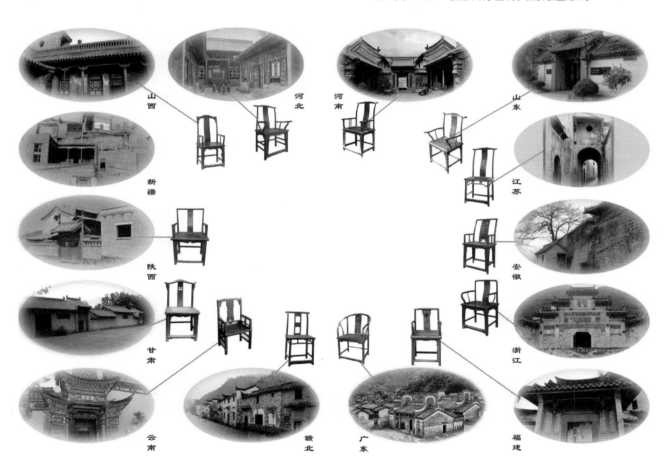

■ 图6-53　传统民居家具区域特色分布简图

而江南文化中化中心地区则顽强抵制了外区域意识，所以今天能看到的皖南民居、浙东民居、江苏民居等，都保持四水归堂而前后院同标高的现象。

这就解释了为何苏、鲁东、皖南、浙东家具的椅子管脚枨，基本坚持二高二低而不是步步高的原因。苏、浙、皖、云、晋民居剖面图，图中地坪剖面线（图6-54）显示了各个区域有不同形式特征。

（a）浙江丽水石仓福善堂民居：前后屋地坪同高例

（b）苏南无锡东泽周宅民居：前后屋地坪同高例

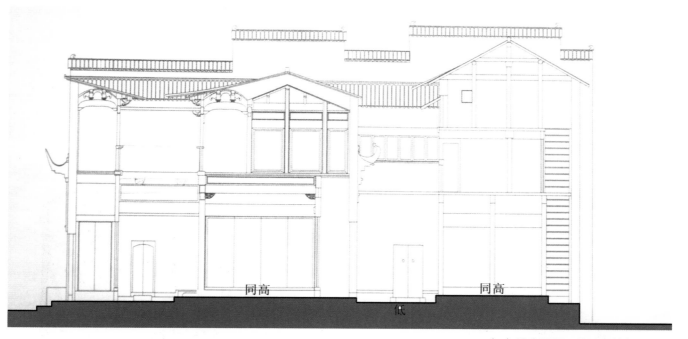

同高

低

同高

（c）皖南民居：前后屋地坪同高例

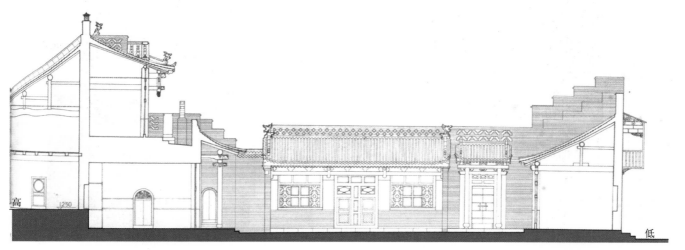

高

1250

低

（d）山西平遥东郭家巷民居：步步高例

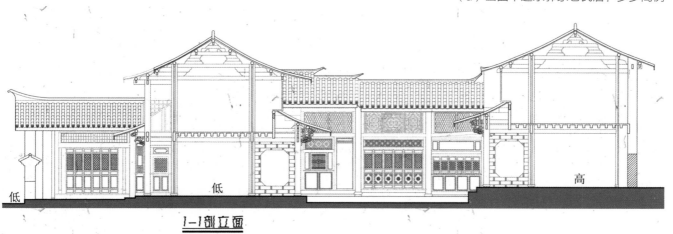

低

低

高

1—1剖立面

（e）云南丽江李宅民居图：步步高例

■ 图6-54 苏、浙、皖、云、晋民居剖面

云南、两广、福建等地的步步高建筑，是元朝大军从陕、甘地区挥戈南下时引入的中原文化，因为从历史上讲，元代仅存在98年，但是从南宋历时152年的南北分治局面讲，中原民俗从1127年至1279年中，金、元统治中原部分地区达90多年，这段时间民俗融合足以把北方步步高式建筑学得烂熟（图6-55），在元代时期普及到遥远的云贵地区。然而闽南本来就有客家人，从南北朝起就将北方民居风格植入当地建筑。华东地区的江苏、浙江、皖南及山东部分地区，还坚持着本土建筑风格，普遍不采用步步高的院落特征。

（a）晋作圈椅

（c）京作圈椅

（b）鲁北四出头官帽椅

（d）苏式京作四出头官帽椅

（e）广作圈椅

（f）浙南圆扶手南官帽椅

■ 图6-55 "步步高"举例

2. 管脚枨二高二低

"二高二低"即两侧管脚枨高低的做法（图6-56），这种特征一般仅限于江苏、浙江北部、山东东南部、安徽南部。说来也怪，为什么全国那么地域多做步步高，而这些地区要坚持自己的特色呢？还是与建筑文化有关，因为这里的建筑基本不信步步高的风水之说，哪怕是皖南山区，也并不借地势、垒高后院基础，估计是唐宋祖制（图6-52、6-53）。这样才能解释

为何苏作、浙北作、鲁作及皖作的部分家具的椅子管脚枨，500年来坚持二高二低而不做步步高的原因。（本篇讨论步步高与二高二低，并不是论其优劣，只是对起因进行解读。）

（a）苏作高扶手南官帽椅

（b）苏作浙北四出头

（c）苏作无联帮棍圈椅

（d）皖作鱼肚牙板南官帽椅　　　　　　　　　（e）皖作壶门牙仰背南官帽椅

（f）鲁作直牙南官帽椅　　　　　　　　　　　（g）鲁作直牙圈椅

■ 图6-56 "二高二低"举例

（三）扶手的"任性"隐含人体功能的探索

1. 有联帮棍与无联帮棍

一般北作尺码大，扶手做联帮棍以加强，但苏作椅子扶手在明式成熟期不做联帮棍，这与遵从宋式的简约和对中硬木有信心有很大关系，万历王锡爵墓就能找到依据，传世器图也很多。

2. 平伸与后倾、斜探

扶手平伸居多，如苏作、广作的南官帽椅四出头椅（图6-57），而鲁作有一特色是前高后低（图6-58），这很少见，但应了现代轻休息椅的制式，有利于放松。而斜探，即后高前低（图6-59）大倾斜是一种仿圈椅创新，南北皆有，应晚于平扶手，使用较为广泛。

（a）苏作无联帮棍南官帽椅

（b）晋作壶门牙南官帽椅

■ 图6-57 扶手平伸式

（a）鲁作四出头官帽椅

（b）鲁作南官帽椅

■ 图 6-58　扶手前高后低式

（a）苏作高扶手南官帽椅

（b）大苏作高扶手南官帽椅

■ 图 6-59　扶手斜探式

3. 扶手收头的多种形式

明式椅的扶手头有以下四种做法：

（1）混接，指扶手与鹅脖或前腿相连的
交界点，是圆弧过渡（图6-60）还是相
对直角连接（图6-61），各地做法都有
不同范例。广式偏大弧，浙作偏小弧，
苏作多烟头状，北作渐渐硬弯、出尖，
直角节而微圆，也有少数割角做，但仍
有小弧，但晋作则故意做成翘角，即使
烟斗榫也保持硬尖角造型，鲁作沿海地
区近苏作，其余地区近晋作。

（2）外撇（图6-62）是鲁作的一个特色，
便于手扶在扶头枕腕，因为手向外转一
定的角度是最舒适的，应该研究并加以
弘扬。

（a）广作扶手鹅脖弧接南官帽椅　　　　（b）浙作扶手鹅脖弧接南官帽椅

■ 图6-60 圆弧混接举例

（a）苏式京作南官帽椅　　　　（b）晋作南官帽椅　　　　■ 图6-62 扶手头外撇举例（鲁作圈椅）

■ 图6-61 直角混接举例

（3）压手（图6-63）是继扶手大斜探后，匠师们对椅扶手做出的又一种科学的改进，使手掌搭在上面有更舒服的感受。这种式样较少，仅见晚期作品。

（4）比头（图6-64至图6-66）符合人们讨口彩的心理，也符合人握扶手好把玩的触觉习惯，有利于按摩人的手掌心。鳝鱼头式为多见式样，苏、京、晋作都有，圆润饱满，小圆出头则较少，但显得利落，多苏作，可能有文人个性色彩。

（a）苏作南官帽椅　　　　（b）京作玫瑰椅
图6-63 扶手头压手举例

■ 图6-64 扶手鹅脖前冲举例
（大苏作南官帽椅）

■ 图6-65 扶手头前冲举例
（鲁作南官帽椅）

■ 图6-66 扶手出头举例
（苏作南官帽椅）

（四）冰盘沿的特色各有千秋

冰盘是明式家具重要的构件特色展现处，虽然没有功能性用处，但审美特征却很明显，各地名作有不同的起线，应该详察。

1. 一块玉式

属于较有个性的极少主义式，有直线带饱满弧角及竹爿混面二式之分，苏作为多，各地都有作品，看似简陋的田园家具，其实是晚明文人追求简约之风。

2. 劈开纹

往往与圆包圆裹腿做法相结合，使冰盘层次丰富，增加阴影线。苏、鲁、晋、京作都有，广作略少，在川作中还发现一种"假劈开法"，构件相互插接交合。

3. 帽沿式

这是苏作较多的做法，剖面仅有一直边、一斜S线加一凸圆线，简单明了，丰富耐看，广作、京作等也多沿用。

4. 双线夹混面式

此法腿剖面也常使用，此种桌角的做法是，在冰盘上、下起小凸圆线，中间混面，是一种清晰明了的装饰。多见大苏作椅面、柜帽，南通地区较多，可视为晚于一般苏作冰盘，属于晚明时期唯美主义的写照。

5. 多层梯阶式

这类冰盘剖面多层后退、形线多道、阴影重叠、有力度、丰满而略显烦琐，多为晋作，明显受山西建筑的装饰法影响，反映了黄土高原对平淡地形的反思和对丰富多彩生活的渴望（图6-67）。

■ 图6-67 山西建筑山墙

6. 覆盆式

这类冰盘沿上口微退如覆盆，中起棱线尖突，下部S形线收进，加小凸线，是一种较少的苏作冰盘做法。其形丰满而细腻，估计较晚出现。京作、广作也有。

冰盘沿（图6-68）的做法苏作、晋作两地个性突出，繁简相对，各具风貌，在解读、传承明式文人家具的文脉细节中不可不究，忽略了则无个性差异特色，全盘照抄也不是传承文化的最好方法，要结合现代美学，才能去芜存菁，弘扬华夏文化的精粹。

（五）壶门牙板的形式胜过语言表达

壶门牙板造型，也是区域特征的重点，特别是各类椅子的壶门。

1. 分尖形壶门牙板

这是一类变化丰富的家具中心形象的牙圈，是较早出现的明式家具形款，反映了农耕文化的活泼和复制自然审美的意趣（图6-69）。

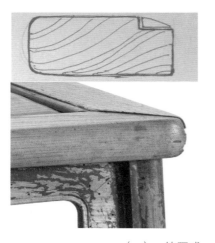
（a）一块玉式

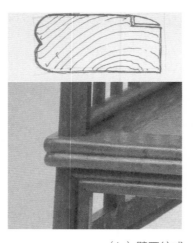
（b）劈开纹式

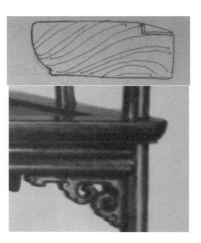
（c）帽沿式

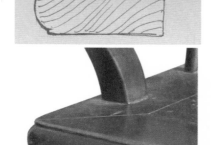
（d）双线夹混面式

（e）多层梯阶式

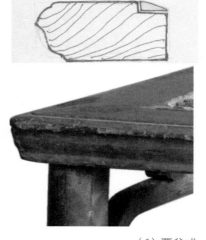
（f）覆盆式

■ 图6-68 冰盘比较

（a）分尖壶门（京作）

（b）分尖壶门（晋作）

■ 图6-69 分尖壶门

2. 单尖形壶门牙板

这是文人家具发展期的优美款式，包含着中国画家们在多年探索中对"应物象形"的良好愿望，在柔婉生动的形线转折中，体会中国"十八描"的生动情趣，多见于长江下游地区（图6-70）。

■ 图6-70 单尖壶门（鲁、晋、苏）

3. 直壶门、鱼肚壶门

直壶门牙应是明式成熟期的牙圈形式，多见于苏作、晋作，特点是牙板除转角走弧线外，都呈现挺拔的直线，是文人家具高峰期对农耕文明所做的新的诠释。鱼肚壶门是单尖壶门向直壶门转化的过渡期，壶门尖逐渐退化，形成垂弧线，如鱼肚，明末曾流行过，传世量较少（图6-71）。

（a）直壶门（晋作、苏作）

（b）鱼肚壶门（浙、京）

■ 图6-71 直壶门、鱼肚壶门

4. 飘带式壶门牙板

这一类两侧牙板作飘逸状，与上牙鱼肚形线呼应的制式，多见于皖作家具，是一方民俗的体现，分析洼膛肚的中心牙板，从图形学角度看，应该是明式中期为简化花叶纹侧牙板产生的新款（图6-72）。

壶门是仿建筑门洞的一种造型（图6-73），明代结合农耕文化，把花叶引进了壶门，是和明中期崇尚农耕的社会风气有关的，所以南北都有单尖、分尖结合花叶的壶门，相对北方分尖多，南方分尖早、少，迅速简化。所以大苏作也出现了一些特殊的壶门（图6-74），如中间直牙，两边灵芝牙。以安徽郑村程汝继宅中明代万历年圈椅有当时的壶门形式可以作为例证，其特点为中部分尖，小弧延伸立即呈花瓣内勾状。可看作南方分尖壶门的代表，说明万历年间南方也出现过分尖壶门。

■ 图6-72 皖南程村一椅

■ 图6-73 宋代铜亭壶门式样

（a）安徽郑村明代圈椅、脚踏　　　　　　　　　（b）分尖壸门（京作）

（c）壸门花牙式（大苏作）　　　　　（d）单尖壸门（苏作）　　　　　（e）直牙板花牙式（大苏作）

■ 图6-74 其他壸门赏析

5. 柜架的腿高与牙板宽窄

鲁作框架一般腿上距地面高，显得空灵，牙子长，牙板也窄些；但苏作的柜腿短，距地面略近，而且牙板宽、牙子短。一般来说，北方干燥，柜子下通风；南方潮湿，柜子下怕不通风。而广作都是腿短、牙低、牙板宽、牙头小，这里有谜团值得探讨。审美风俗的原因何在？另外闽作柜的刀子牙板采用了方头式，也是比较独特。

（a）柜牙板做灵芝牙（南通）

（b）柜牙板做壶门牙

（c）广作柜脚低牙板宽

（d）鲁作柜脚高牙板窄

■ 图6-75 牙板宽窄

六、区域民俗传统的工艺花絮

工艺制作主要体现在榫卯交接法上，形成区域家具的明显特色。

1. 角榫与盖榫

扶手、搭脑与前后背立杆的连接，从来都是一个受力重点，割角榫的受力合理，接触面大，盖榫细巧、耐看，美观性强。一般苏作盖榫为主，而北作割角居多（图6-76），据此，可分辨一些地域家具产品为何地所作。一般苏作南官帽椅用盖榫，而梳背椅用角榫。

（a）一般苏作南官帽椅用盖榫，而梳背椅用角榫

（b）同样是南官帽椅，一般北作做角榫，苏作做盖榫

■ 图6-76 角榫与盖榫

2. 闷与出榫

桌面抹头，穿带是否出榫，也是分辨地域作品的方法之一。一般苏作大边不出榫，如软木类求牢固，只会抹头出榫，穿带不出榫。案、桌腿上的横枨、双枨，北作会做一出榫、一闷，以求牢固（图6-77）。

（a）有意露榫做法，体现结构美

（b）穿带出榫（一般软木或北作家具多用）

（c）全闷榫（硬木或南作家具多用）

■ 图6-77 闷与出榫

3. 包铜加固件

各家具包铜件具有保护木器与装饰的双重功能，但是鲁作的铜件却是仿交椅，在圈背、搭脑、扶手、鹅脖处做铜扣，起到加固和装饰作用，成为鲁作的标准特征之一（图6-78）。

4. 直框加档

南通等一些地区的圆角柜、侧面两腿立挺上必架横枨，再盖柜帽，这比江南苏作多了一点麻烦，少了一些自信与简约（图6-79)。此外南通的文旦椅、三攒靠板上，也要多做横枨，再镶板，这也是一方特色吧。而有些地区的椅子座面下先复一横枨连接矮老卡子花，再加座面的做法，也是如此。

■ 图6-78 搭脑与背杆、扶手、鹅脖榫接后另加铜皮加固

（a）苏作圆角柜无顶横档

（b）南通等地区圆角柜侧面加顶横档

■ 图6-79 大小头柜侧面加顶横档

（a）京作插角牙圈椅　　　　　　　　（b）苏作双圈罗锅枨圈椅

■ 图6-80　椅子座面下先复一横枨连接矮老卡子花，再加座面

　　文人家具的区域纵横谈是一个复杂的话题，因为
受到有限史料和个人阅历局限的制约，仅能根据
实物做有限的解读，同时适度地根据文化艺术发
展规律进行一些推断性的论证。当然学术研究需
要从大框架上做出判断和总结，才能得出有意义
的论据供人分享，本篇的赏析解读是对明式文人
家具区域文化的粗浅探索，这类梳理将有利于弄
清华夏设计理念的区域差异，有助于弘扬区域文
化的个性与亮点。

卷

七

传承测绘篇

一、测绘的目的和意义

（一）概说

明式家具的款式千姿百态，文人家具的结构也是千变万化，这令全世界的设计界青睐、艳羡。要留住这些宝贵的非物质文化遗产，唯有正确地做好对实物的记录、测绘，分析众多数据与文脉之间的那些奥妙，才能传承明式家具的文化基因。

明式家具的构架并不能说太复杂，文人家具的形式也并不像世界上有些著名的家具流派千奇百怪，文人家具的魅力是靠一种比例精妙的程式化展开的，既保全了社会化的集体审美意趣，又满足了个人、个性的创意空间，这种设计也许是人类社会发展到今天理想化的境界之一，所以认真地对待传世实物的测绘，是研习文人家具创作之法的必由之路。测绘科目是实用设计的重要学习方法，从建筑、考古到造型艺术设计都需要这种方法，才能有效地培养匠师的巧手，锻炼设计人明察秋毫的火眼金睛（图 7-1）。

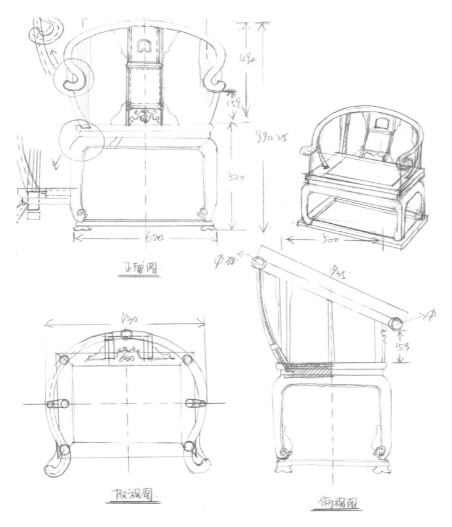

■ 图 7-1 圈椅测绘草图

（二）何为测绘的关注点

（1）真实地记录器物的三维尺度，确定各投影面的正确投影尺寸、比例，获得主要形态的第一手资料，确定用途、区域、风格等特征将其归类，并且进行横向的比较，得出全新的解读参数，获得初步的模仿资料的创意切入点。

（2）分析并画出剖面的具体细节、结构，掌握器物结构的工艺特征，整理好时代特征与区域特点的归属，才能纵向驾驭跨年代的解读，取得划时代的灵感。横向照应区域的审美差异。归纳不同的符号信息。

（3）进一步记录纹饰、起线等的特征，估摸年代与创作审美的灵活动机，例如农耕文化的仿瓜棱、芝麻梗，带来海棠打洼腿的创意；双线夹混面引出一柱香、二柱香线，引出皮条线的创作机遇。

（4）记录榫卯节点的结构特征，掌握不同榫卯的用途与诀窍，并且梳理出符合今天工业生产的特色结构。

（三）测绘的方法

1. 速写或结构特写

实用艺术设计师的学习功底积累与大师并无差异，也需要敏锐的观察力和记录、分析素材的手绘能力，只有通过动手，捕捉稍纵即逝的创作灵感，才能有惊世骇俗的亮点。

速写分大结构速画、细节描绘（可伴有文字）和精确分析加剖解描绘三种。

2. 平立剖三视图的制作

（1）在摄影、速写大立面图的基础上，标注尺寸数据，记录材质、工艺，画出有比例的图纸。

（2）局部特殊的构件，如桌椅冰盘沿、椅子搭脑和扶手等，做细致记录。做局部大样图及剖面图。

（3）分析榫卯结构，画出草图，并详记尺寸。最后落实到图纸上。

（4）用手绘或电脑制图工具表现出完整的三视图、剖面图，加上比例尺或细标尺寸均可。

以上四个步骤，足以加深对某件家具赏析的感受，掌握这类家具的构造特点、艺术特色，也能解读出工艺是否合理、装饰的程度是否得当，最后获得创作这类家具的传承动力源。

（四）测绘图的几种视图表现方法

1. 比例尺法

此法借鉴机械制图方法，对家具进行正视、侧视、平面俯视（或仰视）、局部剖视、中心线剖视等作图的方法（图7-2）。

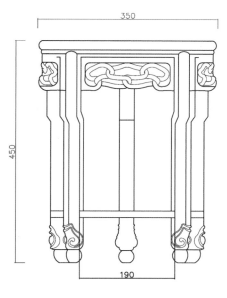

正视图

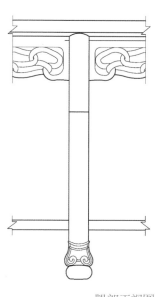

腿部正视图

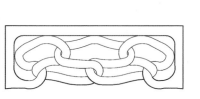

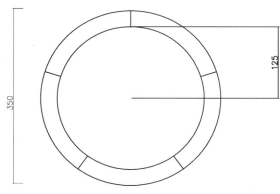

俯视图

效果图

■ 图7-2 五足圆凳电脑测绘图

2.尺寸标注法（参照建筑绘图法）

此法运用传统建筑测绘的手法，从高、深、宽三大面着手，标注详细尺寸，特点是记录详细，但图面较烦琐（图7-3）。

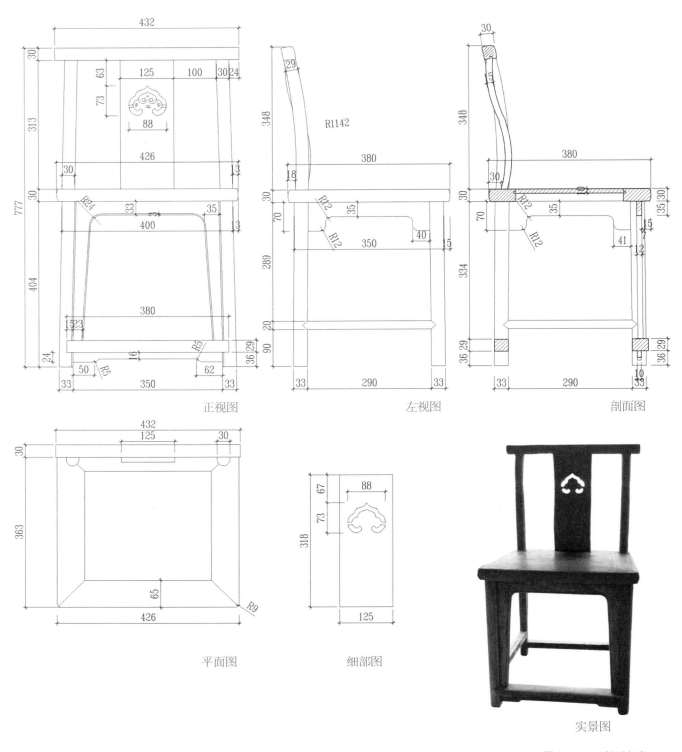

正视图   左视图   剖面图

平面图   细部图

实景图

■ 图7-3 尺寸标注法

3. 利用电脑透视线解析法

此法利用电脑建模的透视图格式来记录家具的三视图形态，其中一些剖面、断面直接在构件上用圆圈、方块表示（图7-4）。

主视图　　　　　　　　　　　左视图

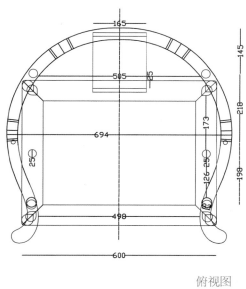

俯视图

■ 图 7-4 电脑透视线解析法

二、测绘与实物比对图例

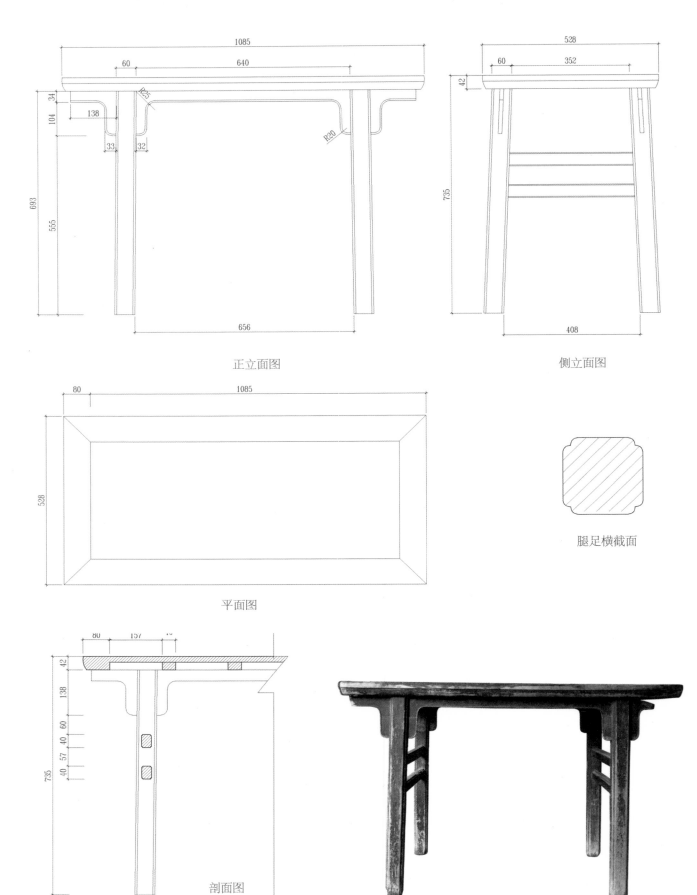

榉木刀子牙板平头案（万历壬午款）

李斌先生 藏

正立面图

侧立面图

腿足横截面

平面图

剖面图

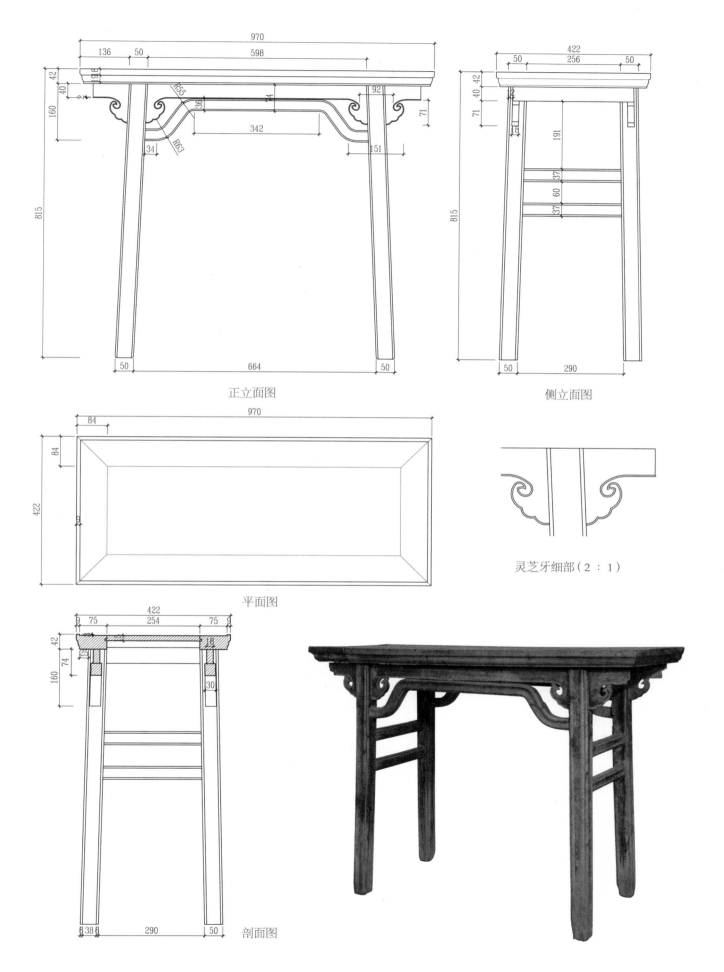

正立面图

侧立面图

平面图

灵芝牙细部（2：1）

剖面图

柏木灵芝牙顶牙枨平头

明 轩 藏

345

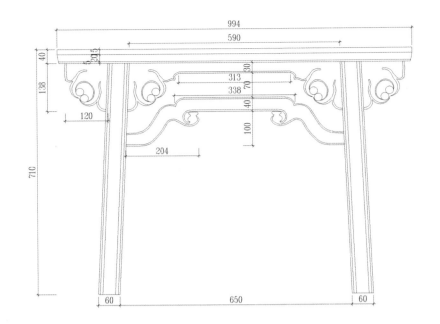

正立面图

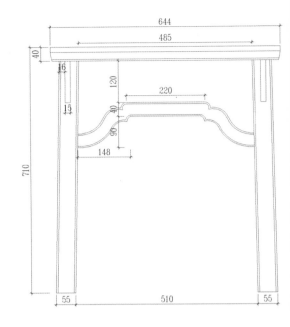

侧立面图

柏木高拱花枨平头案

李斌先生 藏

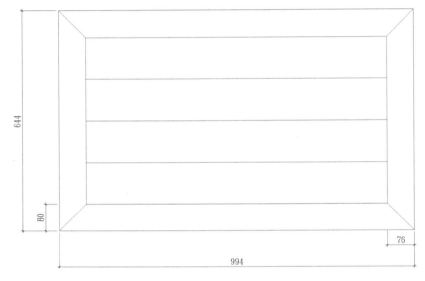

平面图

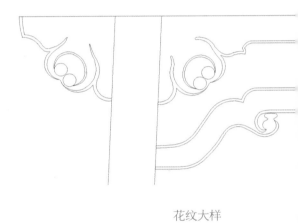

花纹大样

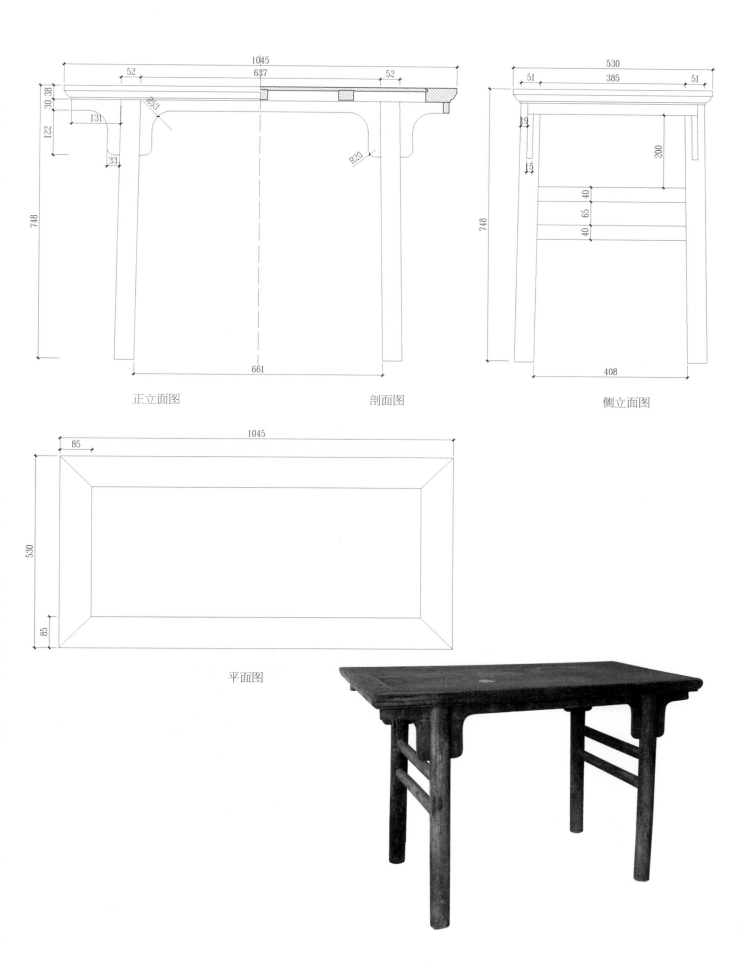

正立面图

剖面图

侧立面图

平面图

榉木刀子牙板平头案（康熙25年）

博古斋 藏

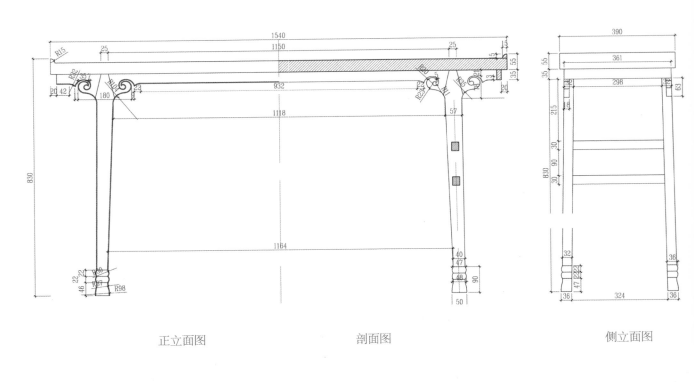

正立面图　　　　　　　剖面图　　　　　　　侧立面图

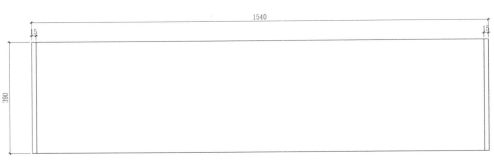

平面图

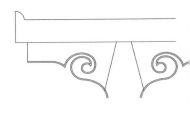

牙板及翘头细部（2：1

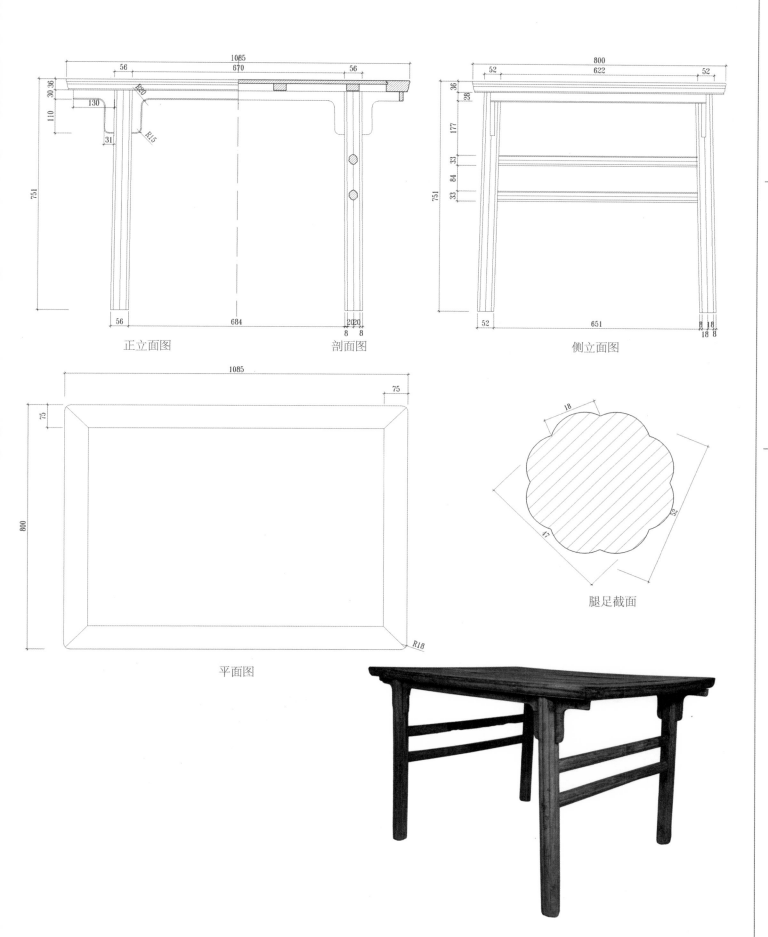

正立面图　　　　　　　剖面图

侧立面图

平面图

腿足截面

柏木瓜棱腿刀牙案

半梦斋　藏

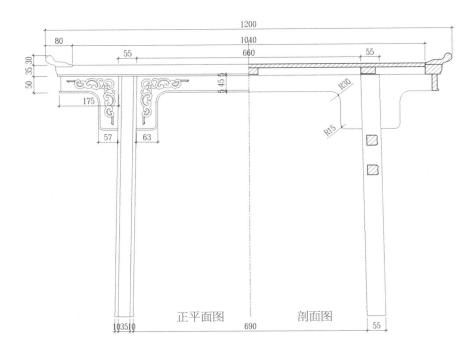

正平面图　　　剖面图

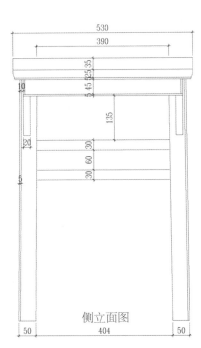

侧立面图

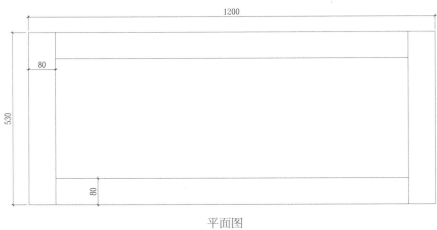

平面图

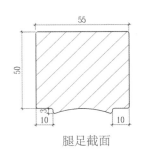

腿足截面

灵芝纹牙与翘头细部特征

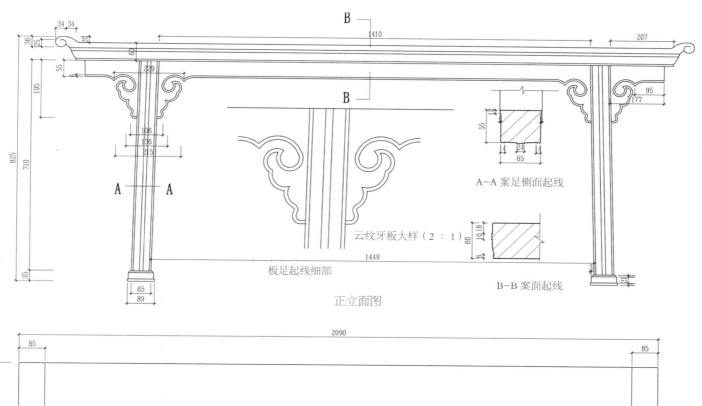

A-A 案足侧面起线

云纹牙板大样（2：1）

板足起线细部

B-B 案面起线

正立面图

平面图

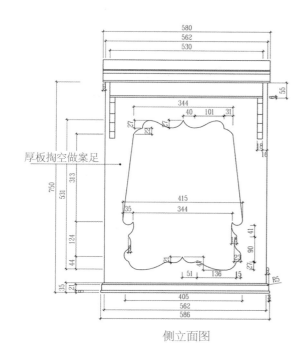

厚板掏空做案足

侧立面图

注：楠木独板面加翘头，牙板另加。板足也为独板挖成，托泥另加。

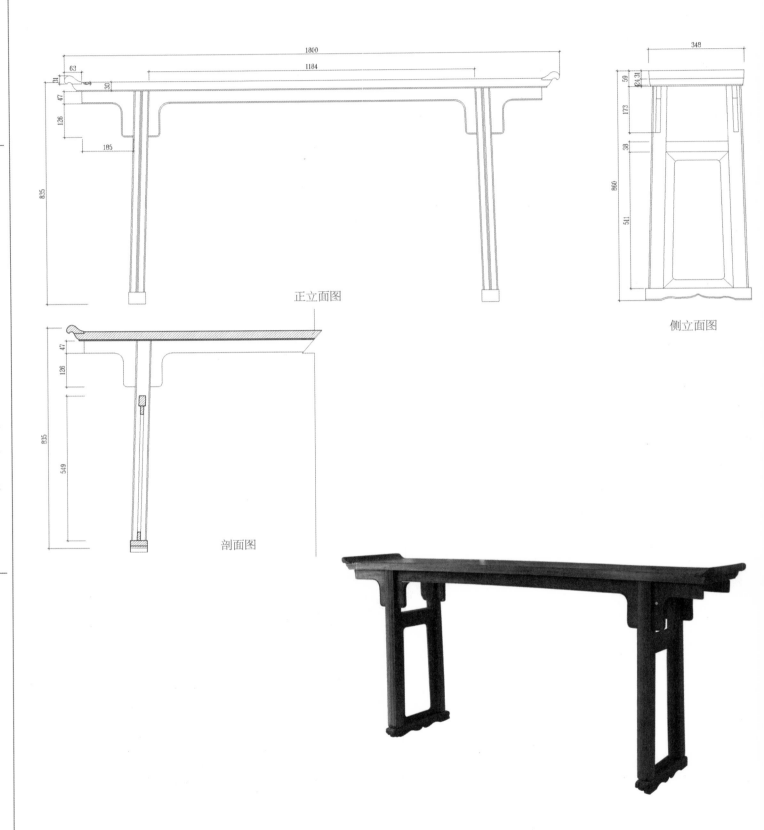

楠木有托泥刀子牙翘头案（厚板）

孟子渊先生 藏

正立面图

剖面图

侧立面图

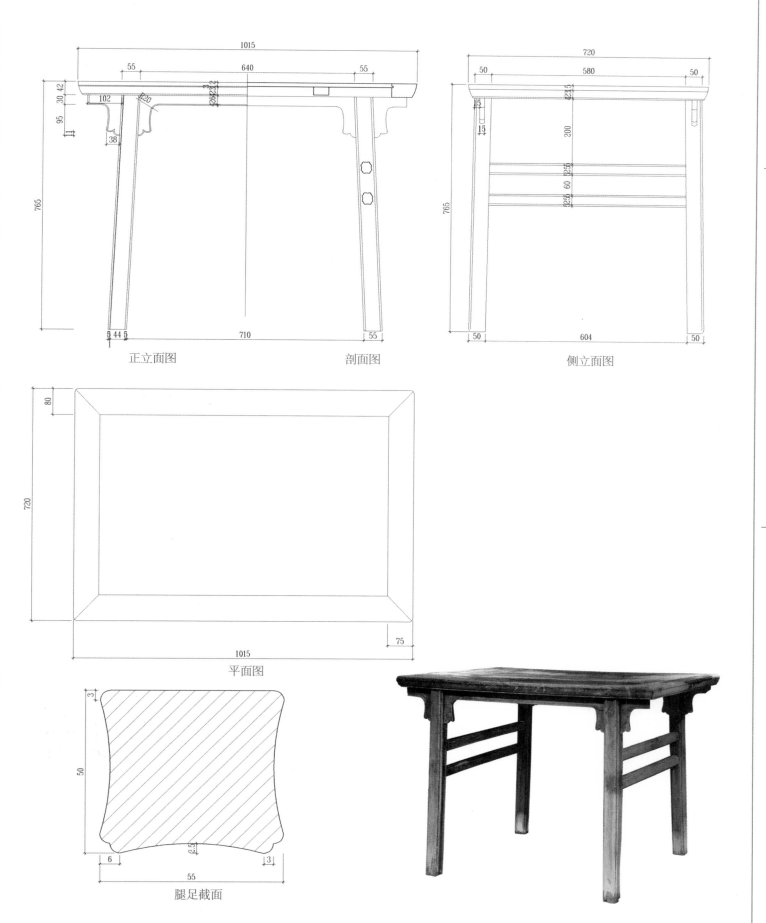

正立面图

剖面图

侧立面图

平面图

腿足截面

银杏木猫耳朵牙板平头案

半梦斋 藏

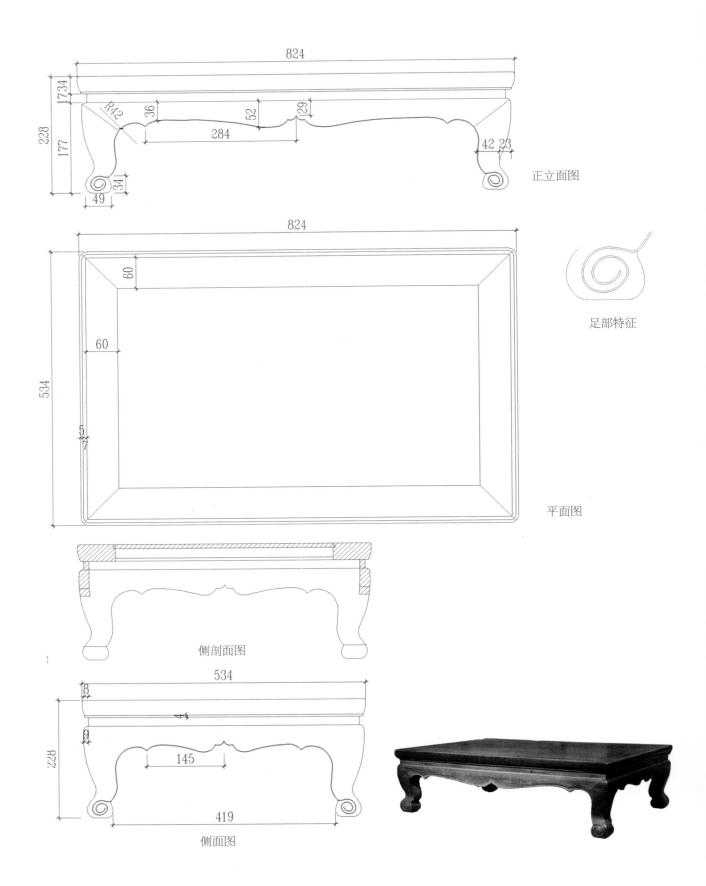

柏木有束腰三弯腿榻几

明 轩 藏

824

1734

228 177

R42 36

284 52 29

42 23

49 34

正立面图

824

60

60

534

5 7

足部特征

平面图

侧剖面图

534

8

228 9

145

419

侧面图

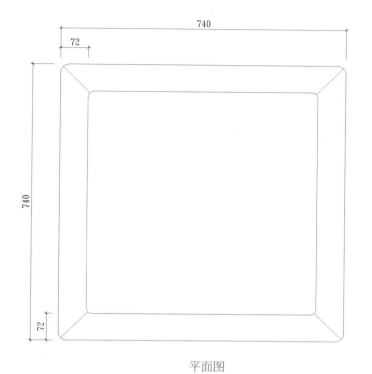

平面图

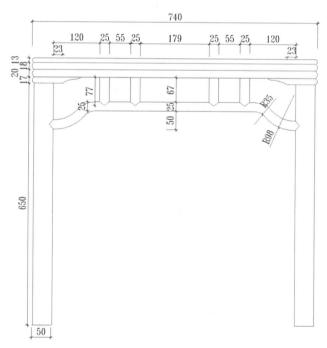

正面图

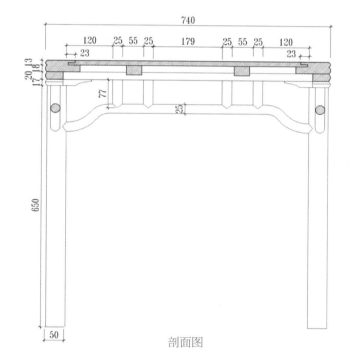

剖面图

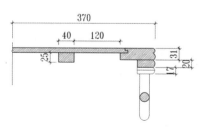

局部剖面图

355

柞
榛
木
内
霸
王
枨
螭
纹
牙
六
角
方
桌

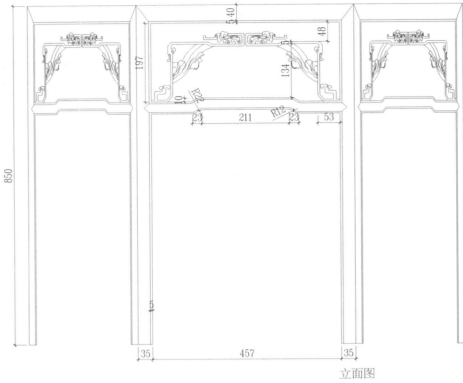

立面图

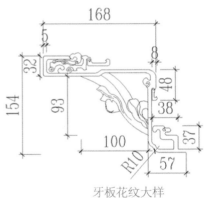

牙板花纹大样

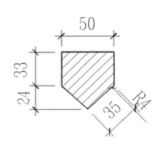

腿足截面

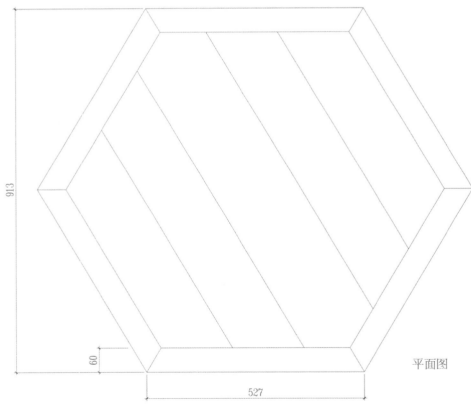

平面图

357

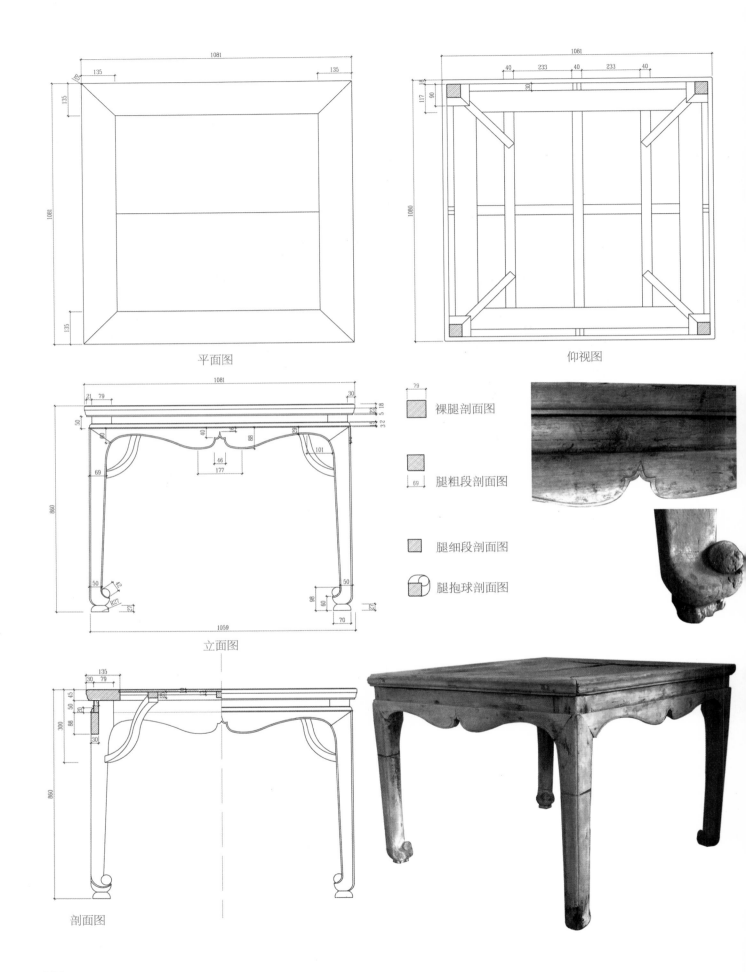

柏木高束腰壶门霸王枨抱球方桌

平面图

仰视图

裸腿剖面图

腿粗段剖面图

腿细段剖面图

腿抱球剖面图

立面图

剖面图

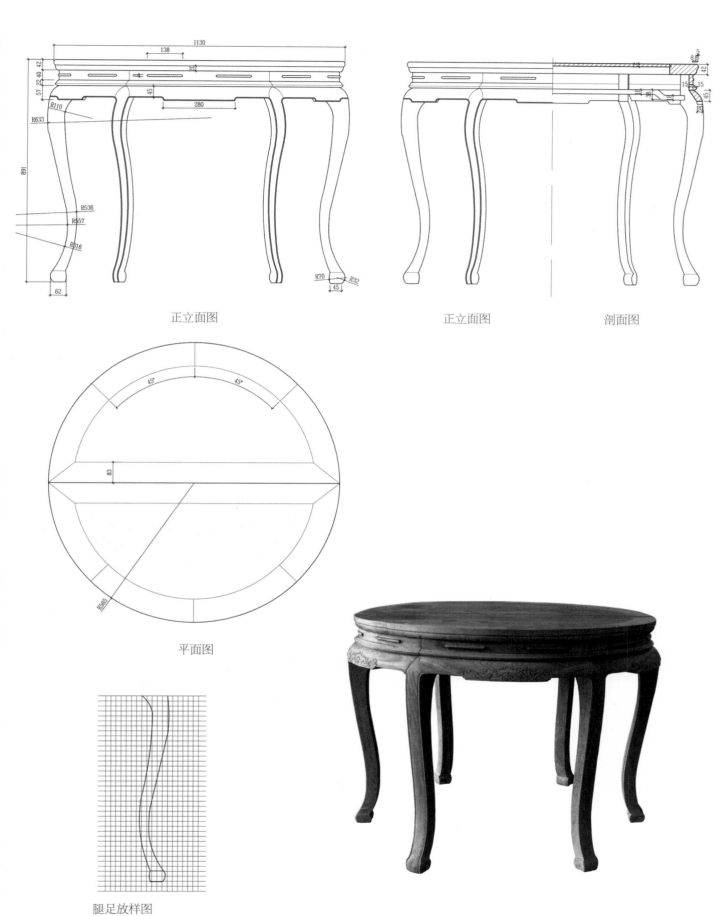

正立面图

正立面图　　　　剖面图

平面图

腿足放样图

注：每一个小方格边长均为 2 厘米

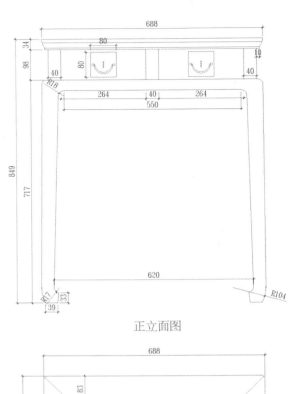

正立面图

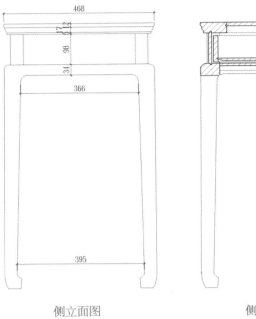

侧立面图

侧剖面图

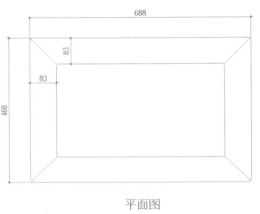

平面图

榉木拱肩两屉马蹄腿长方桌

仁德堂 藏

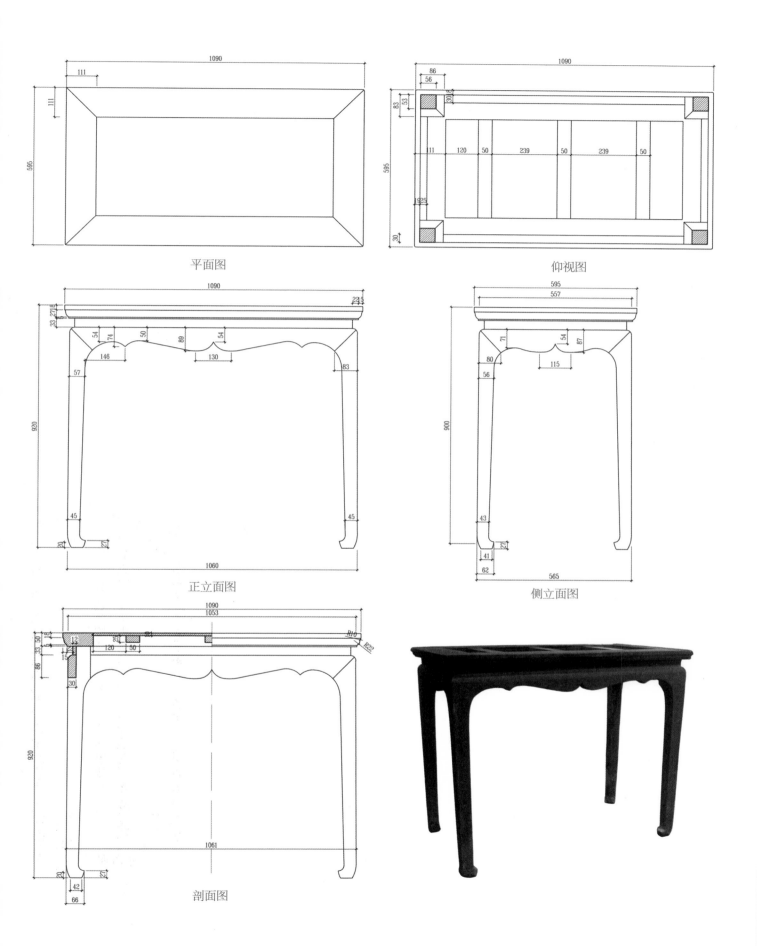

平面图

仰视图

正立面图

侧立面图

剖面图

漆木有束腰壶门内翻马蹄长方桌（万历八年款）

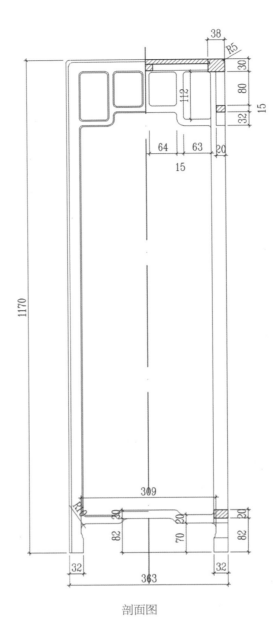

正立面图

剖面图

平面图

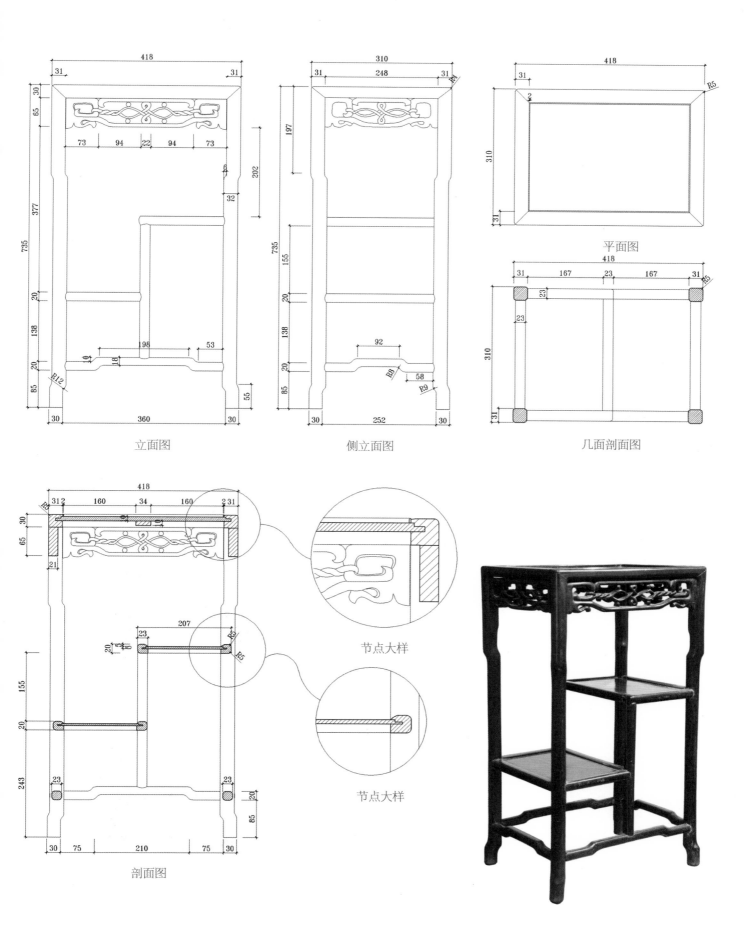

立面图

侧立面图

平面图

几面剖面图

剖面图

节点大样

节点大样

363

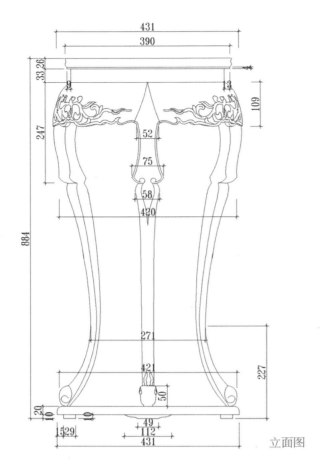

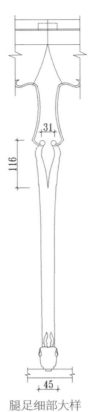

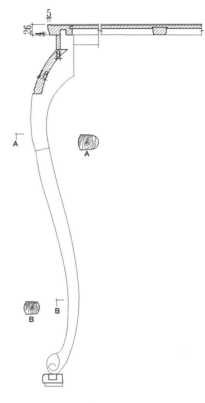

立面图　　　　腿足细部大样　　　腿足、几面剖面大样:

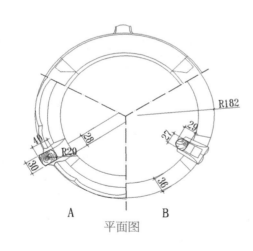

平面图

几面横剖面图

黄花梨卷草纹三足香几

上海博物馆 藏

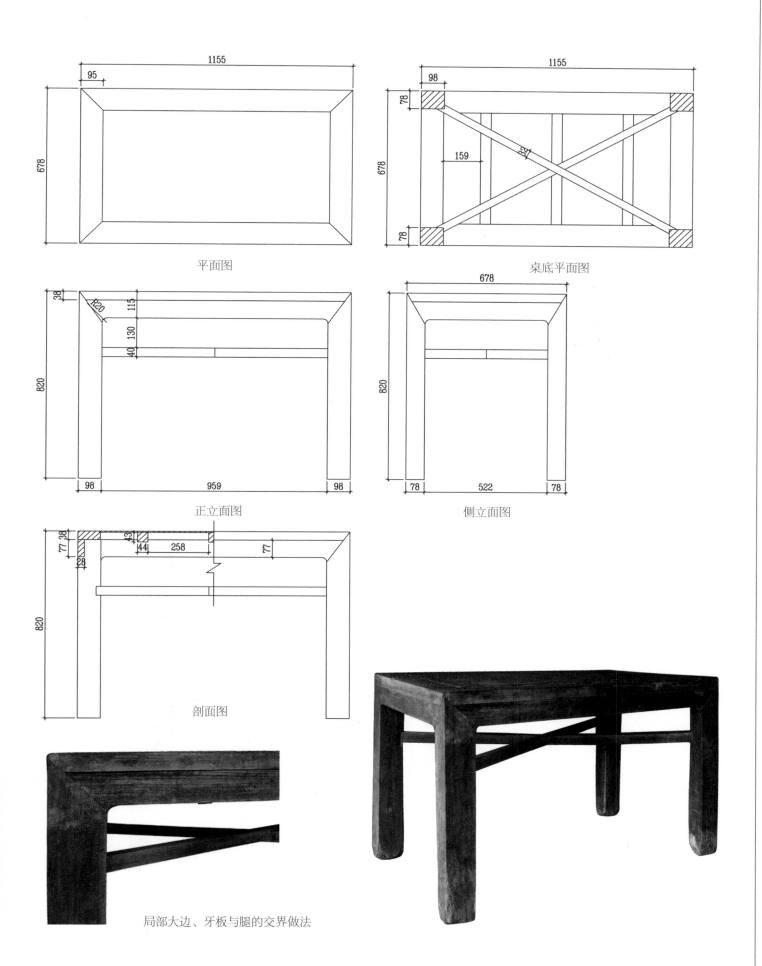

平面图

桌底平面图

正立面图

侧立面图

剖面图

局部大边、牙板与腿的交界做法

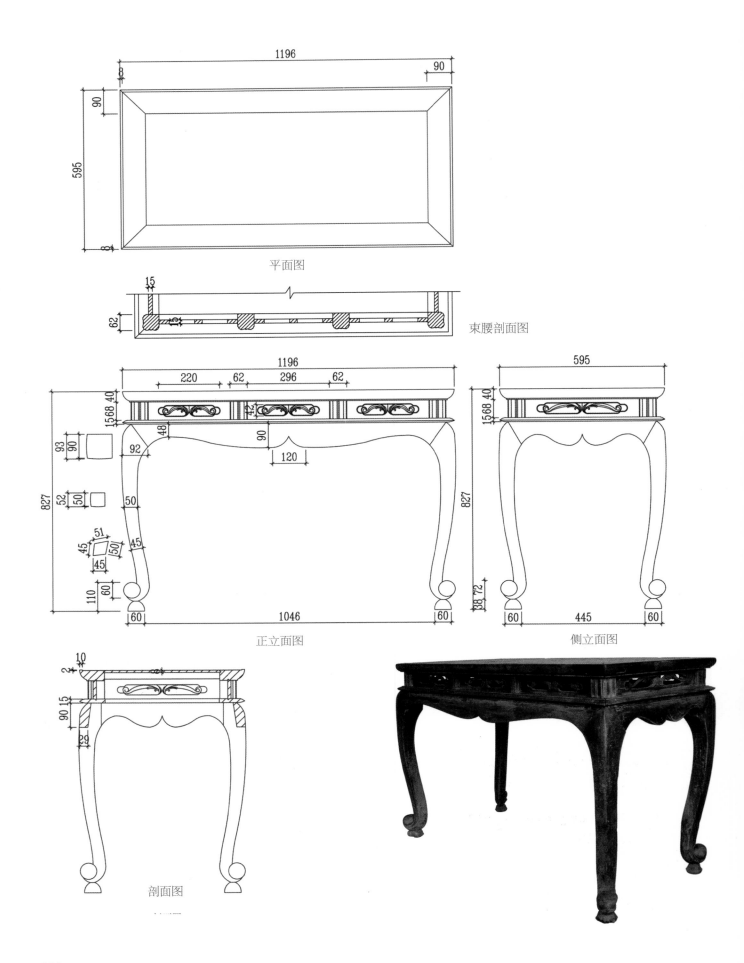

平面图

束腰剖面图

正立面图

侧立面图

剖面图

366

（二）坐具类

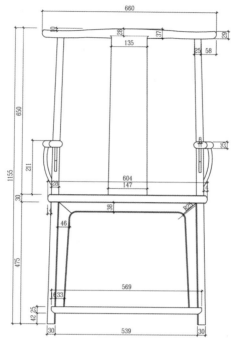

正立面图

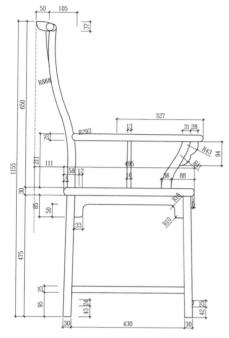

侧立面图

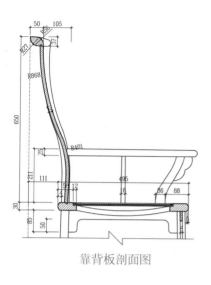

靠背板剖面图

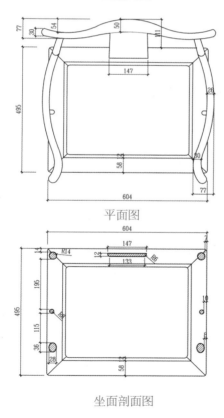

平面图

坐面剖面图

怀古阁 供

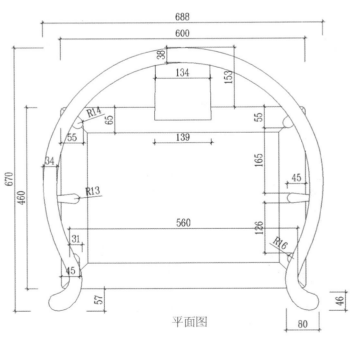

正立面图

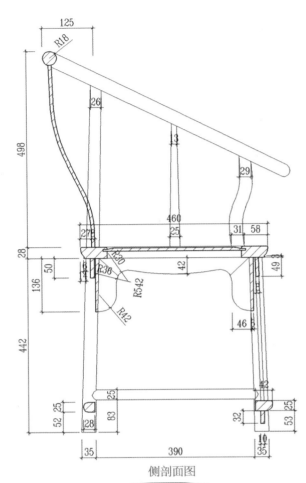

侧剖面图

平面图

368

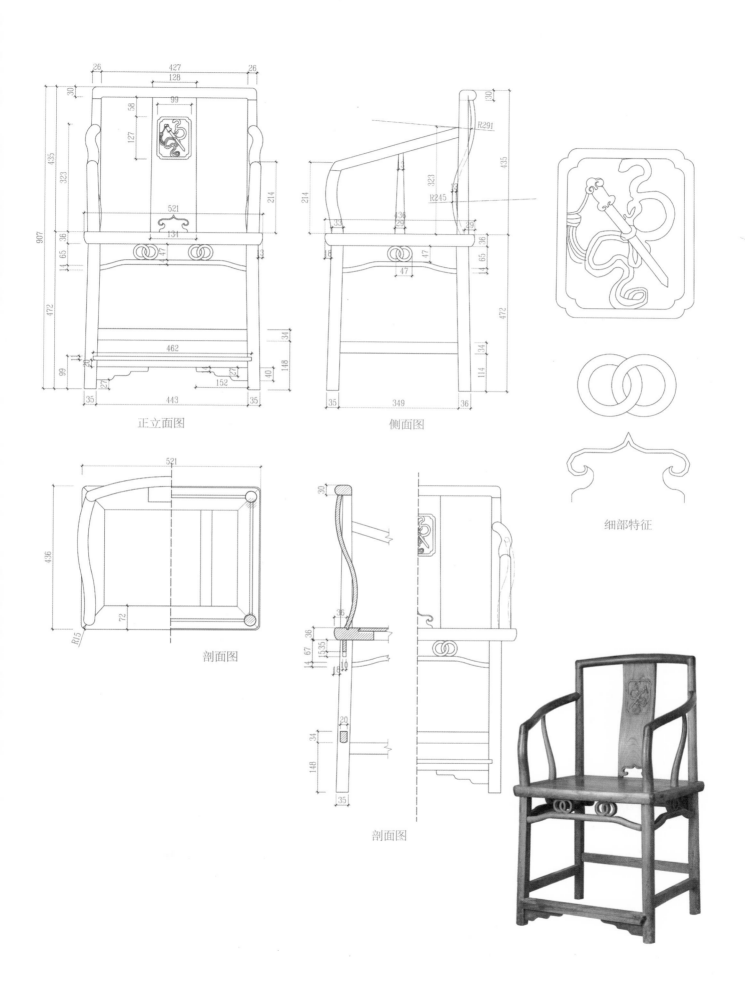

正立面图

侧面图

剖面图

剖面图

细部特征

榉木罗锅枨双圈南官帽椅

明轩藏

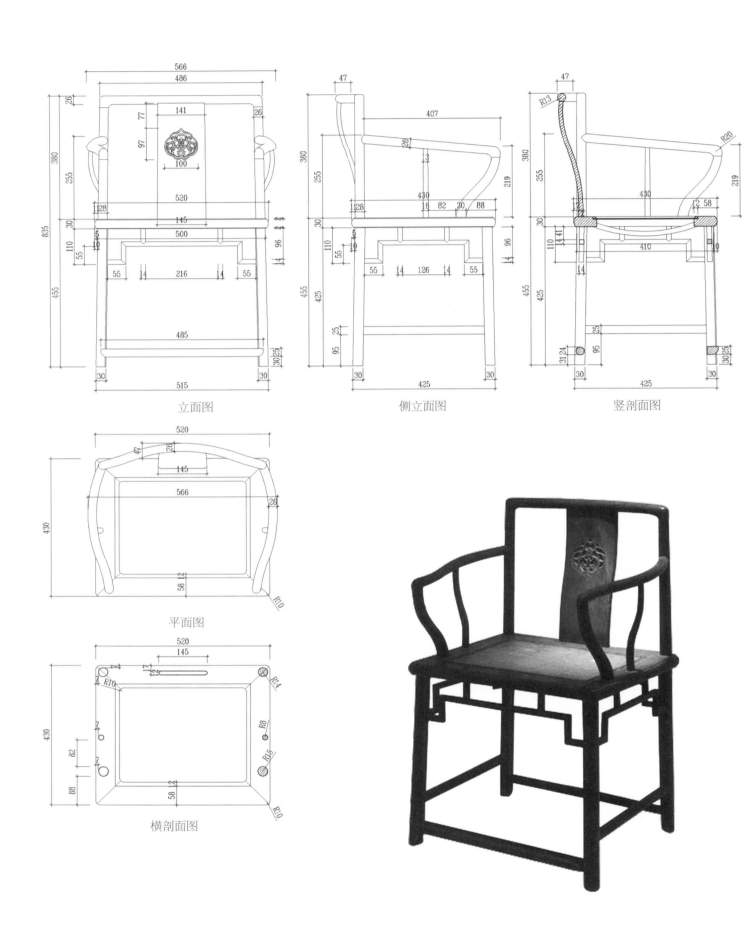

立面图

侧立面图

竖剖面图

平面图

横剖面图

鸡翅木直罗锅枨矮老南官帽椅

孟子渊先生 供

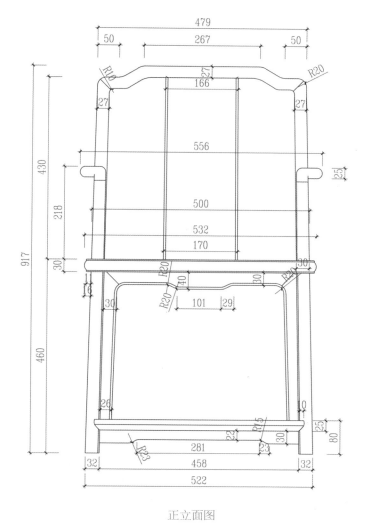

正立面图

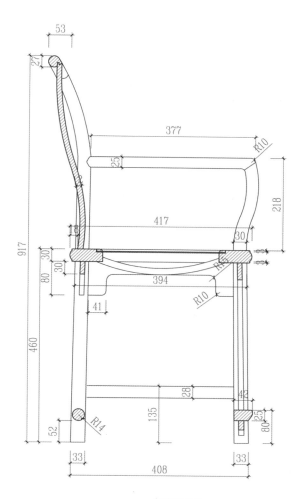

侧剖面图

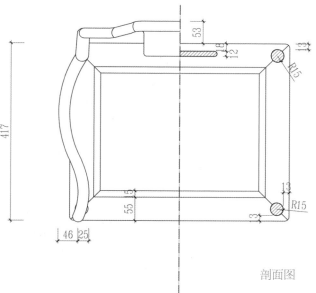

剖面图

榉木洼膛肚壶门南官帽椅

范铮先生 藏

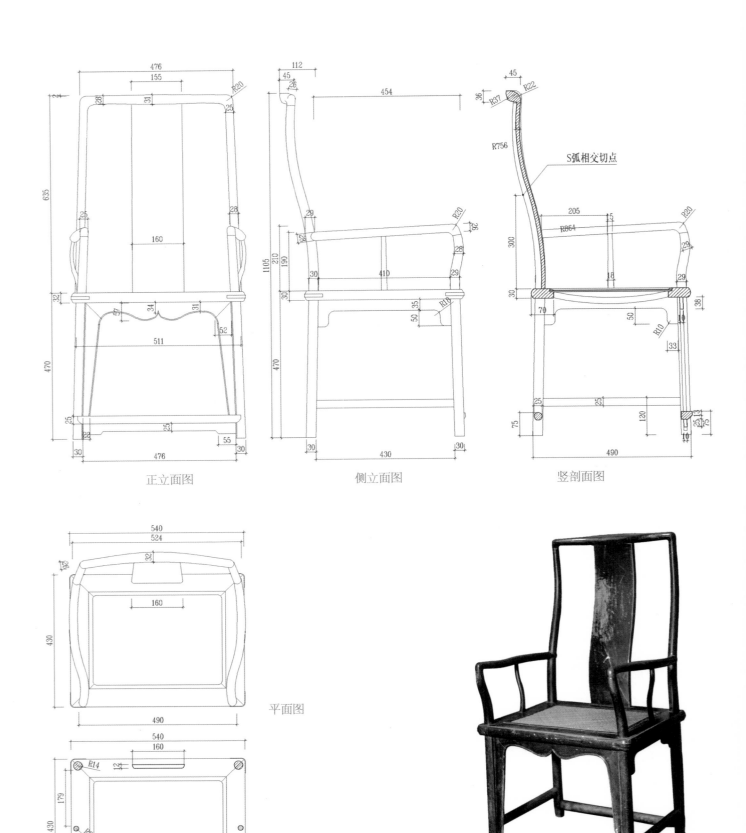

正立面图

侧立面图

竖剖面图

S弧相交切点

平面图

横剖面图

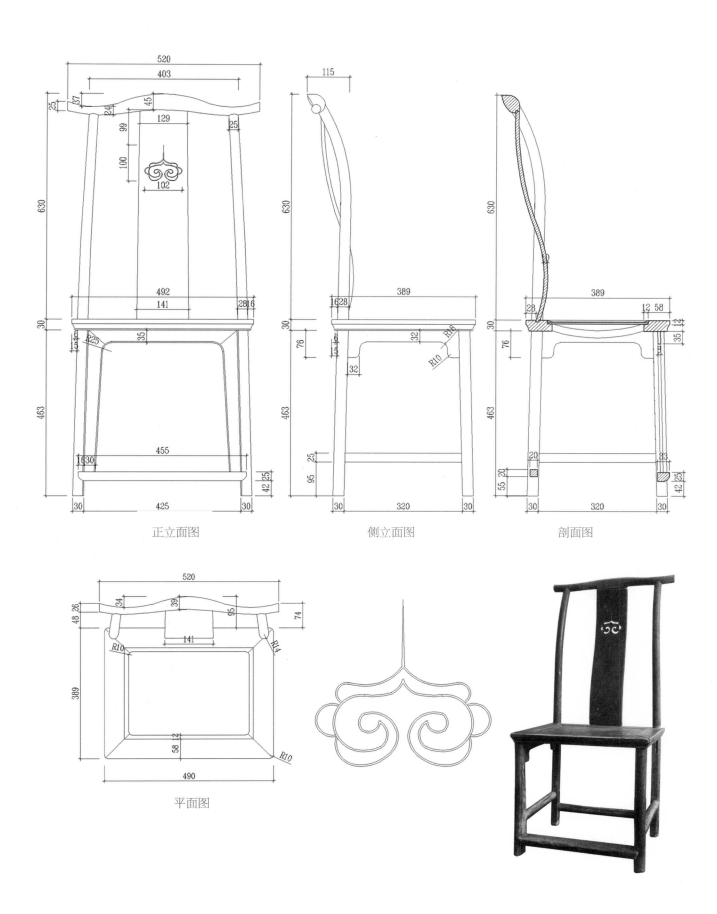

正立面图　　　　　　　側立面图　　　　　　　剖面图

平面图

373

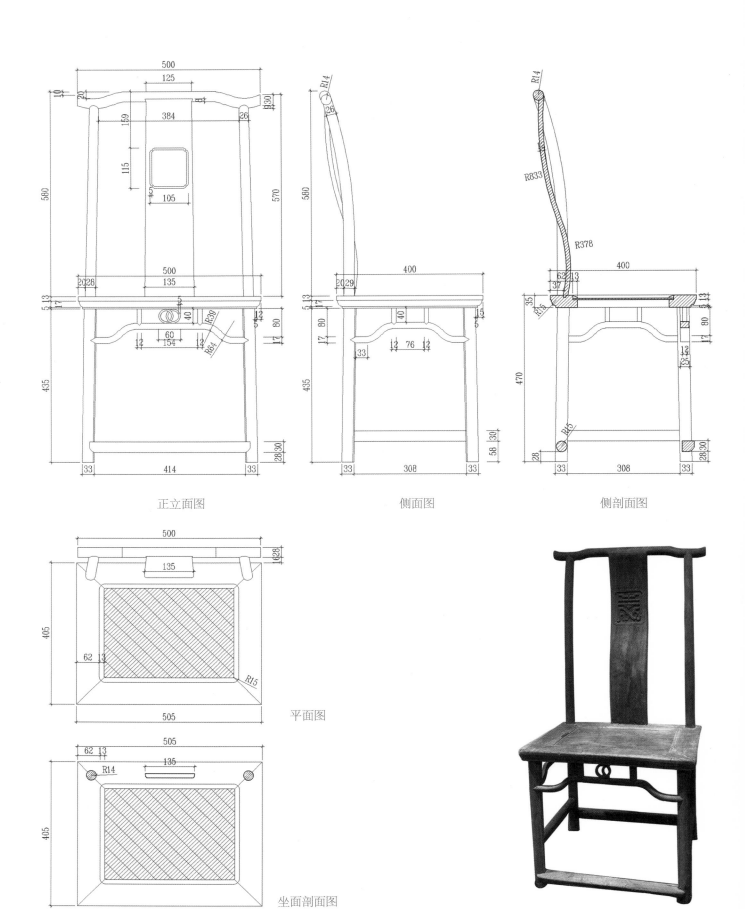

正立面图

侧面图

侧剖面图

平面图

坐面剖面图

正立面图

侧立面图

剖面图

平面图

榉木罗锅枨矮老梳背椅

明轩 藏

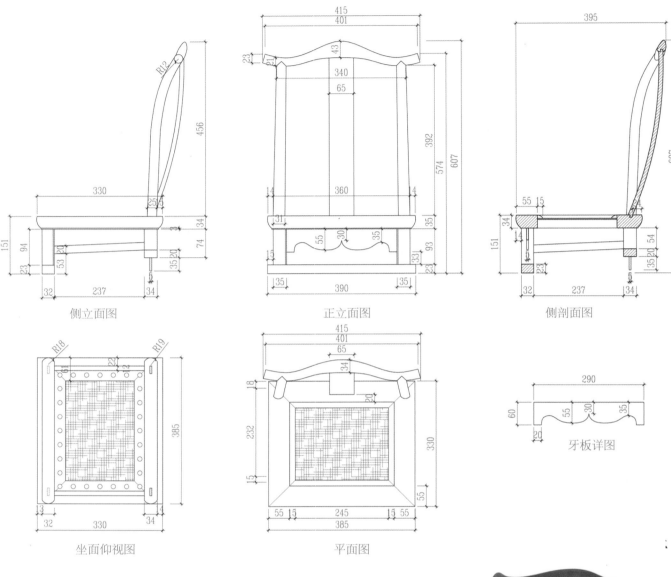

侧立面图　　　　　正立面图　　　　　侧剖面图

坐面仰视图　　　　　平面图　　　　　牙板详图

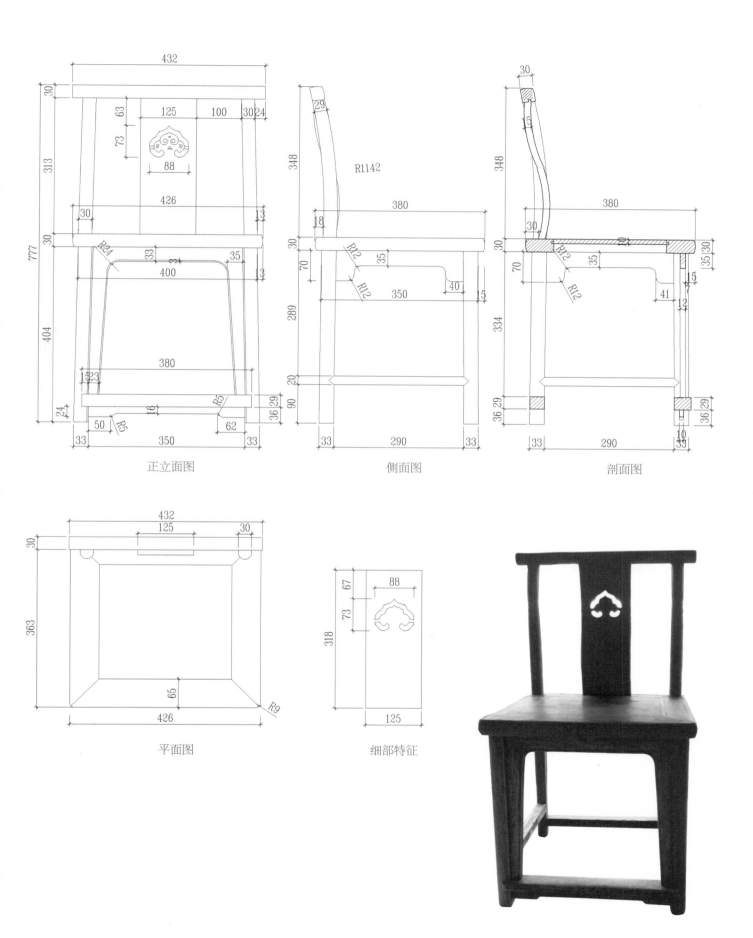

正立面图

侧面图

剖面图

平面图

细部特征

榉木灵芝纹闺房灯挂椅

卓瑞 供

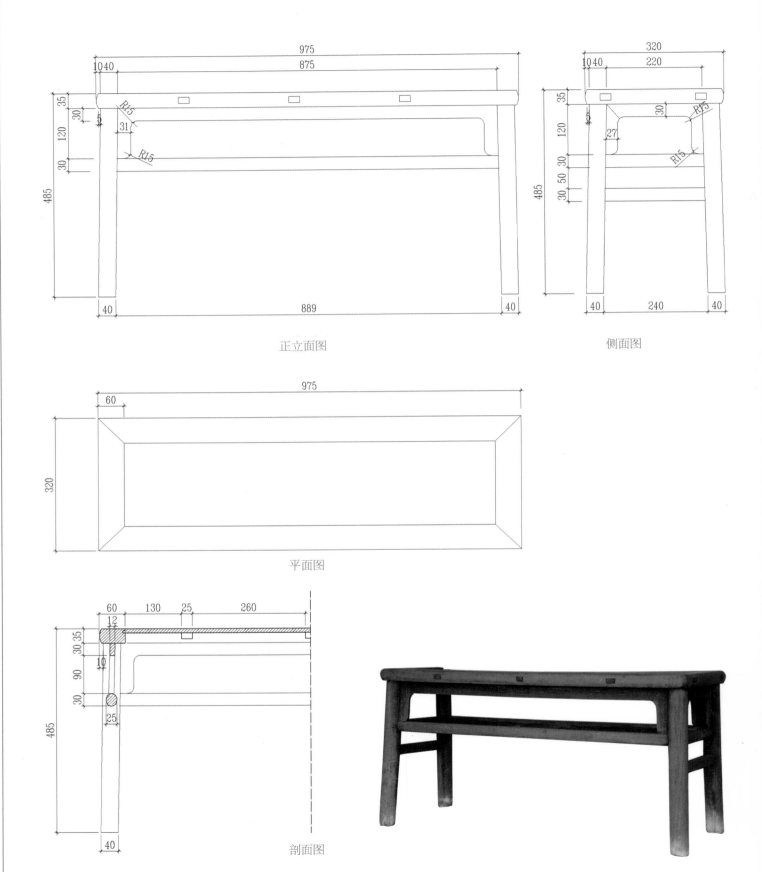

正立面图

侧面图

平面图

剖面图

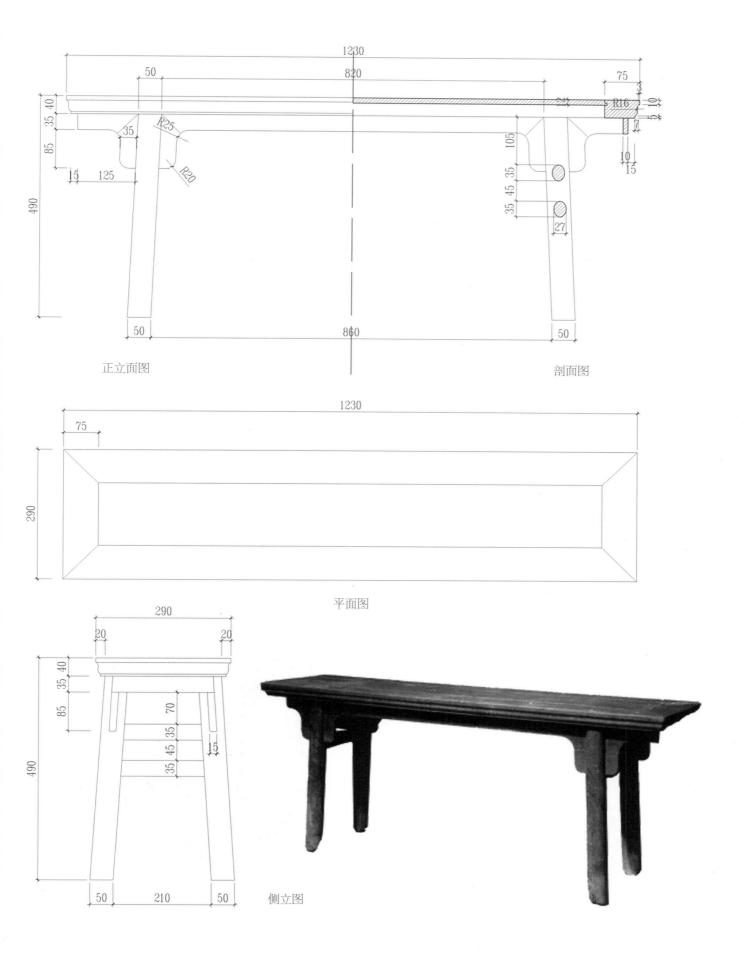

正立面图

剖面图

平面图

侧立图

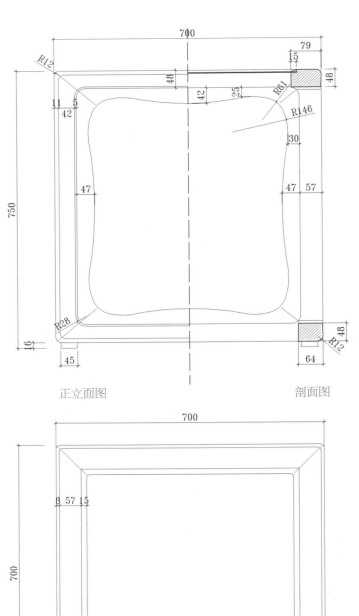

正立面图

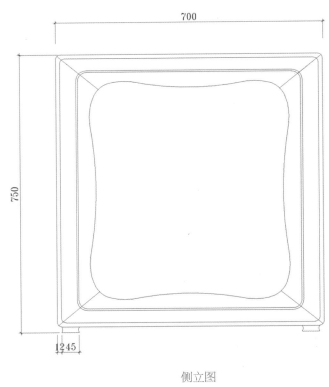

剖面图

侧立图

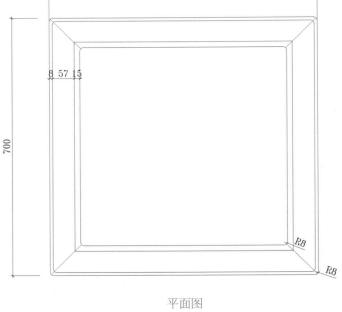

平面图

鸡翅木鱼肚牙开光托泥式方凳

明轩藏

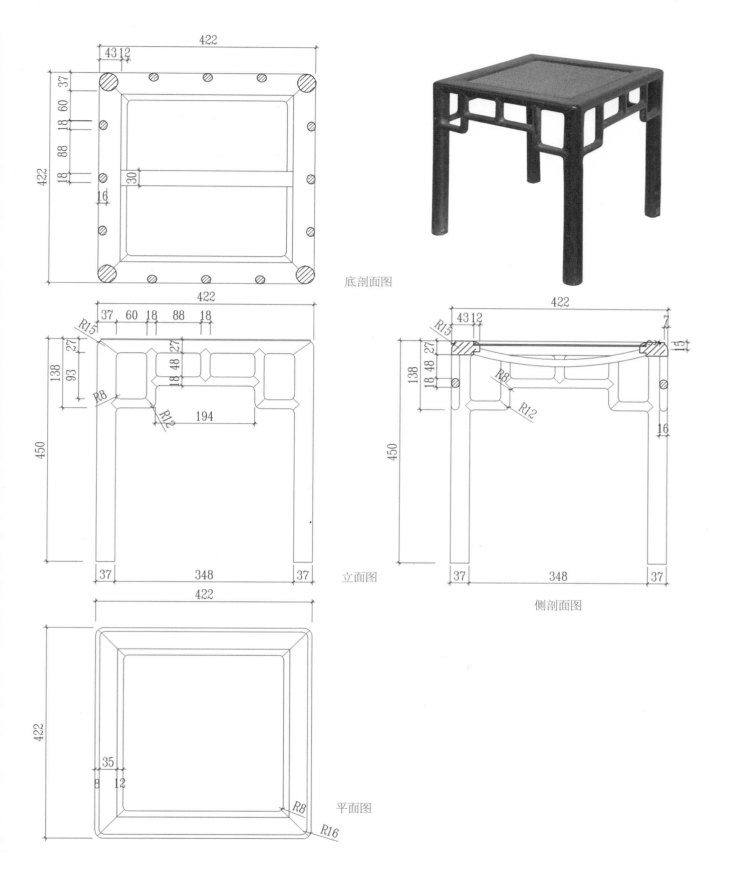

底剖面图

立面图

侧剖面图

平面图

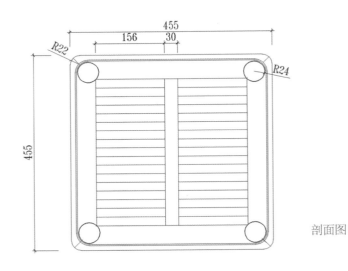

剖面图

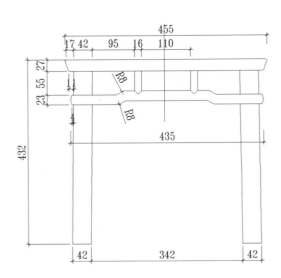

正立面图

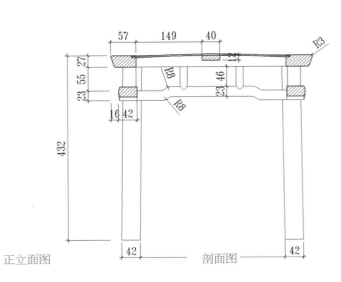

剖面图

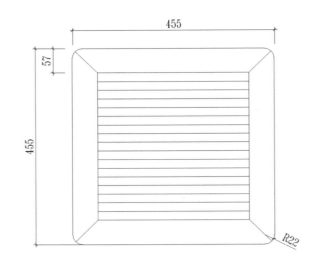

平面图

（三）庋具类

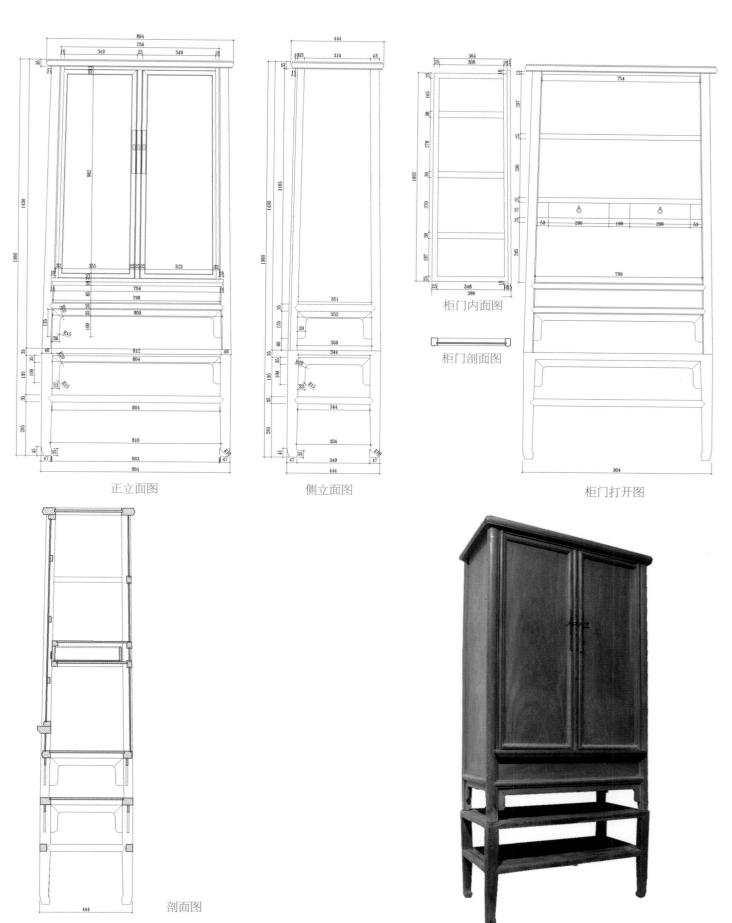

正立面图　　　　　侧立面图

柜门内面图

柜门剖面图

柜门打开图

剖面图

榉木刀子牙有托方角柜

明轩藏

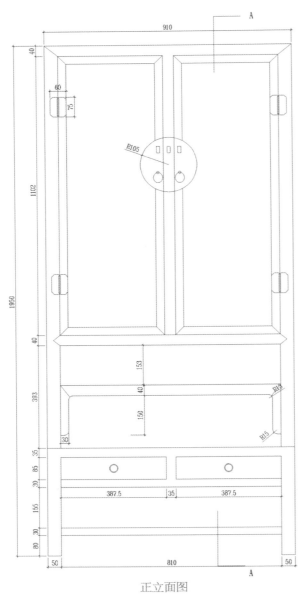

正立面图

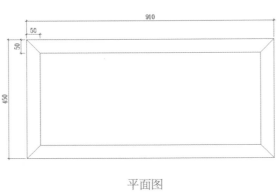

平面图

侧立面图

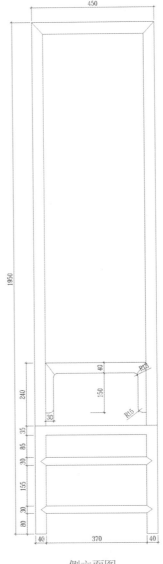

A—A 剖面图

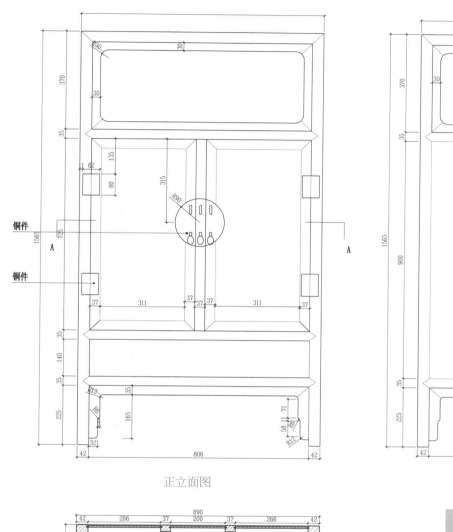

正立面图

铜件

铜件

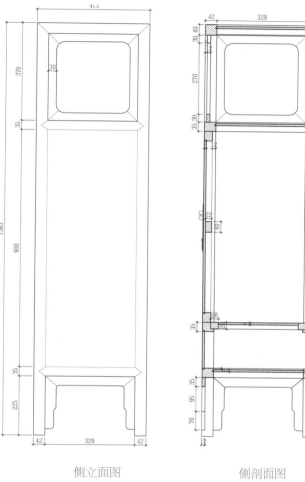

侧立面图

侧剖面图

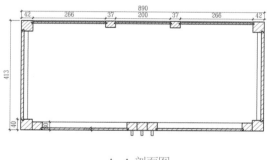

A-A 剖面图

榉木刀子牙板亮格柜

明轩藏

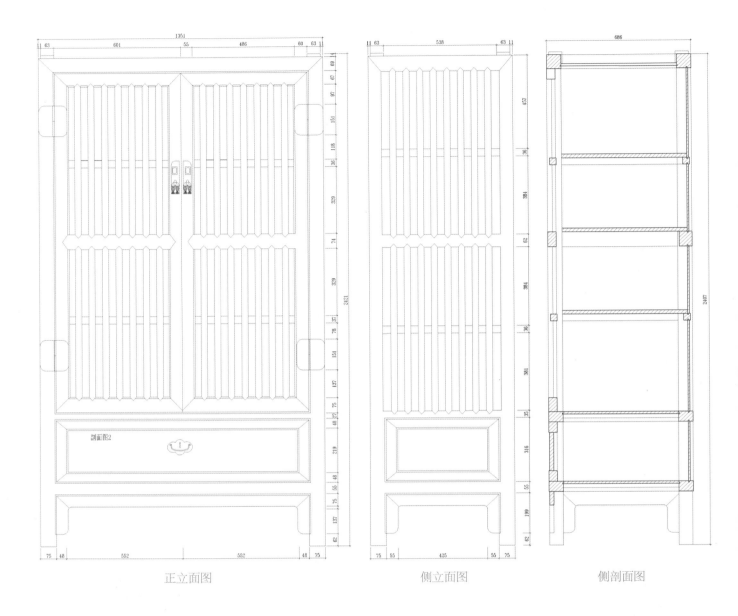

剖面图2

正立面图

側立面图

側剖面图

平面图

386

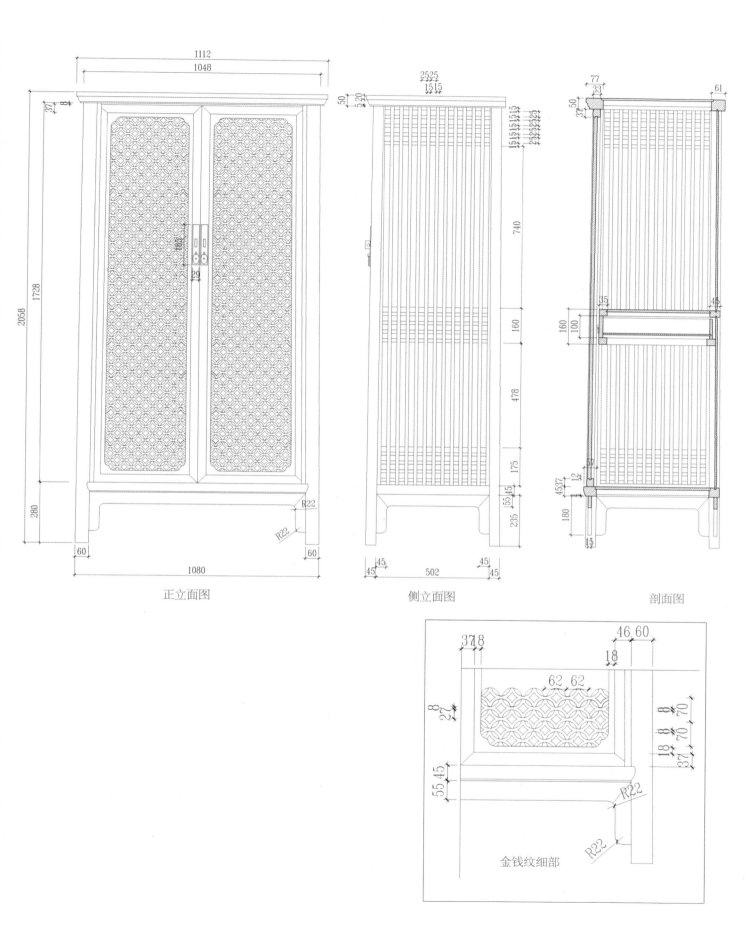

正立面图

侧立面图

剖面图

金钱纹细部

柞榛木刀子牙金钱纹门棂格格柜

许明东　藏

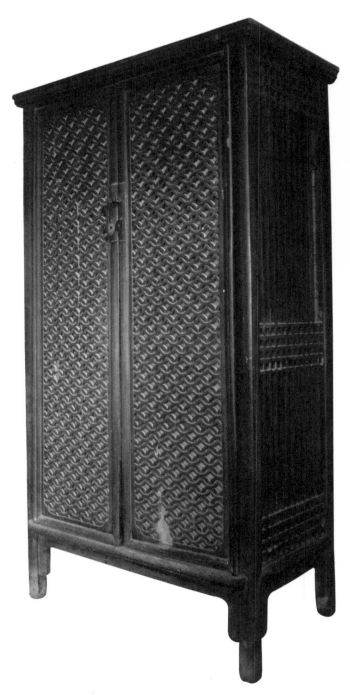

柞榛木刀子牙金钱纹门棂格柜图

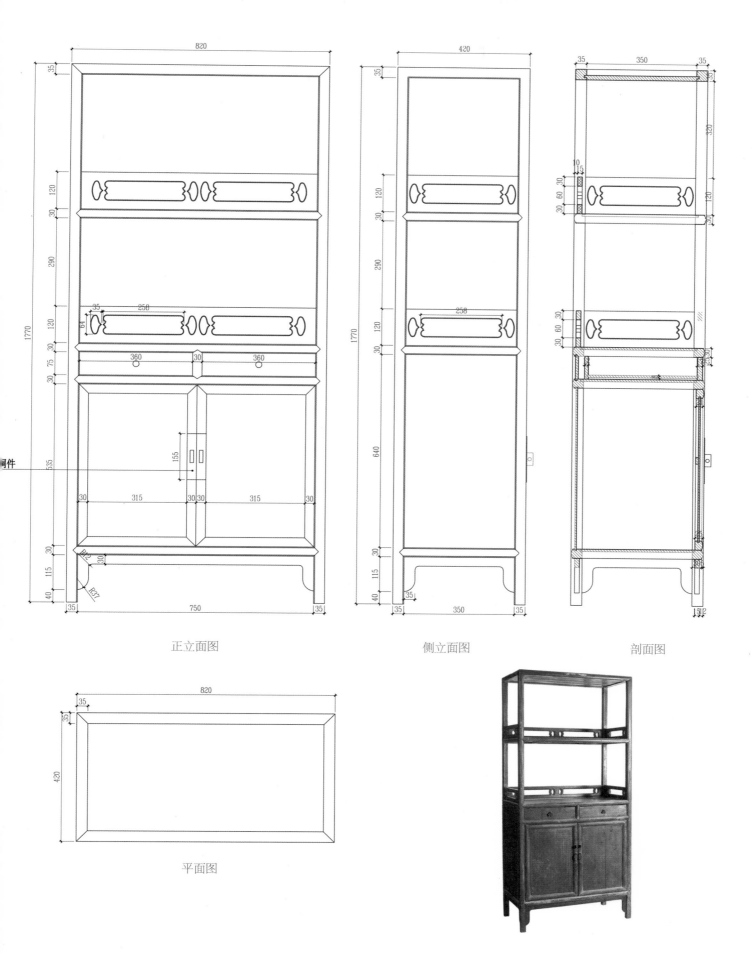

正立面图

侧立面图

剖面图

平面图

柏木刀子牙亮格书架

明轩 藏

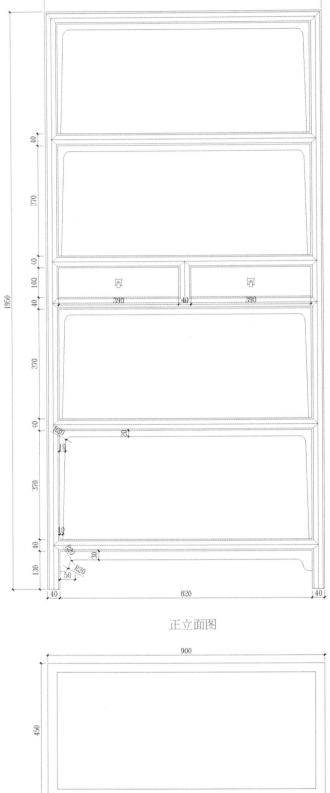

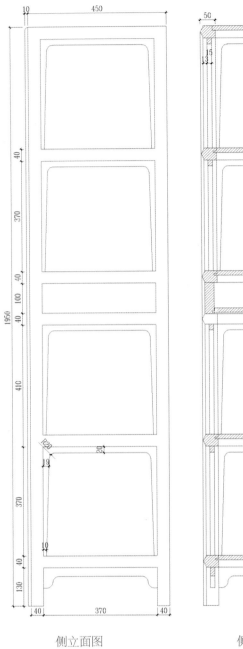

漆木剑背杆刀子牙书架

卓瑞 藏

正立面图

侧立面图

侧剖面图

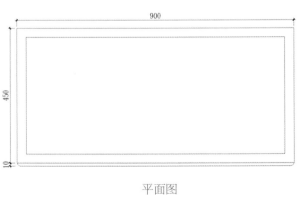

平面图

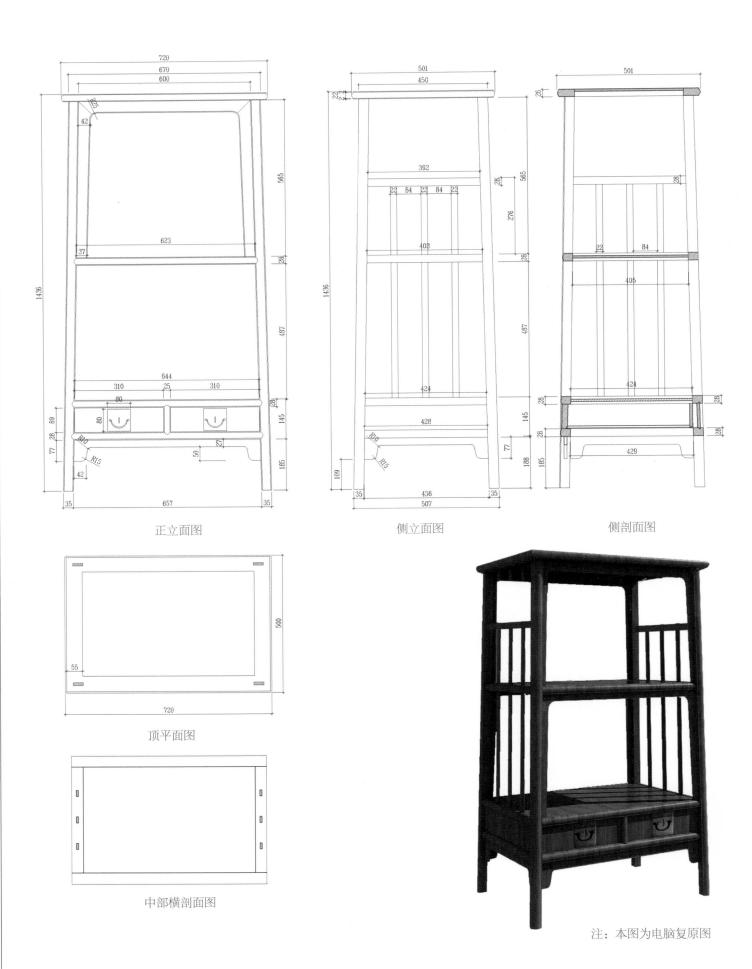

正立面图

侧立面图

侧剖面图

顶平面图

中部横剖面图

注：本图为电脑复原图

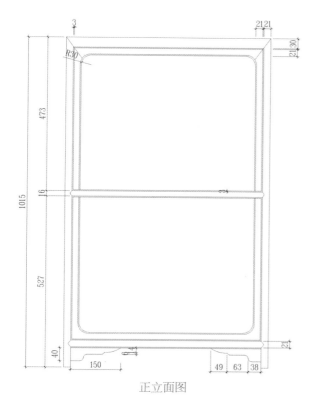

正立面图

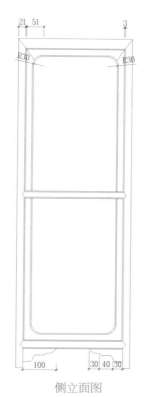

侧立面图

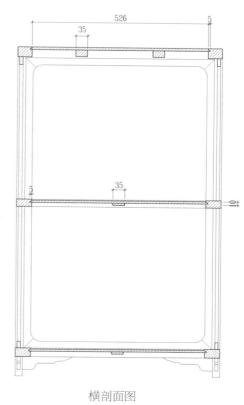

横剖面图

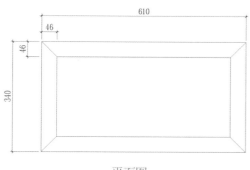

平面图

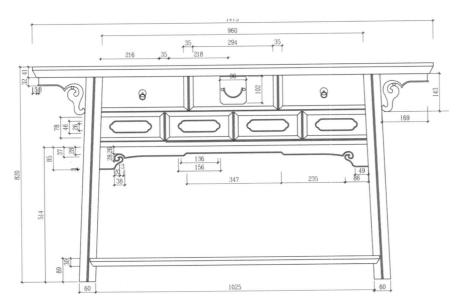

正立面图

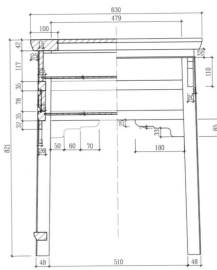

剖面图　　　側立面图

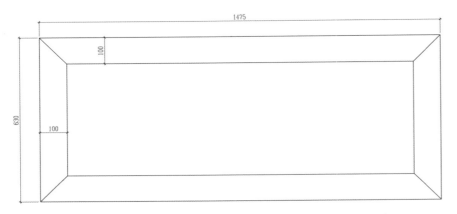

平面图

灵芝纹牙子细部（2：1）

柏木灵芝纹涤环板三屉闷户柜

万诚先生　藏

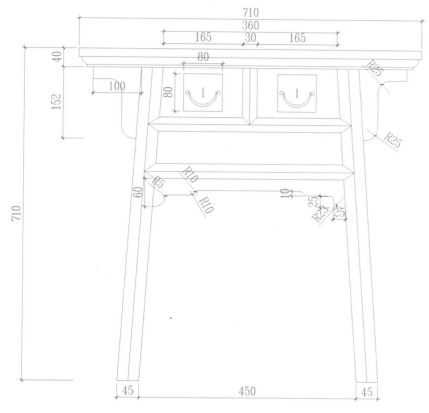

正立面图

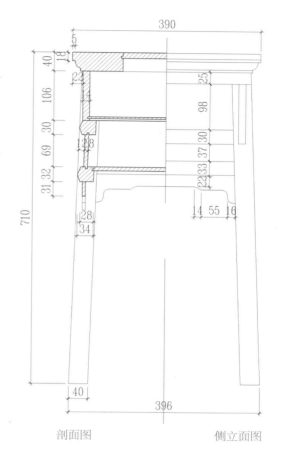

剖面图　　　　　側立面图

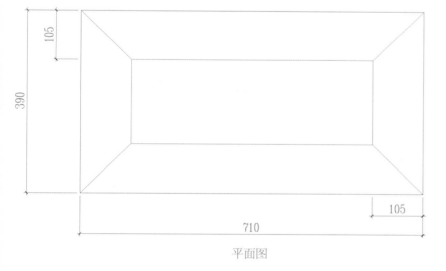

平面图

柏木刀子牙两屉闷户柜

万诚先生 藏

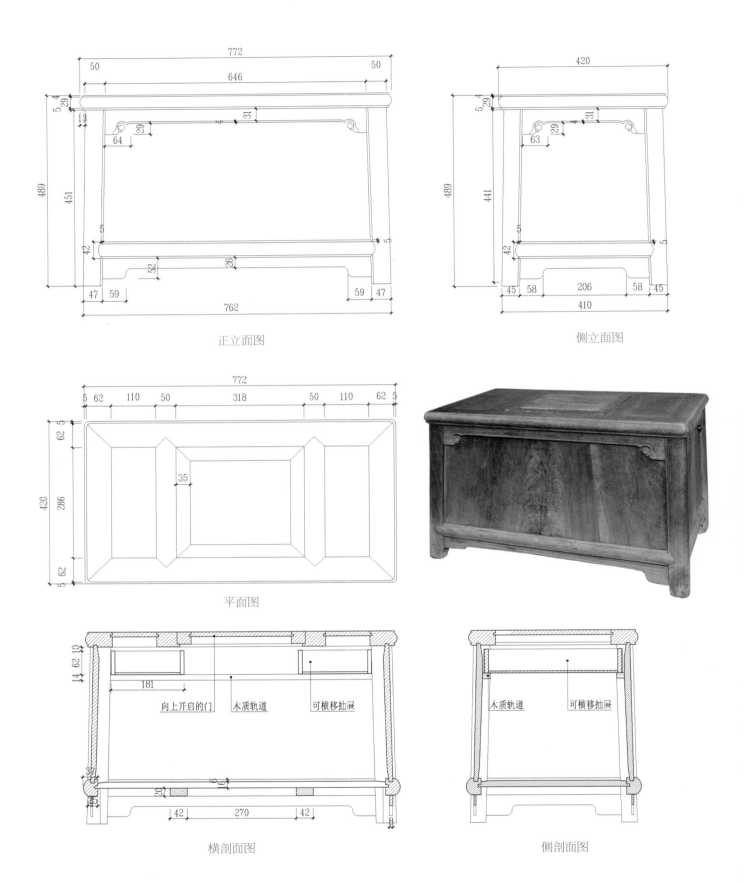

正立面图

侧立面图

平面图

横剖面图

侧剖面图

向上开启的门　木质轨道　可横移抽屉

木质轨道　可横移抽屉

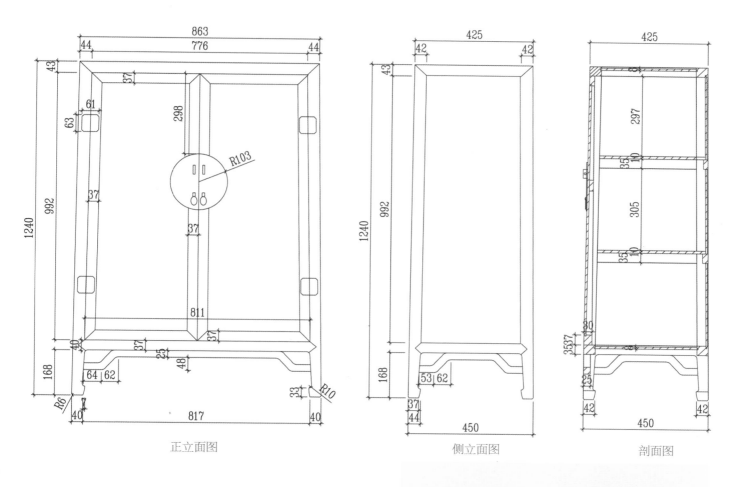

正立面图   侧立面图   剖面图

（四）卧具类

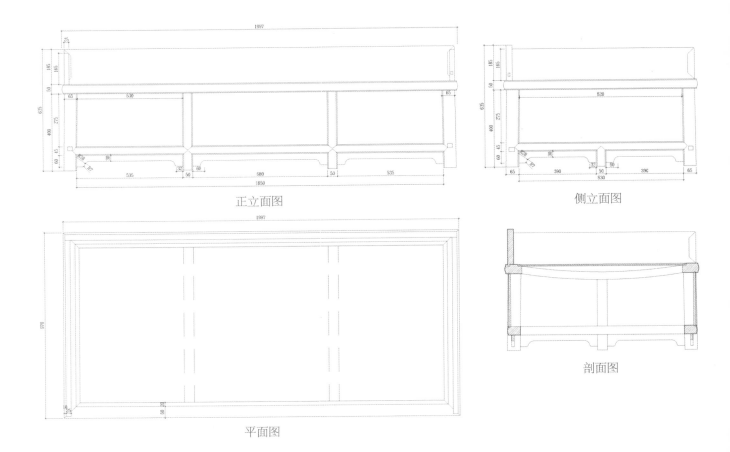

正立面图

侧立面图

平面图

剖面图

柏木箱式座三围板刀牙罗汉床

半梦斋 藏

正立面图

侧立面图

平面图

剖面图

红漆束腰马蹄凉榻

陈学铭先生 供

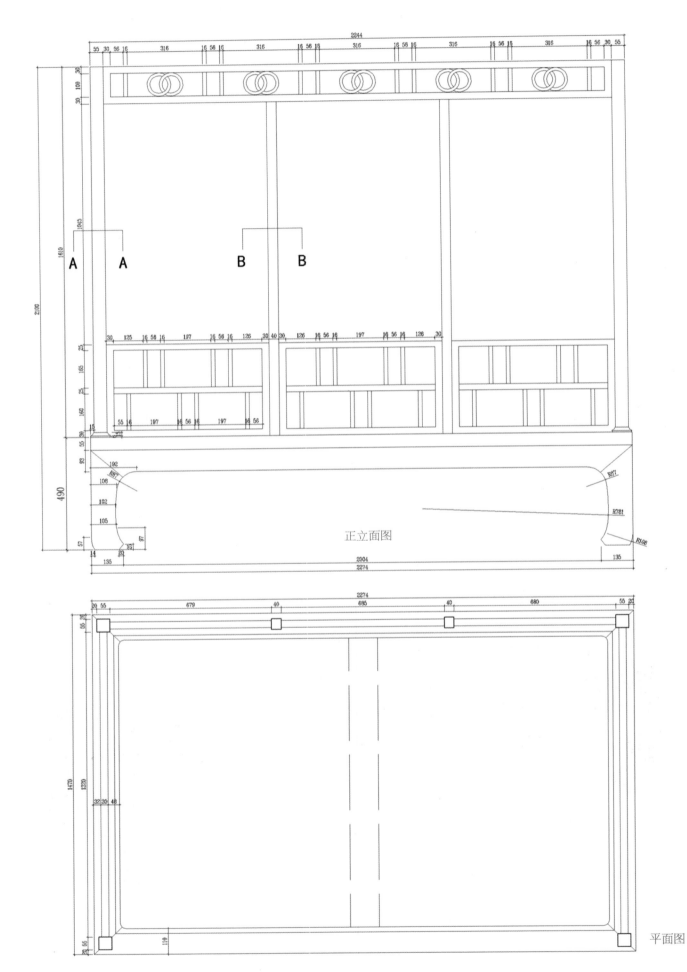

柞榛木刀马蹄俯仰山纹围板六柱床

博古斋 藏

正立面图

平面图

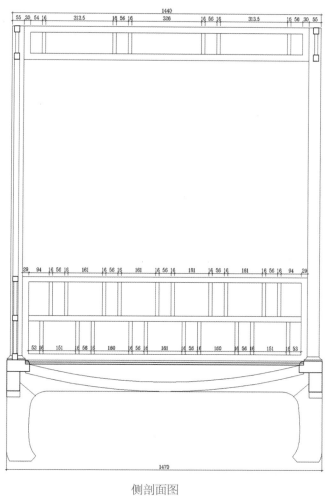

側剖面图

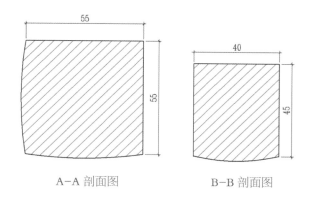

A-A 剖面图   B-B 剖面图

博 古 斋 藏

（五）其他类

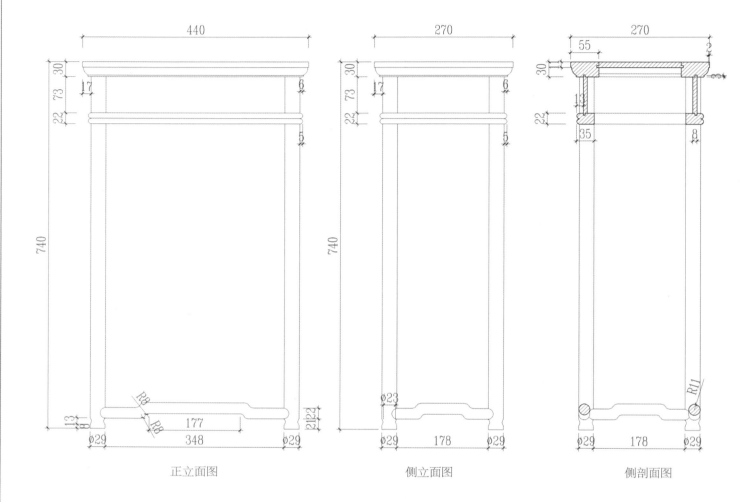

正立面图　　　　　　側立面图　　　　　　側剖面图

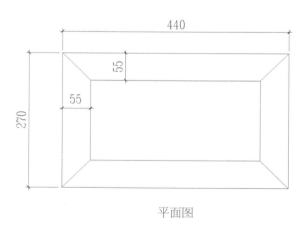

平面图

榉木圆包圆漆板雕花几

博古园 供

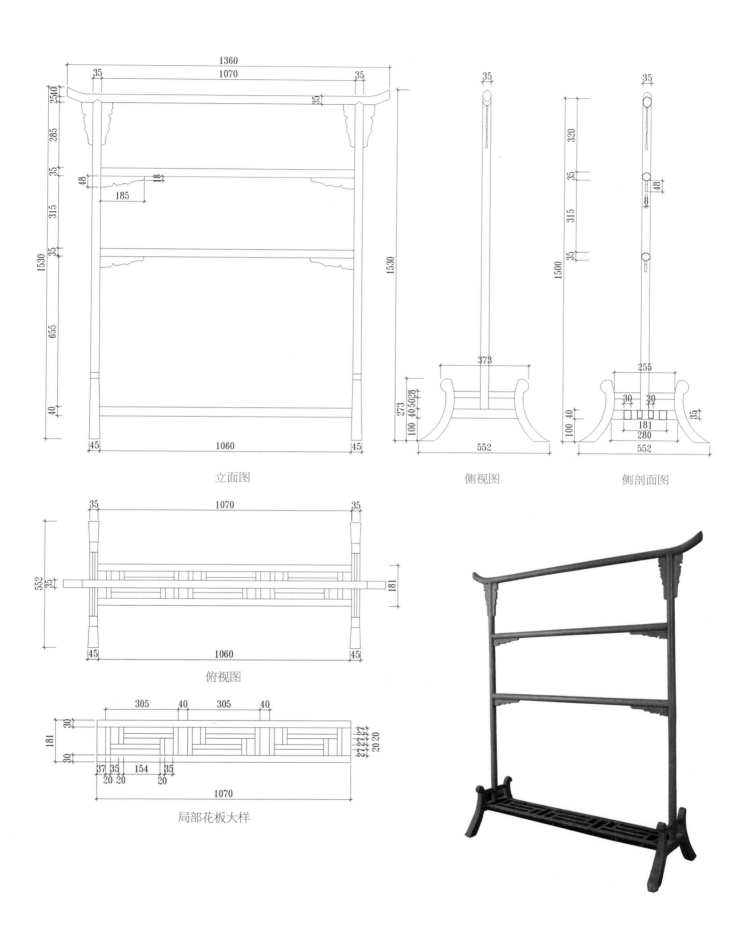

立面图

侧视图

侧剖面图

俯视图

局部花板大样

側立面图

剖面放大图

370

147

R18

R12

R8

13

370

147

平面图

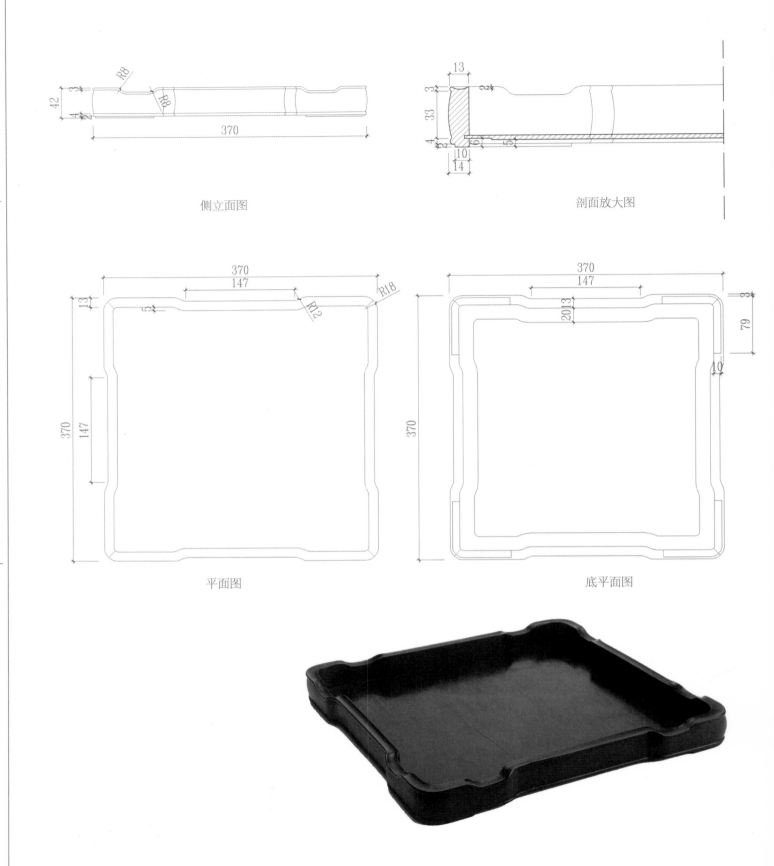

370

147

201.3

79

40

370

底平面图

404

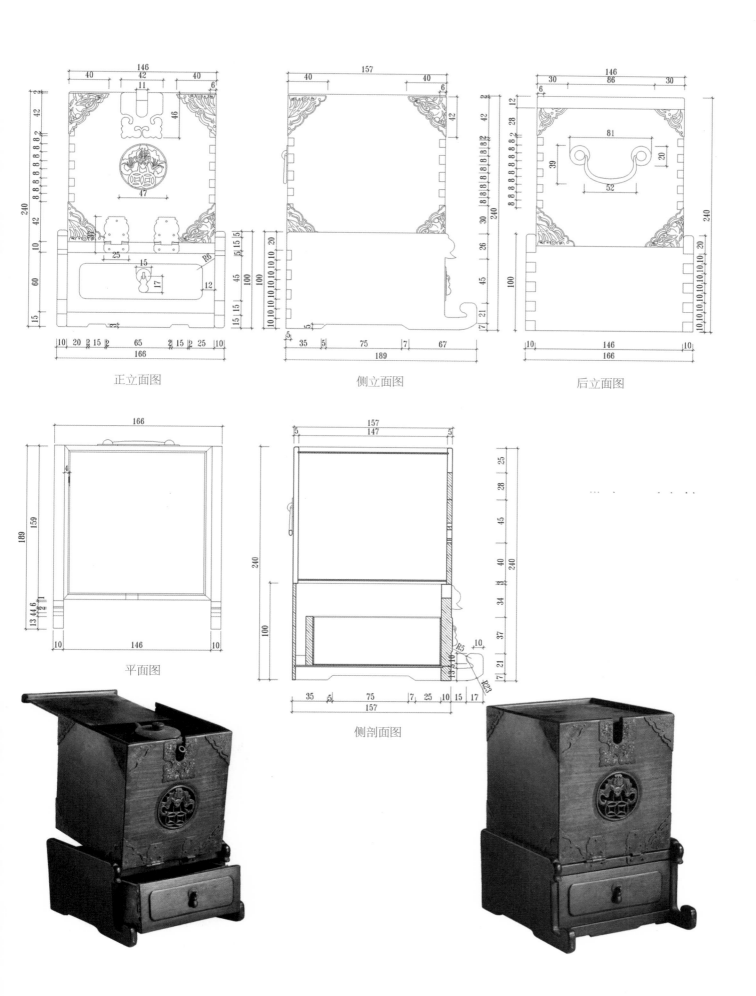

正立面图

侧立面图

后立面图

平面图

侧剖面图

酸枝木带屉暖壶箱

半梦斋 藏

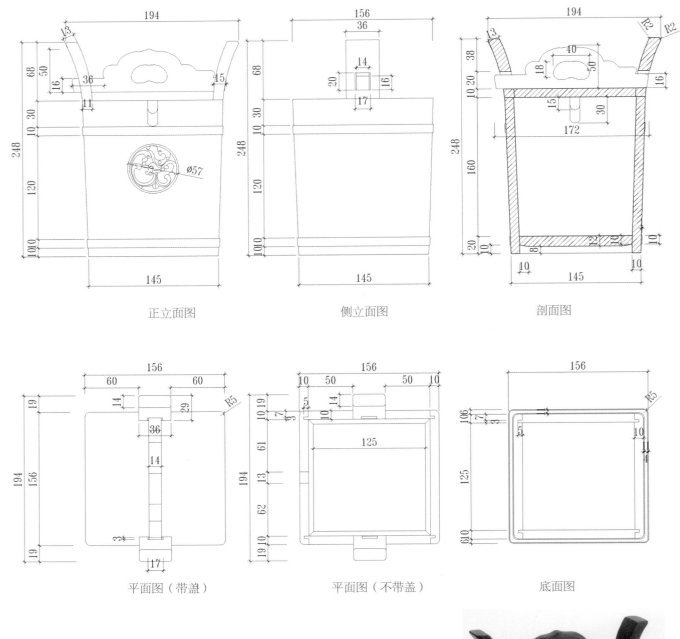

正立面图   侧立面图   剖面图

平面图（带盖）   平面图（不带盖）   底面图

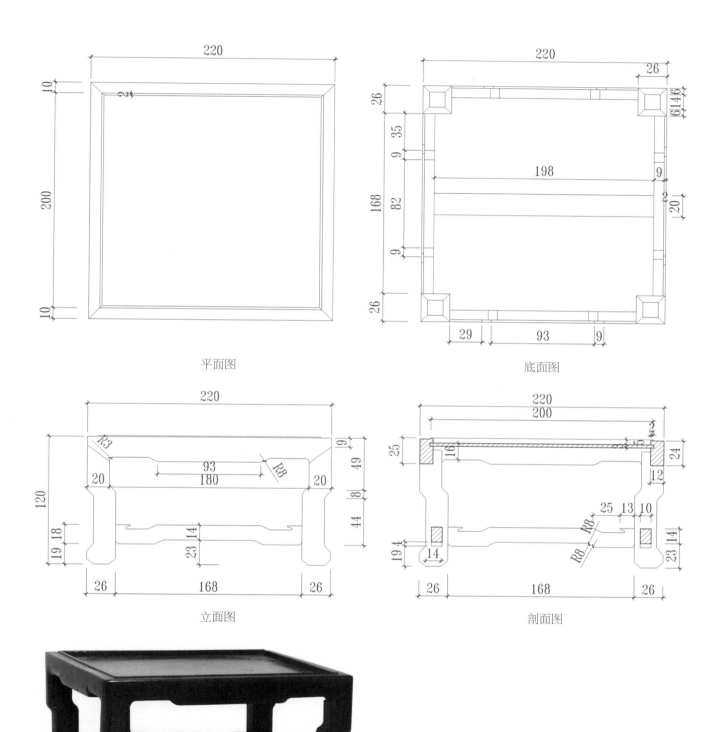

平面图

底面图

立面图

剖面图

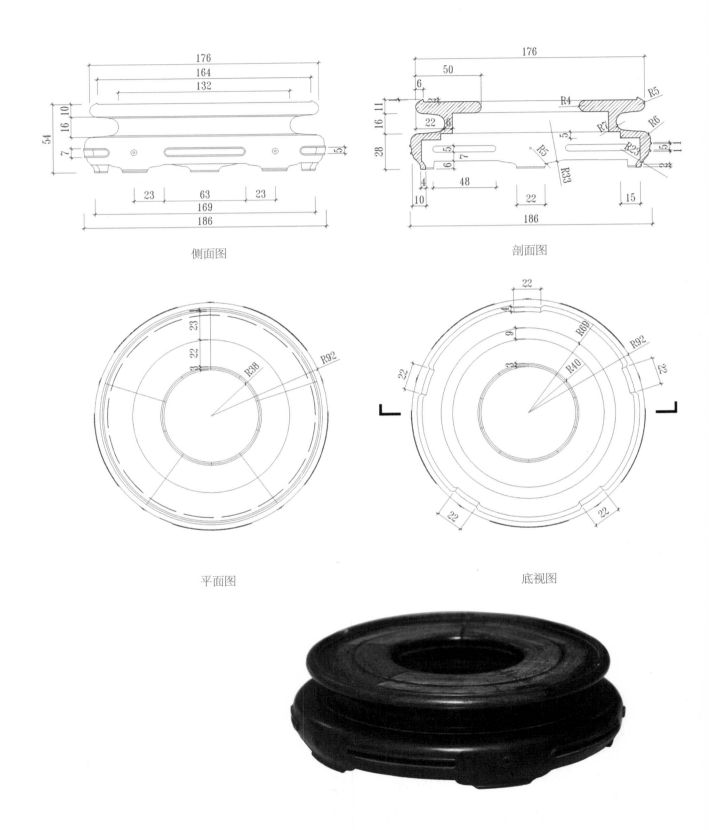

侧面图

剖面图

平面图

底视图

酸枝木束腰禹门洞牙花瓶座

明轩 藏

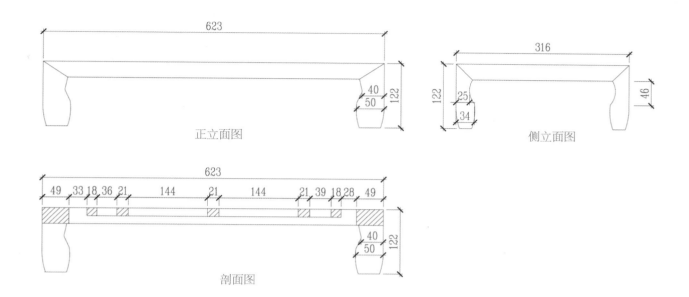

正立面图

侧立面图

剖面图

平面图

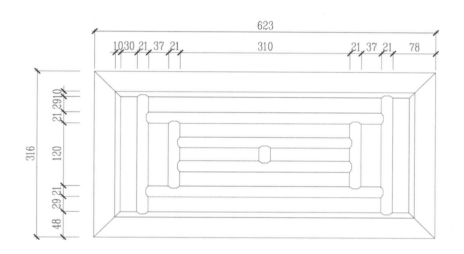

附录

附录一：明代社会文化关系横向对照简表

年号纪年	皇帝名	庙号	政坛（大事件）	文学 艺术
洪武 1368—1398 建文 1399—1402	朱元璋 朱允炆	太祖 惠帝	靖难之役	倪瓒（1301—1374） 王蒙（1308—1385） 王履（1332—？） 刘基（1310—1375）
永乐 1403—1424 洪熙 1425	朱棣 朱高炽	成祖 仁宗	灭方孝孺十族 迁都北京，建故宫 郑和下西洋（1—6次） 废下西洋	解缙书法家（1369—1415） 谢缙（1355—1430）
宣德 1426—1435	朱瞻基	宣宗	郑和下西洋（第7次） 解决遗留藩王问题 任用三杨，推广仁政 建造"通集库""皇史晟"	宣宗好绘画，尤其是花鸟
正统 1436—1449 景泰 1450—1457 天顺 1458—1464	朱祁镇 朱祁钰 朱祁镇	英宗 代宗（景帝） 英宗	麓川之役 土木堡之变（王振弄权） 北京保卫战（打败瓦剌） 夺门之变诛于谦	
成化 1465—1487 弘治 1488—1505 正德 1506—1521	朱见深 朱祐樘 朱厚照	宪宗 孝宗 武宗	纸糊三阁老，泥塑六尚书 弘治中兴 慎用刑法，制订《问刑条例》	沈周（1427—1509） 林良（约1428—1494） 吕纪（1477—？） 徐祯卿（1479—1511）
嘉靖 1522—1566	朱厚熜	世宗	夏言（1482—1548）支持收复河套 严嵩（1480—1567）专权20年 戚继光（1528—1587）抗倭（1560—1565）	唐寅（1470—1524） 祝允明（1461—1527） 周臣（1460—1535） 文徵明（1470—1559） 仇英（？—1552） 《金瓶梅》
隆庆 1567—1572 万历 1573—1620	朱载垕 朱翊钧	穆宗 神宗	徐阶（1503—1583）巧斗严嵩 高拱（1513—1578） 张居正（1525—1582）一条鞭法 海瑞（1514—1587）上疏 雒于仁（？—？）《四箴疏》 万历三大征 移宫案、红丸案	归有光（1507—1571） 吴承恩（约1500—1582） 徐渭（1521—1593） 《人镜阳秋》（万历三十八年） 汤显祖（1550—1616） 袁宏道（1568—1610） 董其昌（1555—1636）
泰昌 1620 天启 1621—1627 崇祯 1628—1644	朱常洛 朱由校 朱由检	光宗 熹宗 思宗	东林党兴衰（1604—1626） 罢魏忠贤（1627） 错诛袁崇焕（1630） 明末农民起义（1628—1644）	冯梦龙（1574—1646） 凌濛初（1580—1644） 《三言二拍》 魏学洢（约1596—1625）《核舟记》

柜、架	床、榻、宝座	椅、凳			其他
		洪武二十二年（1389年）			
宣德款					
					嘉靖六年（故宫藏）
1589年潘墓出土　　万历十二年（1584）	1589年潘墓出土　　1613年王墓出土	约万历八年（1580）	1613年王墓出土	1589年潘墓出土	1613年王墓出土
	故宫藏	故宫藏			
康熙四十八年（1709）	明末清初（故宫藏）	顺治五年（1648）	康熙十三年（1674）	康熙四十八年（1709）	
		雍正七年（1729）	雍正十三年（1735）		故宫藏
乾隆四十六年（1781）	乾隆四十年（1776）	嘉庆元年（1796）　乾隆九年（1744）	乾隆十四年（1749）　乾隆十六年（1751）		乾隆五十二年（1787）

注：每种家具做竖向进化示意，供研究设计参考；表中王墓指王锡爵墓，潘墓指潘允徵墓。

附录三：明清市雕龙纹演变简表

类别	早期龙纹参考
案类档板	
插角围板	
滁环板	
牙板	
实地半圆雕	
朝板团花	

其他工艺龙纹参考

上博藏玉龙（汉）　　　　　上博藏玉龙（汉）　　　　　瓷器龙纹（宣德年）

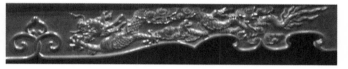

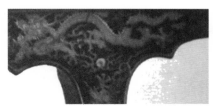

彩漆龙纹（宣德年）　　　　　　　龙纹漆盒（明）　　　颐和园南官椅嵌玉龙

注：每种纹式做横向演化示意，左早右晚，供研究设计参

附录二：明式文人家具分类进化简表（带款、出土、故宫

年号	案（桌）	几
初创期（洪武至宣德初期）　洪武（1368—1398）	洪武二十二年（1389）	
宣德（1426—1435）	宣德款	宣德款
发展期（宣德初至万历中期）　嘉靖（1522—1566）	故宫藏	嘉靖款
万历（1573—1620）	万历十二年（1584）　万历二十三年（1595）　万历八年（1580）　万历四十六年（1618）	万历款
成熟期（万历中期至康熙初期）　天启（1621—1627）、崇祯（1628—1644）	天启七年（1627）　崇祯十五年（1642）	故宫藏
顺治、康熙（1644—1722）	康熙二十五年（1687）	康熙款
转变期（康熙中期至乾隆初期）　雍正（1723—1735）		故宫藏
乾隆（1736—1795）	乾隆三十三年（1768）　乾隆款　乾隆五十二年（1787）　乾隆三十三年（1768）	乾隆款

附录四：明清灵芝纹市雕演变简表

类别	早期灵芝纹木雕参考
案类档板纹	
案类牙子纹	
床围栏纹	
壶门牙插角纹	
朝板团花纹	

其他工艺品灵芝纹木雕参考

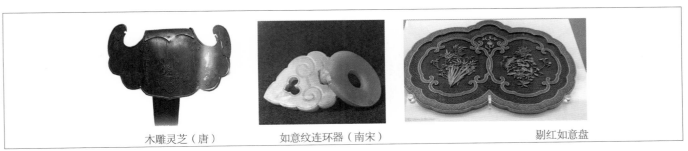

木雕灵芝（唐）　　　　　如意纹连环器（南宋）　　　　　剔红如意盘

年号纪年	思想	工艺品	造物文献（含家具绘画）
洪武 1368—1398 建文 1399—1402		张成治漆（生卒年不详） 杨茂雕漆（生卒年不详）	夏文彦《图绘宝鉴》（1365—1366） 曹昭《格古要论》（1388 年编著）
永乐 1403—1424 洪熙 1425			《永乐大典》（1403—1408 年编纂） 罗颀（生卒年不详）《物原》 周祈（生卒年不详）《名义考》
宣德 1426—1435		宣德炉兴盛（主产地北京） 漆器家具兴盛（主产地扬州）	
正统 1436—1449 景泰 1450—1457 天顺 1458—1464		景泰蓝兴盛（主产地北京）	王佐《新增格古要论》（1459 年编著）
成化 1465—1487 弘治 1488—1505 正德 1506—1521	王阳明（1472—1529） 王廷相（1474—1544）	斗彩兴盛（主产地景德镇）	佚名《宪宗行乐图》 田艺蘅（1524—?）《留青日札》
嘉靖 1522—1566	聂豹（1487—1563） 钱德洪（1496—1574） 王畿（1498—1583） 何心隐（1517—1579）	顾绣（代表人物韩希孟） 建筑砖雕兴盛	仇英《汉宫春晓图》 仇英《人物故事图册》 唐寅仿《韩熙载夜宴图》 李开先（1502—1568）《中麓画品》
隆庆 1567—1673 万历 1573—1620	董其昌（1555—1636） 真可（达观和尚）（1543—1603） 高攀龙（1562—1626） 顾宪成（1550—1612）	陆子刚（生活于嘉靖、万历年间）凿玉 王金献万历 500 头灵芝山，引起全国灵芝纹兴盛 蓝印花布（明末松江地区）	黄一正《事物绀珠》（1591） 李时珍（1518—1593）《本草纲目》 高濂（万历年间）《遵生八笺》 屠隆（1544—1605）《起居器服笺》 王圻（1530—1615）《稗史类编》 徐光启（1562—1633）《农政全书》 董其昌《画禅室随笔》
泰昌 1620 天启 1621—1627 崇祯 1628—1644	张溥（1602—1641）复社领袖 黄宗羲（1610—1695）	时大彬紫砂（1573—1648） 张明歧凿铜（活动于明末） 濮仲谦刻竹（1582—1644 以后） 民间泥塑（天津、无锡）	计成（1582—?）《园冶》 文震亨（1585—1645）《长物志》 徐霞客（1587—1641）《徐霞客游记》 宋应星（1587—1666?）《天工开物》 张岱（1597—1689）《陶庵梦忆》 李渔（1611—1680）《闲庭偶寄》 释大汕（?—1704?）《离六堂集》

附录五：明清市雕螭纹演变简表

类别	早期螭纹参考
柜门、案类档板纹	
案类牙子纹	
罗汉床栏纹	
床围栏等纹	
插角牙板等纹	
卡子花、团花纹	

其他工艺品螭纹参考

上博藏玉螭（元）　　　　上博藏玉螭（明）

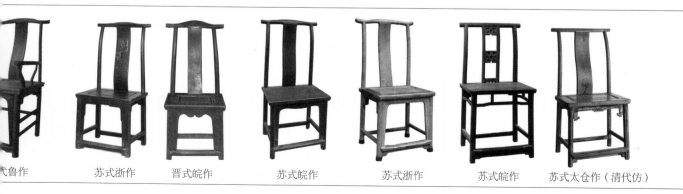

式鲁作　　　苏式浙作　　　晋式皖作　　　苏式皖作　　　苏式浙作　　　苏式皖作　　苏式太仓作（清代仿）

类别	晚期灵芝纹木雕参考
案类档板纹	
案类牙子纹	
床围栏纹	
壶门牙插角纹	
朝板团花纹	

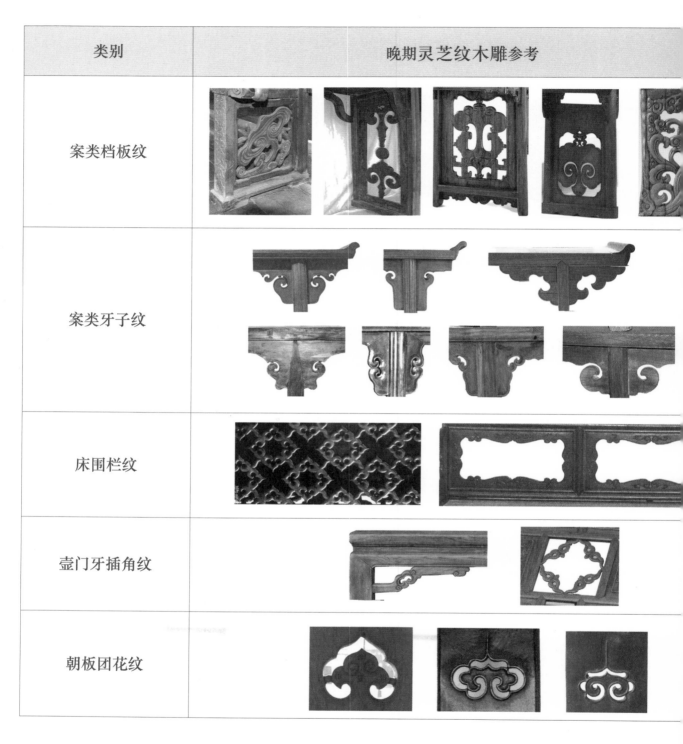

其他工艺品灵芝纹木雕参考

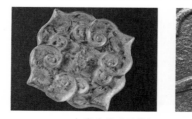

如意金盘（元代）　　　　　　　　　　石雕如意

注：每种纹式做横向演化示意，左早右晚，供研究

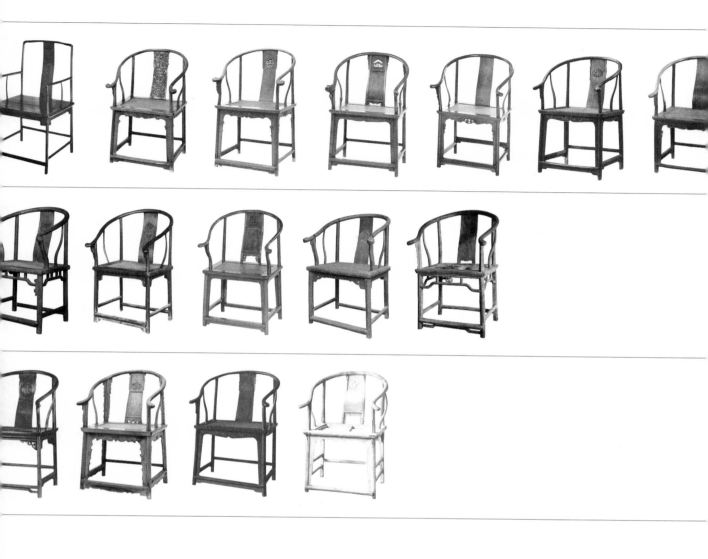

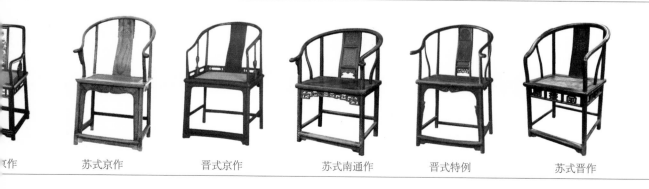

附录六：明式文人家具主要构件进化简表

年号	刀子牙	灵芝牙	剑腿	花叶腿	马蹄足霸王枨
洪武 1368–1398					
宣德 1426–1435					
嘉靖 1522–1566					
万历 1573–1620					
天启 1621–1627 崇祯 1628–1644					
顺治、康熙 1644–1722					
雍正 1723–1735					
乾隆 1736–1795					

三弯腿	罗锅枨	翘头	椅几壸门	桌案壸门

附录七：座椅区域特色比较表（南官帽椅、圈椅）

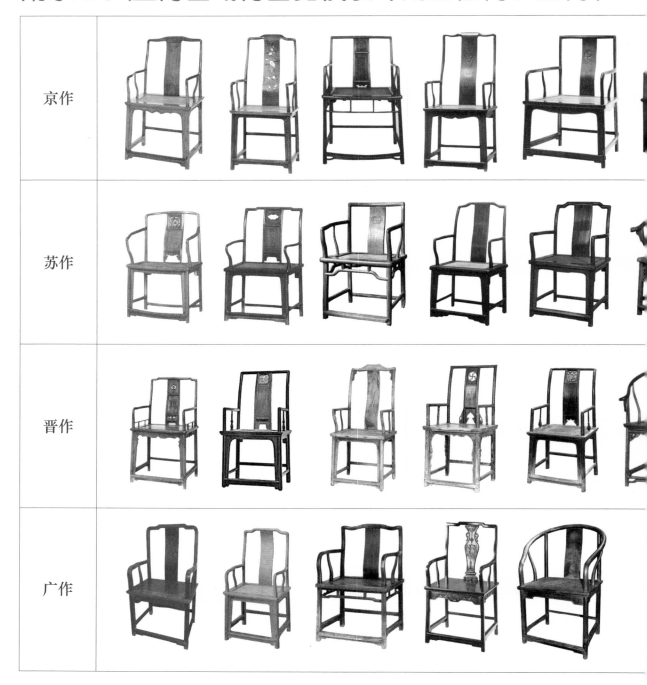

京作	
苏作	
晋作	
广作	

区域文化的小范围的新融合

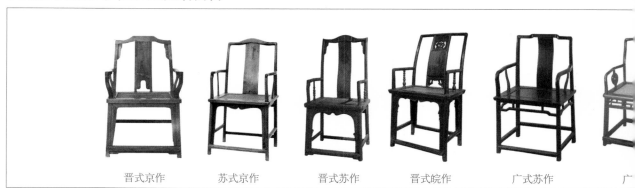

晋式京作　　　苏式京作　　　晋式苏作　　　晋式皖作　　　广式苏作　　　广

附录八：座椅区域特色比较表（四出头椅、灯挂

京作	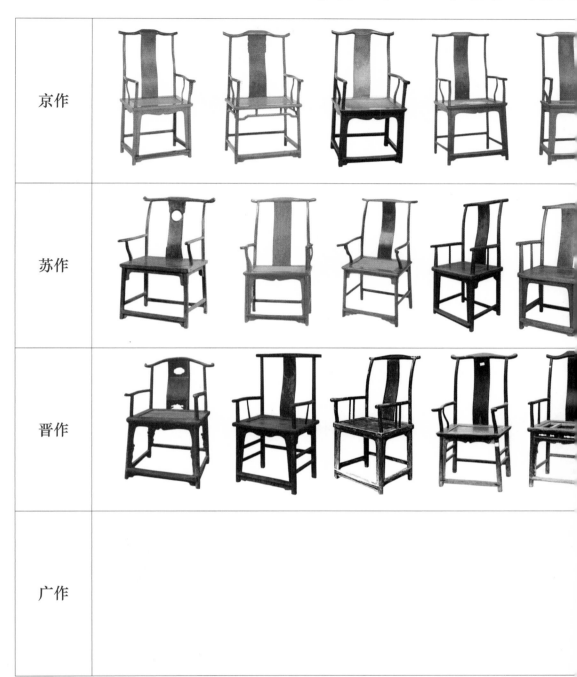
苏作	
晋作	
广作	

区域文化的小范围的新融合

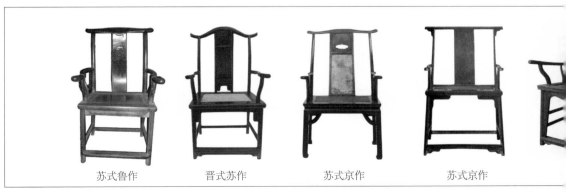

| 苏式鲁作 | 晋式苏作 | 苏式京作 | 苏式京作 |

石雕螭龙（皖南西递）　　螭凤纹玉佩（明）　　螭纹水盂（明）　　紫檀瓶螭纹（明万历墓出土）

注：每种纹式做横向演化示意，左早右晚，供研究设计参考

参考文献

[1] [德] 艾克 . 中国花梨木家具图考 [M]. 纽约：多佛出版公司，1944.

[2] 王世襄 . 明式家具研究 [M]. 香港：生活·读书·新知三联书店，1984.

[3] 王世襄 . 明式家具珍赏 [M]. 香港：生活·读书·新知三联书店，1985.

[4] 胡德胜 . 中国古代家具 [M]. 上海：上海文化出版社，1998.

[5] 史树清 . 中国艺术品收藏鉴赏百科全书·家具卷 [M]. 北京：北京出版社，2005.

[6] 濮安国 . 明清苏式家具 [M]. 杭州：浙江摄影出版社，1999 年 .

[7] 史树清 . 中国艺术品收藏鉴赏百科全书（第五卷）[M]. 北京：北京出版社，2005.

[8] 张道一 . 中国民间美术辞典 [M]. 南京：江苏美术出版社，2001.

[9] 胡文彦 . 中国家具鉴定与欣赏 [M]. 上海：上海古籍出版社，1995.

[10] 吴山主 . 中国工艺美术大辞典 [M]. 南京：江苏美术出版社，1999.

[11] 阮长江 . 中国历代家具图录大全 [M]. 南京：江苏美术出版社，1996.

[12] 李盛东 . 中国漆器收藏与鉴赏全书（上、下）[M]. 天津：天津古籍出版社，2007.

[13] [英] 马科斯·费拉克斯 . 中国古典家具私房观点 [M]. 刘蕴芳，译 . 北京：中华书局，2012.

[14] 张福昌 . 中国民俗家具 [M]. 杭州：浙江摄影出版社，2005.

[15] 萧军 . 永乐宫壁画 [M]. 北京：文物出版社，2015.

[16] 李允鉌 . 华夏意匠 [M]. 天津：天津大学出版社，2005.

[17] 刘传生 . 大漆家具 [M]. 北京：故宫出版社，2013.

[18] 王正书 . 明清家具鉴定 [M]. 上海：上海书店出版社，2007.

[19] 周默 . 木鉴 [M]. 太原：山西古籍出版社，2006.

[20] 伍嘉恩 . 明式家具二十年经眼录 [M]. 北京：紫禁城出版社，2011.

[21] 历史博物馆编辑委员会 . 风华再现——明清家具收藏展 [M]. 台北：历史博物馆，1999.

[22] 马书 . 明清制造 [M]. 北京：中国建筑工业出版社，2006.

[23] 故宫博物院 . 故宫博物院藏文物珍品大系 [M]. 上海：上海科学技术出版社，2001.

[24] 陈增弼 . 明式家具类型与特征 [J]. 家具，1982（4）.

[25] 陈增弼 . 千年古榻 . [J]. 文物，1984（6）.

[26] 项春松 . 内蒙古赤峰市元宝山元代壁画墓 [J]. 文物，1983（4）.

后记

对于文人家具这类传统文化的解析、重构，是推动当下家具业学习宋明家具、开创新的中华家具风格的重要途径。唯有剖析传统文化的内在结构，进而解读其精神内涵才能获得启迪，创造出独立于世界的崭新风格。

华夏家具的历史悠久，如果当下设计师能柔化传统文化与现代设计的边界，想来真正的"新中华"家具就呼之欲出了，也就是说要将深刻的东方精神哲理，包容到今人具有的心理闲情之中。一个新政权、新文化体系诞生后，由经济支撑的新文化改革能促使家具文化体系的演变，这不是一个"新中式风"可以概括的，因为一个民族每隔几十年都会有新的文化特征固化成流派，而当下中国经历了一个甲子的复苏，不说经济上，而是在思想意识上也早已突破了封建意识的桎梏。

一种流派为社会所公认，必须具备以下三点：

第一，是文化归属感的孜孜以求的追求，从唐朝高型家具的引进使用，到宋式家具的形制定调，民族主义在其中的作用是显而易见的，而明朝对唐宋家具的改造貌似为追求形式之美，实质是觉醒的人文主义渗透其间，文人雅士的民主、平等意识和自然和谐的理念作为当时意识形态的潜质，都在悄然推动着设计艺术理念的进化。

第二，是与使用者建立划时代的情感共鸣。人的趋利性决定了社会的"造物"思想中的世俗性，没有各阶层的认同，任何艺术形式就"秀"不出来，从政、商、文、民各界对非物质要求的审视中，能脱颖而出的"流派"才能成为经典，从而流芳千古。如当下人们对舒适度、奢华度的追求还远高于环保度，可持续发展总体还只是一句口号，国人的消费理念还有待于合理倡导，这是民族与国家发展的需要。

第三，具有里程碑的造物设计典范，不仅是功能、形式的设计，更应该是社会个体到群体的生活方式和事物盛衰循环过程的创意设计，明式家具在宏观上对华夏民族的贡献，不仅仅是教人学会欣赏自然清水木纹、学会欣赏简约的结构美，而是学会自信地看到小小榫卯隐含的"魔术"般的大能量，开创新的线形家具审美的造物观，使得从中华木构建筑提炼出来的经典艺术成为国人生活审美的指导。

今天华夏家具的文化亮点，是抽象的构架及变幻无穷的榫卯，但是仅仅这样是远远不够的，我们应该抓住信息时代的脉搏，从现存的古家具的造物法则中吸取能为今人所用的部分，创造出真正的新中华家具。

在此，特别感谢灵岩山房文人家具陈列馆为本书提供了丰富的江南文人家具资料，也向支持我编写本书的各位专家、藏家、朋友及学生表示衷心的感谢。

朱方诚

2019 年 2 月